规律简史

律史

A BRIEF HISTORY OF LAWS

张士耿　著

团结出版社

图书在版编目（ＣＩＰ）数据

规律简史 / 张士耿著 . -- 北京：团结出版社，
2022.8（2024.3 重印）
　　ISBN 978-7-5126-9329-6

　　Ⅰ . ①规… Ⅱ . ①张… Ⅲ . ①科学史－世界 Ⅳ .
① G3

中国版本图书馆 CIP 数据核字 (2022) 第 029619 号

出　　版：团结出版社
　　　　　（北京市东城区东皇城根南街 84 号　邮编：100006）
电　　话：（010）65228880　65244790（出版社）
　　　　　（010）65238766　85113874　65133603（发行部）
　　　　　（010）65133603（邮购）
网　　址：http://www.tjpress.com
E-mail：zb65244790@vip.163.com
　　　　　tjcbsfxb@163.com（发行部邮购）
经　　销：全国新华书店
印　　装：天津盛辉印刷有限公司

开　　本：170mm×230mm　16 开
印　　张：23.75
字　　数：332 千字
版　　次：2022 年 8 月　第 1 版
印　　次：2024 年 3 月　第 4 次印刷

书　　号：978-7-5126-9329-6
定　　价：69.00 元

自 17 世纪以来，科学就像一场持续了四百年的多米诺骨

牌效应，人类的巨大潜能突然被触发而接力式地释放出来。

推荐语

　　爱因斯坦说"这个世界最不可以理解的就是它可以被理解"。人类文明几千年的历史，就是在不断地认识世界，认识自己，从中拎出更基本的法则或者说规律的历史。寻找规律被发现的历史、寻找"规律的规律"也是非常有意义的事。"究天人之际，通古今之变"，研究自然法则的寻找过程，可以欣赏人类文明史，可以寻找方法论，可以寻找新征程的启迪。张士耿先生以极大的热忱和毅力，潜心十数年研读各类科学史文献，醉心于古往今来的人类心智成果的欣赏，系统梳理数理化等基础学科的脉络体系，阐释自然科学发展的逻辑与规律，著述了这本《规律简史》，分享于广大读者。

　　巧合的是，该书出版后不久，国家自然科学基金委交叉科学部面向官方科研机构发布了"自然科学内在逻辑与发展规律研究"一年期专项项目，以期"通过知识结构和逻辑的梳理，以及典型案例的分析，出版系列教材及科普著作，促进我国教育及科普事业的发展"。所以，张士耿先生以一己之力，以严肃的态度多年精心完成的作品更是值得关注和支持。

中国科学技术大学物理学院教授、博士生导师　张永生

目　录

引言：规律的秘密 ··· 1

第一部分　科学方法的基石
　　　　　——三个古老的普适规律

楔子：发现规律——从朴素认识到科学认识 ············· 6

第1章　世界的组成与结构——德谟克利特的原子论与模块层次律······· 8

1. 探寻世界本原：爱琴海孕育出的古代原子论 ············· 8

2. 千年后的复活：伽桑狄与波义耳的近代原子论 ············· 17

3. 从思辨到科学：道尔顿的现代原子论 ············· 20

4. 接力式的竞赛：元素周期律的发现 ············· 23

5. 实验揭开奥秘：卢瑟福的原子结构和玻尔模型 ············· 29

6. 原子论的终点？——普朗克的量子论 ············· 34

7. 20世纪的头脑风暴：量子力学的建立 ············· 37

8. 生命的原子：从细胞到基因 ············· 43

第 2 章　事物的相同与差异——柏拉图的共相论与同息异息律 ·········50

　　1. 两千多年的大论战 ·········50

　　2. 两片树叶上的真谛 ·········54

第 3 章　逻辑的本质与内核——亚里士多德的工具论与同一律 ·········59

　　1. A=A：最有用的"废话" ·········59

　　2. "逻辑学之父"：亚里士多德 ·········62

　　3. 科学的第一次辉煌：希腊化时代 ·········67

　　4. 数学：数量与逻辑的联姻 ·········70

　　5. 小结：三个普适规律、三大科学方法、三种认知本能 ·········74

第二部分　精确规律的家族之一
——守恒规律族

楔子：精确规律的发现 ·········78

第 4 章　守恒律的真相——数量的同一律 ·········83

第 5 章　静力学中的守恒原理 ·········87

　　1. 撬动地球的人：阿基米德和他的杠杆原理 ·········87

　　2. 静力学的基石：来自守恒律的静力学五大公理 ·········94

第 6 章　状态的守恒定律——惯性定律（一体系统的规律） ·········98

　　1. 亚里士多德可不傻：古代的运动观 ·········98

2. 黎明前的摸索：中世纪和文艺复兴时期的动力学 ……………… 102

3. 曙光乍现：伽利略的突破 ……………………………………… 104

4. 旭日欲出：笛卡尔的改进 ……………………………………… 114

5. 一体系统的规律 ………………………………………………… 118

第7章　动量守恒与角动量守恒定律 …………………………… 120

1. 从笛卡尔到牛顿：动量守恒定律 …………………………… 120

2. 来自天上的发现：角动量守恒定律 ………………………… 123

第8章　质量与能量守恒定律 …………………………………… 126

1. 18世纪的质量守恒定律 ……………………………………… 126

2. 19世纪的能量守恒定律 ……………………………………… 132

3. 20世纪的统一：质能守恒 …………………………………… 137

第9章　电学中的守恒定律 ……………………………………… 140

1. 从天上"偷"电的人：富兰克林与电荷守恒定律 ………… 140

2. 毛头小伙的大贡献：基尔霍夫电流定律和电压定律 ……… 143

第10章　光学中的守恒定律 ……………………………………… 146

1. 定律中的老大哥：欧几里得的反射定律 …………………… 146

2. 经验定律与理论推导：斯涅耳的折射定律 ………………… 147

3. 空间逻辑的必然结果：光度学中的守恒定律 ……………… 151

4. 跨世纪之争：光的波动说和粒子说 ………………………… 152

5. 最成功的失败：迈克尔逊的光速不变原理 ………………… 156

第 11 章　热力学中的守恒定律 ……………………………………… 160

　　1. 从蒸汽机说起 ………………………………………………… 160

　　2. 一、二、三、零：热力学的四大定律 …………………………… 164

第 12 章　微观世界中的守恒原理 ………………………………… 179

　　1. 守恒性：揭示微观世界奥秘的唯一抓手 ……………………… 179

　　2. 微观世界里的异类：宇称不守恒的发现 ……………………… 181

第三部分　精确规律的家族之二

　　　　　　　——作用逆反律族（两体系统的规律）

第 13 章　两体作用逆反律——力与变化量的精确规律 ……… 184

　　1. 受控实验与两体作用系统 …………………………………… 184

　　2. 正比逆反律（线性逆反律） ………………………………… 187

第 14 章　流体的作用逆反律——阿基米德浮力定律 ………… 189

　　1. "尤里卡时刻"：浮力定律和流体静力学 …………………… 189

　　2. 群星闪亮的科学家族：伯努利与流体动力学 ……………… 193

第 15 章　气体的作用逆反律——波义耳定律 ………………… 197

　　1. 抽气机带来的发现：波义耳定律与气体力学 ……………… 197

　　2. 分子运动论和气体状态方程 ………………………………… 201

第16章　固体的作用逆反律——胡克定律 ………………… 204

　　1. 乌托邦梦想成真：英国皇家学会 …………………… 204

　　2. 胡克定律与胡克其人 …………………………………… 207

　　3. 固体力学的童年 ………………………………………… 209

第17章　动力学中的作用逆反律——牛顿第二定律与狭义相对论 …… 211

　　1. 孤独辉煌：牛顿这辈子 ………………………………… 211

　　2. 经典动力学的基础：牛顿第二定律 ………………… 233

　　3. 爱因斯坦和他的奇迹年：狭义相对论 ……………… 236

第18章　基本作用力（1）——万有引力定律 ……………… 242

　　1. 日心说：从阿里斯塔克到哥白尼 …………………… 243

　　2. 地上的规律与天上的规律：伽利略和开普勒 …… 249

　　3. 一切成为光明：牛顿 ………………………………… 256

　　4. 引力常数的测定：卡文迪许 ………………………… 262

第19章　基本作用力（2）——电磁力与库仑定律 ……… 265

　　1. 电与磁的早期探索 …………………………………… 265

　　2. 万有引力定律的"兄弟"：库仑定律 ……………… 269

第20章　电路中的作用逆反律——欧姆定律 ……………… 271

　　1. 前人与前奏 …………………………………………… 271

　　2. 磨砺与成就 …………………………………………… 274

第 21 章 电磁作用逆反律——楞次定律和电磁感应定律 ·········· 278

　　1. 电磁学的开路者：奥斯特和安培 ·········· 278

　　2. 电磁感应定律的发现者：法拉第 ·········· 282

　　3. 电磁学大厦的建造者：麦克斯韦 ·········· 287

第 22 章 化学中的作用逆反律——勒夏特列原理 ·········· 293

第 23 章 经济学中的作用逆反律——亚当·斯密与价值规律 ·········· 297

　　1. "看不见的手"：市场经济的核心规律 ·········· 297

　　2. 经济学"一哥"与苏格兰启蒙运动 ·········· 298

第 24 章 两体作用逆反律的原理、意义和适用性 ·········· 302

　　1. 两体作用逆反律的最终解释 ·········· 303

　　2. 两体作用系统的可逆性和稳定性 ·········· 304

　　3. 作用逆反律的适用性 ·········· 306

　　4. 从作用逆反律到人的先天感觉本能 ·········· 307

　　5. 同型规律与最美物理学公式 ·········· 308

第四部分　复杂世界的规律（多体系统的规律）

第 25 章 进化的规律 ·········· 314

　　1. 伟大的存在之链：进化思想的回顾 ·········· 314

　　2. 从"小猎犬号"到《物种起源》 ·········· 318

3. "自然选择"的逻辑原理 ················ 324

4. 拉马克进化论与达尔文进化论的关系 ···· 326

5. 自然选择进化论的意义 ················ 328

第26章　控制系统（目的性系统）的规律 ········ 330

1. 神童、控制论和负反馈 ················ 330

2. 被维纳遗漏了：能量触放机制 ·········· 334

第27章　关联群系统（非目的性系统＆进化系统）和群规则 ····· 337

1. 生命的结构：关联性与关联群 ·········· 337

2. 有序的秘密：关联群的群规则 ·········· 340

3. 人是机器吗？——关联群系统与层级控制系统 ···· 343

附录1　人物姓名对照及生卒年份索引 ········ 346

附录2　学科导图 ······················ 363

附录3　概念导图 ······················ 364

附录4　定律导图（定律族谱一览图） ········ 365

引言：规律的秘密

四百年前，英国哲学家弗朗西斯·培根试图使人们相信：我们能够理解和掌握世界万物的规律，从而可以生活得"像帝王一样"。经过一代又一代科学家的不懈探索，我们今天确实在很大程度上掌握了世界的规律，并且普通人也在衣食住行、通信、娱乐等各个方面，过上了四百年前的帝王及培根爵士本人都不曾想象到的便利、丰裕、多彩的生活。

"自然规律"是人们在自然实践和社会实践的基础上进行类比而得来的一个概念。古希腊人有"法律"这个词，但是他们基本上不用"自然规律"这个词。他们所发现的自然事物的定量规律被称为"原理"，如阿基米德的"杠杆原理"和"浮力原理"。最早明确使用"自然规律"这个概念的是 17 世纪的法国哲学家和科学家笛卡尔，笛卡尔假定自然在整体上是由规律支配的。作为一个对物质世界持机械主义观点的哲学家，他把自然规律和机械原理看成同一回事，他说过"自然规律，也就是机械规则"。

在中世纪，人们认为上帝会参与宇宙中年复一年、日复一日的活动，会委派各种等级的天神、天使推动天体的运行，同时还要不断地观察并指导地球上的一切事务。其实世界各地的有神论基本上都持有类似的观念。既然一切都是神的安排，那么在这样的观念中，自然界也就没有什么规律性可言，它完全是神的意志的体现。但是笛卡尔认为，上帝不必这样天天忙碌，他设想上帝完全是通过最初确定下来的"自然规律"来统治宇宙，一旦宇宙和它必须遵守的规律被创造出来，上帝就不再干涉他所创造出来的这部自动机器了。这样的话，我们研究自然界时就可以抛开上帝不管，只需专注于探索自然规律和物质结构就行了。从此以后，包括牛顿在内的那些信奉基督教新教的科学家都持有笛卡尔这样的观念。笛卡尔的这种观念再往前可以追溯到 16 世纪法国的宗教改革家、新教加尔文宗的创始人约翰·加尔文。加尔文提出，上帝在创世时制定的天条预先决定了世界上的一切事情，他以此来反对中世纪经院哲学家所提出的天神等级制及与此相对应的教会等级制。

无论是人类统治者制定的人人都必须遵守的法律，还是上帝制定的世界万物都必须遵守的规则，在本义上都是一样的，在西文里用的是同一个词，那么"自然规律"当然也是用这个词，在英文中都是"law"。

我们今天所理解的规律已经不是"law"的原义，不是上帝制定的规则法律，而是事物自身所固有的"那个东西"。那么，什么是规律呢？

规律的本质极其简单！

规律就是在一个系统或一类系统中，不同的事物所具有的共同的特征，以及变化的事物所具有的不变的特征。前者我们称之为**分布规律**，后者我们称之为**变化规律**。

由此来看，规律有静态和动态之分。静态的规律是事物在存在、分布中所遵循的规律，称为分布规律，这种规律是**空间性规律**，是在空间分布上的共同性；动态的规律是事物在运动变化中所遵循的规律，称为变化规律，它是**时间性规律**，是在时间流动中的不变性。

我们去理解这个世界，就是寻找事物的规律。分布规律，即不同事物的共同性，维系着纷繁世界中事物的差异性、复杂性；变化规律，即事物在变化中的不变性，维系着事物中的无穷变幻和各种关系。因此，这世界中的共同性、不变性是我们理解世界的关键。数学中的方程式正是用来表现事物中分布关系的共同性和某种变化关系的不变性的。例如，牛顿第二定律的方程式 F=ma 表明的是，一个物体的受力大小与它的加速度之比是不变的；万有引力方程式中也有一个比值是不变的：$F \cdot r^2 / (m_1 \cdot m_2) = G$，这个比值 G 就是万有引力常数。凡是带等号的数学方程式都表明了一种不变性。

古希腊哲学家亚里士多德说过，如果不了解运动，也就必然无法了解自然。我想进一步说，如果不了解运动变化中的不变性，也就无从认识自然。

在由现象到本质、由唯象规律到基本规律的探索过程中我们发现，我们需要找的规律越来越少，而新的更基本的规律所适用的范围越来越大。这种情况类似于物质的结构，将现已发现的几百万种化合物分解开来，总共只有几十种原子。把这些原子再分解下去，就只有三种更基本的粒子：电子、质子和中子。我们眼前纷繁多样的物质世界及我们自己复杂精妙的生命躯体都是由这三种粒子构成的。我们对规律的探索是在走一条由繁到简的道路，这是一条哲学和物理学的道路；与此同时人类也在走一条由简单到复杂、由单一性到多样化的道路，这是一条具体科学、交叉科学、技术科学、应用科学的道路。

对于规律的深层次问题，我已在《规律之母》这本书中进行了比较详尽的探讨，本书的关注点主要在"规律简史"。规律的历史应该有两种：一种是规律本身的演变史，另一种是规律的发现史。

规律本身的演变史实际上是规律所适用的系统的演变史。系统变化了，系统中的某些规律也会相应变化。比如说，液态的物质系统在变化到固体形态之后，其原来的某些规律就不适用了，新的规律就会出现。再比如，两个物体所组成的系统跟一个物体的系统及多个物体的系统所适用的规律也是不一样的。本书就是根据系统的不同，将这些系统所适用的规律分类，从而划定出规律的族谱，让我们一眼就能看出同一家族中的规律的共同特征，认识到它们是同型规律。从中我们很容易发现不同领域、不同学科的规律之间，物理学不同分支学科的定律之间的亲族关系。这对于我们理解这些规律的本质会大有帮助，小伙伴们再也不用为掌握课本中那一个个让你缭乱抓狂的物理定律而发愁了。

跟所有的简史著作一样，《规律简史》着重于讲发现史，也就是人类对各家族中的各个规律的发现过程，让读者在阅读时跟着科学家的思路走，让课本知识在科学发现的线索和历史发展的脉络中鲜活起来。这对于学生的学习和理解会产生非同寻常的效果，并且有助于激发学生学习的兴趣，培养其科学探索精神。

每一条规律的发现背后都有一串真实的故事，本书以规律的发现为主线讲述了科学家们一些有趣或孤闷、辉煌或催泪的事迹。这些人，既有出身富贵的，也有生来贫寒的；既有顺风顺水的，也有命途多舛的；既有学院专职的，也有业余单干的；既有少年得志的，也有郁郁终老的。无论是什么样的情况，他们在其有生之年都为科学事业付出了艰辛和努力，他们都给人类留下了丰富、厚重、不朽的文化遗产，他们的名字会永载史册！

第一部分

科学方法的基石
——三个古老的普适规律

希腊人和犹太人一样离开了神话之家，但是他们从另一扇门出去，在另一条街上出现。他们思想中的问题已经由"世界从何而来"转变为"世界是什么"。在他们看来，智慧的顶峰不是耳闻活神的声音，而是目睹存在之物的不变本性。

——[德] C. F. V. 魏茨泽克《科学所及的范围》

楔子：发现规律——从朴素认识到科学认识

人类很早就认识到天有昼夜交替，年有春夏秋冬，月有望朔圆缺，日有西落东升，人有生老病死，水有冷结暖融。在所有的这些变化中都存在着一定的不变性，在每一种类的不同事物中都存在着一定的共同性，这些不变性和共同性就是存在于事物本身的规律。

人类早期所获得的知识中，越是可能与别人分享的知识越是有用，越是可以多次应用的知识越是有用。这些知识就是诸多事物中那些共同的东西和千变万化的事物中那些不变的东西，就是被现代人认为具有规律性的东西。

但是古代人及近代未开化的人群，通常把各种重复发生的自然现象和偶尔发生的自然现象看成是“神意”或“神的安排”。我们有时也会把身边发生的反常现象称作“见鬼了”。无论是“神”还是“鬼”，都是人们想象出来的神秘概念，都是不可解释的、复杂的概念。

古代人习惯于用复杂模糊的概念解释简单的概念，用复杂抽象的规律解释简单的规律。当然古代人这样做时并没有意识到哪个概念或规律是复杂的，哪个是简单的。

公元前 6 世纪，以泰勒斯为代表的古希腊哲学家有了一个巨大的进步，他们不再用“神意”来解释自然现象，而是用自然本身来解释自然现象，这些哲学家被后人称作"自然哲学家"。

如果要对自然现象进行有效的解释，就必须用简单和直观去解释复杂和抽象，用已知去解释未知，再进一步，就是去寻找不同自然现象之间的联系。如果这种联系是重复出现的，具有一定的不变性或共同性，那么这种联系就是自然规律。在人们意识到并开始遵循这样一种原则的时候，科学就逐步发展起来了。

科学是人类自己通过接力式的探索所建立的奇迹，是人类在这个星球上最伟大的成就之一。科学产生于公元前 6 世纪至公元前 3 世纪的古希腊，通向科学的是这一时期产生于古希腊的三个基本的理论——原子论、共相论、逻辑学。这三个基本理论使人们形成了科学的思维方法、思维框架、思维准则，其中每一个基本理论的核心都是一个基本规律。世界本身遵守着这三个基本且普适的规律，人类的科学认识和科学方法正是以这三个普适规律为基础的，这三个规律就是我们接下来要介绍的模块层次律、同息异息律和同一律。

第 1 章
世界的组成与结构
——德谟克利特的原子论与模块层次律

20 世纪美国著名物理学家、诺贝尔奖获得者费曼在他的著作《物理学讲义》开篇中有一段话颇有意味。他说:"假如由于某种大灾难,所有的科学知识都丢失了,只有一句话传给下一代,那么怎样才能用最少的词汇来表达最多的信息呢?我相信这句话是原子的假设:所有的物体都是由原子构成的。"

虽然费曼的说法有一些夸大,仅靠这一句话还不足以让我们去建构所有的科学知识,但是这句话确实特别重要,因为原子论的观念及对种种"原子"的不懈探索,贯穿甚至有时主导了两千多年来人类科学发展的漫长过程。原子论的发展历史在一定程度上就是一部小型的科学史。关于原子论的是是非非,历史上几乎所有的重要科学家都卷入其中。因此,通过了解原子论的前世今生,我们可以对人类科学的发展脉络,尤其是物理学、化学、生物学的发展脉络形成一个大致的概念。

1. 探寻世界本原:爱琴海孕育出的古代原子论

原子论的观点最早是由古希腊的自然哲学家留基伯提出的。当然,留基伯也不是自己一个人就冷不丁地想到了"原子"这么一个奇怪的东西,毕竟它是看不

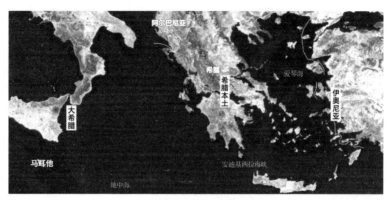

希腊—爱琴海地区

见摸不着的。原子论是从古希腊更早期哲学家的世界本原学说中一步步地发展而来的。我们的故事就从哲学和科学的发祥地及其开启的时间窗口讲起。

在地中海的东北部有一片美丽的蔚蓝海域，海上散落着大大小小 2500 多个宝石般的岛屿，这里就是举世闻名的千岛之海，它有一个浪漫动听的名字——爱琴海。在爱琴海的西面，也就是巴尔干半岛的南端，是古希腊人最早的定居地，人们称之为希腊本土。在爱琴海的东面，也就是小亚细亚半岛（今土耳其）的西部沿海地区，是古希腊人开拓的殖民地，这里被称作伊奥尼亚。在希腊的西面与它隔海相望的亚平宁半岛南部和西西里岛（即意大利南部的"大脚"和"足球"）是古希腊人的另一片殖民地，这里在古代被称作"大希腊"。在上述这些被地中海的海水拥抱和浸润着的地区，勇敢、智慧又不失浪漫的古希腊人创造了人类历史上辉煌灿烂的第二轮文明。

我们知道，世界上有四大文明发源地：美索不达米亚、古埃及、古印度和中国。在这四个地区相继出现了人类的原创文明，这些地方的先人是人类的"文一代"，全世界各民族都要感谢这些最早开化的人。古希腊人进入文明社会也很早，距今已有四千多年，但他们的文明是从古埃及人和美索不达米亚的巴比伦人那里学来的，所以古希腊人只能算是"文二代"。

　　人类第一轮文明的标志，一是创造了文字，二是建立了城市，三是制造出金属器具。古希腊人在完成了第一轮文明之后没有止步于这一阶段，他们在经济、政治、文化三个方面都取得了全新的突破。在经济上，他们依赖手工业和海上贸易，很早就建立了比较发达的市场经济体系，雅典城邦算是一个典型。在政治上，以雅典为代表的一些城邦国家最早实行了民主选举，建立了法制体系，"梭伦改革"是其标志性事件。在文化上，古希腊人开创了自然哲学，从自然哲学中又分化、衍生出了人类早期的逻辑体系和科学体系，泰勒斯、亚里士多德、欧几里得和阿基米德是这方面的代表人物。这三个方面跟"文一代"相比有了质的飞跃，两千年后蓬勃兴起的近现代文明正是得益于古希腊人所奠定的基础。商周特别是春秋战国时期的中国在这三个方面也出现了第二轮文明的萌芽。

　　接下来我们从公元前 6 世纪古希腊最早提出世界本原学说的第一个自然哲学学派说起，这个学派的创始人就是前面提到的泰勒斯（Thales，约公元前 624 年—前 547 年）。

　　泰勒斯是"古希腊七贤"之一，"七贤"中还有一位我们比较熟悉的人物是雅典的梭伦。泰勒斯出生在伊奥尼亚地区的港口城市米利都的一个贵族家庭。他早年经商，到过许多国家和地区，见多识广。他在巴比伦学习过数学和天文学知识，在埃及学习过土地测量等。后来他回到家乡研究哲学，招收学生，创立了米利都学派。这个学派的最大特点是把复杂多样的自然现象都归因于某种简单的东西，也就是"用简单解释复杂"。

泰勒斯

　　泰勒斯提出万物皆由水生成，又复归于水。他这个观点倒也不是拍脑瓜拍出来的。泰勒斯曾在埃及观察尼罗河的洪水，他发现每次洪水退去后不但留下肥沃的土地，还留下无数微小的胚芽和幼虫，这给他留下的则是水的启示。另外，善于航海的古希腊人在神话里把水奉为神圣之本。泰勒斯将两者相结合，便得出万物由水生成的结论。泰勒斯在天文学、数学等方面都有重要的贡献，他最早在数学中引入了命题证明的思想，就是说，数学证明题是他发明的！小伙伴们有幸天天面对那些证明题"抓耳挠腮"，还得好好感谢泰勒斯他老人家呢。

在战国时期《管子》一书中的"水地"篇也提出过水是万物本原的思想。有人认为这是齐国相国管仲的思想，如果这种说法成立，那么中国的"水本原论"比西方早了大约一百年。不过，中、西方的思想有一个明显的不同：中国的"水"讲的是关于人的学问，泰勒斯的"水"讲的是关于物的学问。

泰勒斯有个徒孙叫阿那克西美尼（Anaximenes），这个人没有固守前辈的见解，他提出空气是万物的基质。阿那克西美尼的思想跟中国古代的"气本原论"非常接近。在古代中国，无论是道家还是儒家，凡是持唯物论观点的人基本上都是"气本原论"者。阿那克西美尼进一步指出，气会发生两种相反的变化：一种是稀散而生成火，另一种是凝聚而变成水、土和石头。这就为后人的思想发展埋下了伏笔。中国古代也有气聚、气散之说。

在米利都学派之后，色诺芬尼（Xenophenes，也译赛诺芬尼或赞诺芬尼司）猜测土可能是宇宙万物的基本要素。色诺芬尼和中国的老子（老聃）差不多是同龄人，他出生在伊奥尼亚地区的科罗封城邦，是一位游吟诗人兼哲学家。不知什么原因他被赶出了家乡，漂洋过海来到了大希腊，过起了流浪的生活。色诺芬尼虽然混得有点儿惨，但他有一个特别厉害的学生名叫巴门尼德（Parmenides of Elea），后来自己创建了个学派，搞得风生水起，这件事暂且按下，稍后再表。

在色诺芬尼之后，伊奥尼亚地区的爱菲斯城邦有一位不爱江山爱真理的哲学家，名叫赫拉克利特（Herakleitus），他放弃了本该继承的王位，把王位让给了他的弟弟，自己跑到一座神庙附近隐居起来，专心探究学问。赫拉克利特提出火是万物的本原，"这个有秩序的宇宙对万物都是相同的，它既不是神也不是人所创造的，它过去、现在和将来永远是一团永恒的活火，按一定尺度燃烧，按一定尺度熄灭"。赫拉克利特还有一句大家都很熟悉的名言——人不能两次踏进同一条河流。前一句话体现了赫拉克利特的唯物论思想，后面这句话则是典型的辩证法思想。可以说，赫拉克利特是集辩证法和唯物主义于一身。中国古代的老子，比赫拉克利特还要早几十年，也是集辩证法和唯物主义于一身，当然，他们的思想是朴素的。

公元前 5 世纪，在大希腊的阿克拉噶斯，也就是现在意大利西西里岛南部的一个城邦，有一位富有神话色彩的自然哲学家叫恩培多克勒（Empedocles，约公元前 495 年—前 435 年）。他觉得前辈们说的都有道理，大家都别争了，你们都对，于是他提出世界是由水、气、土、火四种原始要素组成的，其中每一种都是永恒的，都是由不变的细小微粒组成。这就是哲学史上有名的"四根说"。看到"四根说"，很容易让人想起中国古代的"金、木、水、火、土"五行学说，这两种学说有三种元素完全一样，但是并不涉嫌抄袭。两种学说提出的年代差不多，距离却相隔了几万里，且他们都对对方一无所知。中国的"五行"描述的是事物的五种基本性质或基本形态，古希腊的"四根说"讲的是事物的四种原始要素，所以两者是有本质的区别。恩培多克勒的四种"不变的细小微粒"可以说是原子论的最早来源。另外，"四根说"中的"土、水、气、火"跟现代科学所提出的常

见物质四态——固态、液态、气态、等离子态，也是基本上对应。

"四根说"的观点后来为亚里士多德所继承，恩培多克勒的许多思想在一百多年后亚里士多德的学术研究中留下深深的烙印。恩培多克勒年轻时曾领导家乡人民推翻了暴君，感激他的民众愿把暴君的王位留给他作为报答，但是他拒绝了。晚年的恩培多克勒为证明自己的神性，爬上西西里岛东岸 3000 多米高的埃特纳火山，纵身跳入岩浆翻滚的火山口，一代哲学家就这样化成了一缕青烟，消失得

恩培多克勒

渺无踪影。

跟恩培多克勒同一时期，在伊奥尼亚也出现了一位大师级的自然哲学家，他最早猜想到"月光是日光的反射"，此人就是克拉佐美尼城邦的阿那克萨戈拉（Anaxagoras）。阿那克萨戈拉是米利都学派的传人，他年轻时，伊奥尼亚发生了历史上著名的希波战争。在希腊联军打败波斯人之后，阿那克萨戈拉去希腊本土的著名城邦雅典居住了三十年，他把哲学传播到了雅典。在这之前，雅典已经发展成政治先进、经济繁荣、军事强大、制造业发达的一流城邦，在整个希腊地区既是一线城市，又是超级大国，但此时的雅典人却不知道研究哲学。阿那克萨戈拉的到来弥补了雅典这一短板，几十年后雅典便成为全世界哲学的高地，相继出现了苏格拉底、柏拉图、亚里士多德三位学术大师，被后人誉为"古希腊三杰"，他们的名字至今还是如雷贯耳。可是阿那克萨戈拉却在雅典被控"渎神罪"，差点抢了苏格拉底（Socrates）的"风头"成了雅典的第一位哲学先烈，原因是他否认天体是神圣的。幸亏他的朋友和学生、雅典伟大的政治家和最高统帅伯里克利（Pericles）出面调解，阿那克萨戈拉才得以活命，但还是被逐出了雅典，回到伊奥尼亚隐居在一个名叫朗普萨柯的小城邦，在那里默默终老。

阿那克萨戈拉虽然也相信世界万物是有本原的，但是他认为前面这些人说的都不对，他大概是觉得直接把水、气、土、火这些直观的东西认作是世界本原的想法太"肤浅"了吧。阿那克萨戈拉也吸收了恩培多克勒的"微粒"思想，他提出了"种子说"，认为世界万物都是由同类的部分组成的，这些同类的部分都是种子。不过这样一来，"种子"也就有了无限多种。"种子说"也是原子论的来源之一。

阿那克萨戈拉

原子论还有一个来源就是巴门尼德的"存在是一"的观点。巴门尼德提出"存在"具有"不生不灭""独一无二""完整不可分"的特性。对于他的这套理论，在我们普罗大众听起来都是懵头懵脑，它不像"水、气、土、火"那样直白易懂。巴门尼德出生并活动在大希腊地区的爱利亚城邦，他在年轻时曾受教于年迈的色诺芬尼，他大概就像青年柏拉图追随街头哲学家苏格拉底那样追随着那位游吟诗人。后来巴门尼德创立了自己的哲学学派（柏拉图也是这样），人称爱利亚学派，在哲学史上影响深远。巴门尼德有个高徒名叫芝诺（Zeno of Elea），也是爱利亚人，因他提出的四个悖论把人类翻来覆去地折磨了两千多年，而使人们对他久久无法释怀，这就是令人百思不得其解的"芝诺悖论"。这几个悖论看似简单，却让一代又一代的哲学家们前仆后继。芝诺提出这些莫名其妙的悖论倒也不是故意为难大伙，人家是为了支持他的老师巴门尼德"存在是一，存在不动"的观点。

好了，万事都已具备，只等原子论出场。

留基伯

留基伯（Leukippos）是米利都人，他跟恩培多克勒和阿那克萨戈拉的年纪差不多。因受到巴门尼德的"存在是一，存在不动"思想的影响，又从恩培多克勒的"四根说"和阿那克萨戈拉的"种子说"中得到启发，留基伯提出了"原子说"。这一思想影响了人类两千多年，至今不衰，并且在近现代科学史上每过一段时间就会以新的面貌出现，这才是真正的历久弥新！但是关于留基伯的生平和著述，历史上却没有留下什么记载，好在他有个特别争气的学生，名叫德谟克利特（Demokritos，约公元前460年—前370年）。德谟克利特因继承和发展了原子论而成为哲学史上最著名的哲学家之一。德谟克利特比较深入地探讨了物质结构的问题，建立了较为系统的原子论理论。

在战国时期《墨子》一书中也提出了原子论的思想："非在弗斫，则不动，说

在端。"意思是，不能分成两半的东西，就不要再
分了，这个东西就是端。书中还指出："端，是无
间也。"即，端是无法间断的。这个"端"就相当
于留基伯的原子。这些话可能是墨子本人讲的，也
可能是墨家后人讲的。墨子的年龄正好介于留基伯
和德谟克利特之间。可惜的是，这一伟大思想在中
国历史上没能得到进一步发展。

　　德谟克利特的原子论主张世界是统一的，自然
现象可以得到统一的解释，但统一不是在宏观的层
面上进行，不是将所有的自然物都解释为某一种自
然物（如水、火、土之类），而是将宏观的东西归

位于山东滕州的墨子铜像

结为微观的东西，这种微观的东西就是原子。德谟克利特认为万物的本原是原子
和虚空，原子是一种最后的、不可分割的物质微粒，它的基本属性是"充实性"，
每个原子内部都是毫无空隙的。虚空是原子活动的场所，它给原子提供了运动的
条件。世界上纷繁多样的事物都是由不同形状、不同大小、不同数量的原子组成
的。这样，德谟克利特就把宏观事物质上的区别还原成了微观原子量上的区别和
组建结构上的区别。

　　原子论者的宇宙论完全是机械的，万物都是预先决定的——"过去、现在和
未来的一切事物都必然是预先注定的"。他们并不用人类目的、爱和斗争或者报
复原则等比喻来解释世界的活动。显然，原子论比较符合前面提到的那条通向科
学认识的原则，即"用简单解释复杂"。

　　原子论在古希腊时代还只是思辨的产物，是一种哲学理论。在当时的条件下，
科学的手段还没有建立起来，它也不可能成为科学的理论。但是原子论后来成了
近代科学的一个重要的思想源泉和强劲的发展动力。

　　德谟克利特出生在希腊东北部的工业城市（当然，那时候的工业只能是手工

业）阿布德拉的一个富商之家，他比雅典的著名哲学家苏格拉底小 9 岁，他们跟中国的墨子活跃在同一个时代。德谟克利特从小就见多识广，长大以后他曾到雅典学习哲学。后来又到埃及、巴比伦、印度等地游历，前后长达十几年。出国游学确实是很爽，但当德谟克利特回到阿布德拉之后，却遭到了一场审判，他被控"挥霍财产罪"。原因是德谟克利特长期外出旅行，有些人企图占有他继承的财产，便控告他浪费祖产，对族中的事不加理会，把好好的园子变成了杂草丛生的荒地。根据该城的法律，犯了这种罪行的人，要被剥夺一切权利并被驱逐出城。

不过，这场突如其来的人祸没有难倒德谟克利特，他将善辩的才能发挥得淋漓尽致。在法庭上，德谟克利特为自己做了辩护，他说："在我同辈的人当中，我漫游了地球的绝大部分地方（这话说得有点大），我探索了最遥远的东西；在我同辈的人当中，我看见了最多的土地和国家，我听见了最多的有学问的人的讲演；在我同辈的人当中，勾画几何图形并加以证明，没有人能超过我，就是为埃及所丈量土地的人也未必能超过我……"他还在庭上当众朗读了自己的名著——《宇宙大系统》。他的学识和他的雄辩取得了完全的胜利，彻底征服了阿布德拉。最终法庭不但判他无罪，还决定以 5 倍于他"挥霍"掉财产的货币奖赏他的这一部著作。还有一种说法是，德谟克利特的族人以"疯癫"和"败家"的罪名起诉他，古希腊最著名的医生希波克拉底（Hippocrates of Cos，公元前 460 年—前 370 年）在为德谟克利特治病时，发现这位所谓的"病人"根本不是疯子，而是一个智慧出众的思想家。于是，他出庭据理力争，终于使德谟克利特无罪释放了。不管怎么说，德谟克利特终归是有惊无险。

德谟克利特还是一位杰出的几何学家，他不像柏拉图只是一个几何学的热心者。锥体的体积等于底面积和高的乘积的 1/3，这个定理就是德谟克利特的贡献。要知道，得出这个定理需要用到类似微积分那样的无穷分割和极限逼近方法。德谟克利特著述宏丰，他大概是人类历史上第一个写出学术鸿篇巨制的人，遗憾的是，他的著作仅有残篇传世。

希腊币上的德谟克利特

在德谟克利特死后，两位影响力最大的思想家——柏拉图和亚里士多德都反对原子论。特别是柏拉图，他曾发誓要把德谟克利特的著作全部烧光。他到底有没有烧光德谟克利特的著作，我们不得而知，反正德谟克利特的著作几乎都没有流传下来……

不过后来有两位思想家对原子论情有独钟并大加宣扬，这二位就是公元前 3 世纪的希腊哲学家伊壁鸠鲁（Epicurus）和公元前 1 世纪的罗马诗人和哲学家卢克莱修（Titus Lucretius Carus），在他们的努力下原子论又流行了好几百年。可是柏拉图的思想和亚里士多德的思想先后主导西方学术界长达一千七百多年，中世纪的时候原子论几乎被人们所忘记。好在到了文艺复兴时期随着古希腊的各派思想被欧洲人重新发掘，原子论也开始复活了。

2. 千年后的复活：伽桑狄与波义耳的近代原子论

德谟克利特和伊壁鸠鲁的原子论天生就带上了反宗教的特征，因而被各种宗教拒斥。在中世纪的基督教世界，原子论只能以地下的形式而存在。到了 17 世纪上半叶，原子论的命运有幸迎来了一次转折。一位在哲学和科学上有很高造诣的天主教神父迷上了原子论，他开始以一种神学上可以接受的形式把原子论引入基督教世界，就像三百六十年前托马斯·阿奎那把亚里士多德的学说引入基督教那样。这位可爱的神父就是法国的皮埃尔·伽桑狄（Pierre Gassendi）。阿奎那和伽桑狄都是把古希腊先贤的理论从地下搬到了地上，从偷偷摸摸变得光明正大。对于近代科学能够在基督教世界兴起，他们二人功不可没。

皮埃尔·伽桑狄

伽桑狄把尘封千年的德谟克利特学说翻了出来，发现这原子理论是个好东西，于是对其展开了研究。伽桑狄是法国著名哲学家勒内·笛卡尔（René Descartes，1596—1650）的朋友，他就像笛卡尔的机械旋涡论那样把上帝边缘化，主张宇宙是由无所不能的造物主用德谟克利特的原子组合而成的。伽桑狄的说法被人戏称为"基督化的原子论"，他的学说仍然是停留在哲学猜想这一层面上。

同一时期的意大利科学家伽利略（Galileo）在研究流体静力学时提出，流体是由孤立的粒子组成的，这些粒子是极易活动的，哪怕最轻微的压力也会使它们运动，这样每个压力都会传遍整个流体。这明显也是原子论的观点。

在 17 世纪后期，原子论在哲学上的一个重要发展是德国哲学家戈特弗里德·威廉·莱布尼茨（Gottfried Wilhelm Leibniz，1646—1716）提出的单子论，他认为世界是由自足的实体所构成。所谓自足，是不依赖他物存在和不依赖他物而被认知。莱布尼茨把这种自足的实体称为单子。他所谓的单子有四个特征：不可分割性、封闭性、统有性和道德性。

最早在科学的方向上对原子论加以发展的是 17 世纪英国科学家罗伯特·波义耳（Robert Boyle，1627—1691）。波义耳赞同伽桑狄的观点，但他更相信事实分析，关心的是现象如何发生，而不是想象它为什么发生。波义耳做了许多实验，他证明黄金能够与别的金属制成合金，之后还可以通过方法将其恢复到原来的状态，这说明其中存在着一种不会改变的黄金微粒。

绝大多数人对波义耳的了解仅限于在中学物理课上学过的波义耳定律，其实他更多的贡献是在化学方面。波义耳是近代化学最重要的奠基人，他的著作《怀疑派化学家》出版的那一年即 1661 年被后世公认为近代化学的起始年。这部著作否定了亚里士多德主义者"四元素说"的陈旧观点，证明了火不是一种基本元素，提出元素一定会有许多种，这是他对古代原子论思想的重要发展。他的原子论思想及他的"实验与观察是科学思维的基础"的鲜明观点为化学的发展指出了科学的途径。

波义耳出生于英国贵族家庭，他没有像当今贵族子女那样去从政或者经商，而是一心一意地研究科学问题。波义耳为自己创造了一个实验室，那时的实验室跟现在的可不一样，里面都是炼金用的火炉和燃煤，天天烟熏火燎、灰头灰脸的，而波义耳却完全沉浸于实验之中。

波义耳深受笛卡尔的机械论哲学的影响，而且他也把自己归入机械论哲学家。笛卡尔提出机械论哲学，却摒弃了原子论的观点，因为他不相信真空的存在，他认为物质是连续的。但是波义耳认为用抽气筒是可以产生真空的。原子论在 17 世纪经伽桑狄之手逐渐跟机械论哲学结合在一起。波义耳感到融合了原子论的机械论哲学很容易用在他的物理学研究方面。他发现：一定量的气体在一定的温度下，其压力与其体积成反比，这就是著名的波义耳定律。波义耳运用原子论和机械论对他的定律进行了解释，他认为气体是由细小的做无规则运动的小球状微粒或者微小的静止的弹簧（就像羊毛团）组成的。

波义耳指出用纯净和均一的物质进行研究的重要性，特别是他提出了关于化学元素的现代定义，他说："我指的元素是某些不由其他物体所构成的原始和简单的物质，或完全没有混杂的物质……一切称之为真正混合物的都是由这些物质直接合成，并且最后分解为这些物质。"当然，波义耳那个时候还搞不清楚什么是简单的、完全没有混杂的物质。

艾萨克·牛顿（Isaac Newton，1642—1727）也是近代科学史上一位特别重要的原子论者，他除了提出著名的光的微粒说之外，还试图把世界上所有的现象都归结到原子或微粒的层面上进行解释，从而形成了关于宇宙的新的科学图景。牛顿曾经假定气体原子一般是静止的，并以一种与距离成反比的力相互排斥，他以此来解释波义耳的气体体积与压力成反比的定律。瑞士数学家丹尼尔·伯努利（Daniel Bernoulli）在 1738 年假定气体原子做不规则运动，气体的压力只不过是气体原子对容器壁的冲击。伯努利为波义耳定律提供了现代的解释。

3. 从思辨到科学：道尔顿的现代原子论

近代原子论的特点是用微粒对物质组成做出定性解释，现代原子论则是在物质组成定性解释的基础上发现化学反应中各种物质质量的定量关系及各种原子的质量的定量关系。

1797 年，德国化学家里希特（Richter）发现了**当量定律**，认识到酸、碱、盐之间的化学反应存在着确定的定量比例关系，这种定量比例关系被后人称作**当量**。两年后法国化学家普鲁斯特（Proust）发现**定比定律**：即每一种化合物，不论它是用什么方法制备的，它的组成元素的质量都有一定的比例关系，这一规律称为定比定律。或者说每一种化合物都有一定的组成，所以定比定律又称**定组成定律**。

19 世纪初，英国化学家约翰·道尔顿（John Dalton，1766—1844）通过大量实验证明，化合物中的各种成分是以恒定比例的质量进行结合的，不论实验样品的用量是多少。这就是道尔顿的当量系统。为了揭开当量的秘密，道尔顿进一步寻求任何一种元素能够保持其全部性质的最小单元。那个时候关于这种基本单元的概念在西方科学界已经十分流行，道尔顿就是出于这样的考虑而提出原子论的。

1803 年，道尔顿将古希腊思辨的原子论改造成定量的化学原子论。他提出了下述假设：第一，化学元素是由非常微小的、不可再分的物质微粒即原子组成的；第二，原子是不可改变的；第三，化合物由分子组成，而分子由几种原子化合而成，是化合物的最小粒子；第四，同一元素的原子均相同，不同元素的原子不同，主要表现为重量的不同；第五，只有以整数比例的元素的原子相结合时，才会发生化合；第六，在化学反应中，原子仅仅是重新排列，而不会创生或消失。道尔顿的这种新的原子论很好地解释了当量定律。1808 年，道尔顿出版了《化学哲学新体系》，系统地阐述了他的化学原子论。

位于英国曼彻斯特的道尔顿塑像

　　道尔顿不仅用术语"原子"来表示具有给定化学性质的化学元素的最小粒子，指出在化学化合时只以整数数目与另一种基本粒子结合，而且还用原子来表示刚性而不可分的终极粒子。道尔顿得到的结论是：化学元素和初始的物理学原子并没有区别。由此，原子论的发展在进入 19 世纪以后翻开了新的一页，它从哲学的猜想变为科学的推理与实证，从定性的模糊描述进入到定量的精确测量与推算。

　　道尔顿根据原子概念提出了倍比定律，并用实验证实了这一定律。倍比定律指的是：当甲、乙两种元素相互化合，能生成几种不同的化合物时，则在这些化合物中，与一定量甲元素相化合的乙元素的质量必互成简单的整数比。例如铜和氧可以生成氧化铜和氧化亚铜这两种化合物。在氧化铜中，含铜 80%，含氧 20%，铜与氧的质量比为 4∶1。在氧化亚铜中，含铜 88.9%，含氧 11.1%，铜与氧的质量比为 8∶1。由此可见，在这两种铜的氧化物中，与等量的氧相化合的铜的质量比为 1∶2，是一个简单的整数比。倍比定律的发现使得原子论更加可信了。

　　道尔顿进一步提出，鉴别不同元素原子的一个重要特征是它们的相对重量。他在 1803 年以氢元素的重量为单位列出第一张重量表，也就是我们所说的原子量表。如果人们能够知道一种元素有几个原子和另一种元素的一个原子化合，就可以在实验数据的基础上运用倍比定律测算出元素的原子量来。

古代原子论是哲学思辨的产物，而道尔顿的原子论是科学实验和逻辑推理的产物，所以是道尔顿把原子论从哲学变成了科学，而且是分类的、定量的科学。在道尔顿之前，无论是在牛顿的理论中还是在拉瓦锡的理论中，都是把物理学的原子论跟化学的元素理论分开来的，道尔顿第一次把物理学的原子论跟化学的元素理论统一起来了。与道尔顿同时代的著名化学家汉弗里·戴维（Humphry Davy）曾说："原子论是当代最伟大的科学成就，道尔顿在这方面的功绩可与开普勒在天文学方面的功绩相媲美。"道尔顿的主要成就都写在了他所出版的《化学哲学新体系》一书中，通过这部书，他既贡献了新的知识，也为后人的探索发现提供了宝贵的方法。

道尔顿出生在英国坎伯兰郡一个纺织工人家庭。因家里太穷，他只能参加贵格会（一种教会组织）的学校，他的老师鲁宾逊很喜欢道尔顿，允许他阅读自己的藏书和期刊。1778年鲁宾逊退休，12岁的道尔顿接替他在学校里任教，工资微薄。1781年道尔顿在另一所学校任教时，结识了盲人哲学家 J. 高夫，并在他的帮助下自学了拉丁文、希腊文、法文、数学和自然哲学。

道尔顿早期主要关注气象学，然后又研究化学，但他仍然保持每天做气象记录的习惯，而且在每天早上六点准时打开窗户，使得对面的一个家庭主妇依赖道尔顿每天准时开窗来起床为家人做早饭。道尔顿虽然取得了巨大的成就，但是直到晚年他的生活也不宽裕，68岁时还在招收学生以补贴家用。学生当中有个没有受过正规教育的16岁少年，他就是后来在热力学和电学领域取得重大成就的詹姆斯·普雷斯科特·焦耳。

道尔顿还曾经研究过色盲问题，因为他本人患有先天性红绿色盲症。在这个课题上道尔顿只发表过一篇文章，此后这种先天性红绿色盲症就被称为"道尔顿症"。

道尔顿不是那种天资超群的人，但他勤奋、刻苦、不折不挠，终于以原子论学说为现代化学奠定了基础。

1811 年，意大利都灵大学的物理学教授阿莫迪欧·阿伏伽德罗（Amedeo Avogadro）设想，同样体积的不同气体在同样的温度和压力下，含有同等数目的微粒。1814 年，法国的科学家安培（Ampère）也提出了同样的假说。阿伏伽德罗的假说引出了一个问题，即一体积的氢和一体积的氯化合时，产生了两体积的氯化氢，这在当时意味着氢原子和氯原子在化合的过程中都分裂为两半。为了解决这一问题，阿伏伽德罗假定氢、氯等气体的元素微粒都是含有两个原子的分子，当两种气体化合时，这些元素的分子就分裂成两个原子，然后每种元素都有一个原子存在于一个化合分子中。

阿伏伽德罗的假说显然是一个符合逻辑的解决办法，但是直到 19 世纪 60 年代以前，它并没有被人们广泛接受。道尔顿和其他一些人都反对这种见解，因为他们坚持认为同一种原子必然相互排斥，因而不可能结合成分子。道尔顿本人还认为不同种类的原子不但原子量不同，而且大小也不同，每单位体积的气体中的分子数目也不同，所以他始终否定阿伏伽德罗假说的正确性。可见大科学家有时也是很偏执的。

4. 接力式的竞赛：元素周期律的发现

对于元素的分类工作，最早可追溯到 18 世纪有"现代化学之父"之称的法国化学家安托万-洛朗·拉瓦锡（Antoine-Laurent de Lavoisier，1743—1794）。拉瓦锡第一个尝试在化学元素之间寻找其相互联系，他在《化学基本论述》一书中把他所认定的 33 种"化学元素"分为四类。不过，33 种"化学元素"中包括了某些化合物，甚至还有光和热。"元素"的认定本身就存在着很多问题，当然这种分类也就不可能正确了。在道尔顿的原子论中，原子量成为元素的重要特征，所以不少化学家开始从原子量中来探寻元素之间的联系。

在 19 世纪初，科学家已经发现如果以氢的原子量作为一个单位，有一些元素的原子量都接近于整数。英国伦敦的一个医生威廉·普劳特（Willian Pront）在 1815 年就提出各种元素的原子都是由数目不同的氢原子组成的。瑞典化学家永斯·雅各布·贝采利乌斯（Jöns Jacob Berzelius）经过研究认为元素的原子量并不精确地是氢原子量的整数倍。19 世纪 30 年代，贝采利乌斯制定了一个原子量表，他的原子量跟今天确认的原子量非常接近。

1817 年德国耶拿大学的化学教授约翰·沃尔夫冈·德贝莱纳（Dobereiner Johann Wolfgang）发现了钙、锶、钡的原子量大致形成一种等差级数。法国巴黎大学的化学家巴拉尔（Balard）根据他新发现的溴的化学性质预言氯、溴、碘将形成另一个等差级数。

这种等差级数的关系对于当时已知的 50 多种元素并不能普遍适用，给人的感觉像是拼凑出来的，所以没有引起足够的重视。19 世纪 40 年代，法国化学家杜马（Dumas）尝试根据元素的性质和反应把元素分为天然的族。他把硼、碳、硅放在一组，把氮、磷、砷放在另一组。

19 世纪 50 年代，化学家们已经发现每一种金属原子只能和完全确定数目的有机基团化合，这个数目被称为元素的原子价，例如锑、砷、磷、氮的化合价一般是 3 或 5，有机化合物中最重要的元素碳的化合价是 4。根据各种元素的化合价，一些化合物的分子结构模型被化学家们构造出来了。化学家们还注意到，各种同价的元素形成了天然的族或者组，这一事实使化学家发现了对元素进行分类的另一个依据。

当元素的原子量和原子价在 19 世纪 60 年代被确定下来之后，化学家们纷纷进行把元素分为若干有联系的组的新尝试。1862 年，法国的地质学家尚古多（Chancourtois）将已知的 61 种元素按原子量的大小顺序标记在绕着圆柱体上升的螺旋线上，制作了一个"大地螺旋图"。他把圆柱纵向分为 16 等份，把螺旋下端的出发点定为 0，通过此点就可划分出从 0 到 16 号的纵线。如果把原子量为 1

的氢安排在第一号纵线上，则原子量为 7 的锂就排在第七号纵线上，据此发现性质相似的元素，如锂、钠和钾，铍、镁、钙、锶和钡，分别位于同一纵线上。

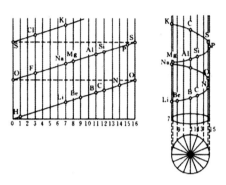

尚古多的"大地螺旋图"

这种排列方法很有趣，但还达不到井然有序的程度。一些性质迥异的元素，如硫和钛、钾和锰竟然会跑到同一条母线上而成为同组元素。尚古多将煞费苦心的大作"大地螺旋图"递交给法国科学院，由于他大量使用了一些地质学术语，化学家们看不明白，尚古多自己也说不清楚，结果法国科学院拒绝发表他的论文。尚古多先后递交了三篇含有图表的论文，都石沉大海。直到二十七年后，在元素周期律已被普遍接受的 1889 年，他的研究报告才得以出版，但却是明日黄花了。

在法国发生的故事，很快在英国又重演了一遍。1864 年至 1865 年间，英国化学家纽兰兹（Newlands）把当时已知的 61 种元素按原子量的大小顺序进行排列，发现无论从哪一个元素算起，每到第八种元素就和第一种元素的性质相近。他发现这很像音乐上的八度音循环，因此把元素的这种周期性称为"八音律"。为了便于观察，纽兰兹把全部已知元素整理成七行八列的表格，其中不直接使用原子量，而是使用了元素的序号。这个表的前两个周期几乎与现代周期表中的二、三周期完全一样。看来，纽兰兹已透过一层面纱隐约看到了"真理女神"的娇容，差点就揭示出元素周期律了。但从第三纵列以后就不太令人满意了，有六个位置同时安置了两种元素。另外，纽兰兹没有充分估计到原子量的值会有错误，更没有考虑到应该为那些未被发现的元素预先留出空位。他只是机械地将元素按原子量大小的顺序连续地排列起来，结果锰和氮、磷、砷排成了性质相似的一族，钴和镍则排在卤素之列。

1865 年，纽兰兹在英国化学学会宣读自己的元素八音律时，他的重要观点并没有受到重视，而且一场学术会议竟然开成了娱乐专场。一个教授当场奚落纽兰兹："如果按原子量的顺序把元素排列起来之后，就可以得出具有重要意义的定律，那么若是按元素名称的字头 ABC 的顺序排列起来的话，也许会得到更加意想不到的美妙效果！"纽兰兹的成果已经接近元素周期律，却被一群保守的化学家视为"怪胎"，化学学会拒绝发表他的论文。纽兰兹对英国化学界的保守气氛深感失望，一气之下放弃了理论化学的研究，转而研究制糖工艺。直到门捷列夫和迈耶尔发现元素周期律并被广泛承认后，英国化学学会才纠正了对纽兰兹不公正的评价，并在 1877 年颁发给他一枚戴维勋章，以表彰他在探索元素周期律的工作中所做出的贡献。

与此同时，德国化学家迈耶尔（Meyer）从化合价和物理性质方面入手，去探索元素间的规律。1864 年，迈耶尔写成了著名的《近代化学理论》一书，详细阐述了原子—分子论。这本书前后再版了五次，并被译成英、法、俄文，传播很广。《近代化学理论》的第一版中列出了迈耶尔的第一张元素周期表，表中列出了 28 种元素，他们按相对原子质量递增的顺序排列，一共分成六族，并给出了相应的原子价。1868 年，迈耶尔发表了第二张周期表，增加了 24 种元素和 9 个纵行，并区分了主族和副族。迈耶尔的第三张元素周期表发表于 1870 年，他采用了竖式周期表的形式，对相似元素的族属划分更加完善。并且预留了一些空位给有待发现的元素，但是表中没有氢元素。可以说，那时的迈耶尔已经发现了元素周期律。

最后要说的就是与迈耶尔同一时期的、20 世纪以后家喻户晓的俄国化学家门捷列夫了，他制定的元素周期表几乎毫无改变地沿用至今，并且一定还会一劳永逸地沿用下去——经过门捷列夫"一劳"，我们大家都"永逸"了。这就是为什么我们要感谢那些无私奉献的科学家。

德米特里·伊万诺维奇·门捷列夫（Дми́трий Ива́нович Менделе́ев，1834—1907）出生于西伯利亚的小城托博尔斯克，父亲是一位中学教师，他是家里的第

14 个孩子。在门捷列夫只有几个月时，他父亲双目失明，失去了工作，母亲就接管了门捷列夫舅舅的一个破旧玻璃厂来支撑这个大家庭。1847 年门捷列夫 13 岁时父亲去世，然而祸不单行，第二年他母亲的小工厂也被一把大火烧光。这位性格坚强的母亲没有被家庭变故所压垮，她卖掉了家

门捷列夫

产，经过几千公里的雪橇旅行，把 14 岁的门捷列夫送到圣彼得堡的中央师范学院学习化学，这个学校也是他父亲的母校。好在大学的学费和吃住费全免，这使门捷列夫的学业有了保障。门捷列夫是一个活泼调皮的学生，学习成绩一度很差，二年级结束时全班 28 个学生中他排在倒数第四。后来他改正了自己的缺点，毕业时因成绩优秀而获得一枚金质奖章，毕业后他先后做过中学教师和圣彼得堡大学的副教授。1859 年他到德国海德堡大学深造，1861 年回到圣彼得堡先后在工艺学院和圣彼得堡大学教授化学。

回到圣彼得堡以后，门捷列夫开始着手编写一本内容丰富的著作《化学原理》。此时他遇到一个难题，即用一种怎样的合乎逻辑的方式来组织当时已知的 63 种元素。门捷列夫仔细研究了 63 种元素的物理性质和化学性质，他准备了许多扑克牌一样的卡片，将 63 种化学元素的名称及其原子量、氧化物、物理性质、化学性质等分别写在卡片上。他用不同的方法去摆放这些卡片，用以进行元素分类的试验。他试图在元素复杂的特性里，捕捉元素的共同性。他在批判地继承前人工作的基础上，对大量实验事实进行了订正、分析，经过一次又一次的失败之后，他终于在 1869 年概括、总结出元素的性质随着原子量的递增而呈周期性的变化规律，即元素周期律。

门捷列夫根据元素周期律编制了一个元素周期表，把已经发现的 63 种元素全部列入表里，从而初步完成了使元素系统化的任务。门捷列夫那部运用元素性质周期性的观点写成的名著《化学原理》也在 1869 年宣告完成。1871 年 12 月，门

捷列夫在第一张元素周期表的基础上进行增益，发表了第二张表。在该表中，改竖排为横排，使同一族元素处于同一竖行中，更突出了元素性质的周期性。至此，化学元素周期律的发现工作已圆满完成。

门捷列夫在周期表中没有机械地完全按照原子量数值的顺序排列。特别是他在表中留下空位，并高度准确地预测了这些还没有下落的元素的性质。门捷列夫还根据自己的计算指出当时测定的某些元素原子量的数值有错误。若干年后，他的预言全都得到了证实。门捷列夫的成功，引起了科学界的强烈震动。为表达对门捷列夫最高的敬意，英国皇家学会曾把一个铝杯赠送给他。堂堂皇家学会，对一位贡献杰出的科学家，一个铝杯也拿得出手？确实是铝杯，不是金杯，也不是因为铝杯有什么特殊含义，而是在当时纯铝比黄金更难提取，当然也就比黄金更加昂贵。

门捷列夫认为，在周期表每一行的末尾都存在一个空档，也就是在氟、氯、溴、碘等第7列元素之后，还应当有第8列元素。1894年，英国化学家拉姆齐（Ramsay）为了解开"从空气中分离出来的氮原子量总是比在实验室中产生的氮原子量重"这个谜团，他用赤热的镁跟空气样品中的氧和氮发生化学反应，在容器中的氧和氮都被吸收了之后，他发现还有一种气体残留物，这就是氩（Argon），希腊文的意思是"懒惰"。拉姆齐爵士在1894年至1898年间，通过对空气分离和光谱法相继发现了氩、氦、氖、氪、氙5种惰性元素。1900年德国人多恩（Dorn）发现氡，1907年拉姆齐指出氡元素位于周期表第6行的末尾，至此，门捷列夫的元素周期表全部完成，也是这一年门捷列夫去世。化学在19世纪取得了巨大的发展，这一发展阶段以元素周期表第8列元素的发现而告终。

门捷列夫说："在发现周期律的大道上，斯特雷克尔（Strecker）、德·尚古多和纽兰兹其实是站在最前列的人，他们需要的只是将整个问题提到一定高度所必需的勇气，在此高度上，就可看清楚周期律在这些事实上的映象。……周期律是截止于1860年至1870年这十年之末的，一直在积累之中的，已确立的事实及各种概括的直接结果，它使体现于这些资料之中的内容有了某种系统化的表达。"

1905 年和 1906 年，门捷列夫两次获得了诺贝尔奖提名，但最终都未获奖，原因是评审委员会中的一名委员认为，门捷列夫的贡献太过陈旧，而且已经众所周知，所以不应给门捷列夫颁奖。1907 年门捷列夫去世，彻底与诺贝尔奖无缘。

据说，门捷列夫只用了他生命十分之一的时间来研究化学。门捷列夫一生都很忙，他曾致力于北极探险，北冰洋海底有一条山脉是以他的名字命名的；他还一个人乘坐热气球飞到 3000 米高空测量收集气象数据；最让你想不到的大概是他做的箱包在时尚界也占有一席之地。有一部有趣的五集动画纪录片就叫《门捷列夫很忙》。

门捷列夫在 1876 年跟第一任妻子离婚，四年后跟情投意合的第二任妻子结婚，但是当时俄国的法律规定离婚七年后才能再婚，所以门捷列夫犯了重婚罪。不过沙皇在得知他的这一过失之后说："门捷列夫可能有两个妻子，但是俄国只有一个门捷列夫。"

寻找元素周期律是项接力式的科学工作。元素周期律不是一个变化规律，它是通过归纳方法总结出来的一个分布型规律，是一个静态规律。那时科学家们还不知道这种规律的原理就藏在每一种元素的原子结构里面。

5. 实验揭开奥秘：卢瑟福的原子结构和玻尔模型

欧内斯特·卢瑟福（Ernest Rutherford，1871—1937）被称为"原子核物理之父"，他一生中做过无数重要的物理学实验，被誉为继法拉第之后最伟大的实验物理学家。卢瑟福有一句名言：所有的科学若不是物理学，就是集邮。这说明除了物理学，卢瑟福看不起其他所有科学，当然也包括化学。可是在诺贝尔奖上他却被"捉弄"了一把：卢瑟福最知名的功绩是发现了原子的结构，但是诺委会却给他颁了个诺贝尔化学奖。卢瑟福曾无奈地说："我一个搞物理的怎么就得了个化学奖呢？这是我一生中绝妙的一次玩笑！"当然，这个化学奖对他来说也是当之无愧，因为他在元素蜕变和放射性方面的研究对于化学而言是重大的贡献。

21 岁的卢瑟福

卢瑟福出生于新西兰南岛小城纳尔逊的一个手工业工人家庭，从小家境贫寒，通过自己的刻苦努力在新西兰完成大学学业，1895 年到英国剑桥大学的卡文迪许实验室深造，1898 年去加拿大蒙特利尔的麦吉尔大学做了九年物理学教授，1907 年返回英国出任曼彻斯特大学的物理系主任。1919 年卢瑟福回到剑桥接替他的老师 J. J. 汤姆逊（J. J. Thomson），担任卡文迪许实验室主任。1925 年当选为英国皇家学会会长，1931 年受封为纳尔逊男爵，1937 年死后与牛顿安葬在一起，这可是英国科学家的最大荣耀。可以说，卢瑟福一帆风顺地驶入最高境界的学术道路让每一位学者称羡不已，其实这跟卢瑟福在科学上的进取精神和在处世上的宽厚性格有关，他被称为"从来没有树立过一个敌人，也从来没有失去过一位朋友"的人。

在卢瑟福之前，法国物理学家让·佩兰和日本物理学家长冈半太郎都提出过土星模型的原子结构：中心有一原子核，外围有一些电子绕原子的核旋转。但这些模型都是猜想，没有什么证据。实际上，在 1910 年之前影响最大的原子模型是卢瑟福的老师 J. J. 汤姆逊提出的"葡萄干蛋糕模型"。汤姆逊是电子的发现者，他在 1899 年利用静电场测出阴极射线中运动粒子（电子）的电荷和它的质量，他发现这种粒子是原子的组成部分，带负电荷，其质量还不到最轻的原子的千分之一。汤姆逊假设原子带正电的部分像流体一样均匀分布在球形的原子体积内，而负电子则嵌在球体表面的某些固定位置。汤姆逊因在电子和气体导电方面的成就，在 1906 年获得诺贝尔奖，并且他还培养了 8 位诺贝尔奖获得者，其中一个是他的儿子，还有一个就是大名鼎鼎的卢瑟福。卢瑟福在教育方面更厉害，他的助手和学生中有 12 位诺奖获得者。

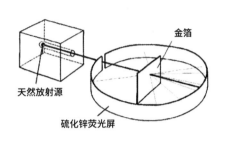

1908 年，来到曼彻斯特大学不久的卢瑟福开始了他"炮轰原子"的伟大实验。他安排他的学生盖革（"盖革计数器"的发明者）和马斯登用 α 粒子轰击金箔，发现了 α 粒子大角度散射的惊人结果。1909 年，他们进一步发现"入射的 α 粒子中每 8000 个就有一个要反射回来"的统计结果。这个结果无法用汤姆逊的实心带电球原子模型来解释。卢瑟福对这个问题苦苦思索了很久，终于在 1910 年底，经过数学推算，证明"只有假设正电球的直径远小于原子作用球的直径，α 粒子穿越单个原子时，才有可能产生大角度的反射"。由此提出了"原子的质量几乎全部集中在直径很小的核心区域，即原子核，电子在原子核外绕核作轨道运动"的原子模型。

α 粒子轰击金箔的实验

1911 年，卢瑟福在《哲学杂志》上发表了题为《物质对 α、β 粒子的散射和原子构造》的论文。文中，卢瑟福从理论上探讨能够产生 α 粒子大角度偏折的简单原子模型，将根据理论计算的数据与盖革和马斯登的实验数据进行比较，基本相符。之后，盖革和马斯登对 α 粒子散射实验又做了许多改进，在 1913 年发表了全面的实验数据，进一步肯定了卢瑟福的理论。

新西兰元上的卢瑟福

　　卢瑟福知道他的这个模型与经典理论是有矛盾的，因为正、负电荷之间的电场力无法满足稳定性要求。卢瑟福并不回避这一点，他说："在现阶段，不必考虑所提原子的稳定性，因为显然这将取决于原子的细微结构和带电的组成部分的运动。"也许正是因为这一模型还不完善，卢瑟福提出的原子模型在当时的科学界没有引起什么反响。1913 年，从丹麦来卢瑟福实验室工作的年轻科学家尼尔斯·玻尔（Niels Bohr，1885—1962）将量子理论用于卢瑟福的原子模型，成功地解释了氢原子光谱。

　　1885 年尼尔斯·玻尔出生于丹麦的哥本哈根，母亲是犹太人，父亲是哥本哈根大学的生理学教授。1903 年 18 岁的玻尔进入哥本哈根大学主修物理，在这里待了八年，一直到 1911 年拿到博士学位。玻尔的硕士和博士论文题目都是"金属电子论"，这期间他接触到量子论。获得博士学位之后，玻尔就去了英国剑桥大学的卡文迪许实验室，1912 年他去曼彻斯特大学的卢瑟福实验室工作了四个月。

　　玻尔参加过 α 粒子散射实验工作，曾帮助整理数据和撰写论文。玻尔坚信卢瑟福的有核原子模型是符合客观实际的，他认为要解决这个模型的稳定性的问题只有靠量子假说。1913 年初，就在玻尔冥思苦想之际，他的一位朋友向他介绍了巴尔末公式。

　　巴尔末公式是瑞士巴塞尔女子中学一个默默无闻的数学教师巴尔末（Balmer）老先生在 60 岁时发现的氢原子的一系列谱线的波长公式，波长 $\lambda = b \cdot n^2/(n^2-4)$，其中 $b = 3.6456 \times 10^{-7}$ 米，$n = 3，4，5，\cdots$。这是一个经验公式，就是说它是根据实测数据归纳总结出来的一个公式，你说是拼凑出来的也可以，反正这个公式跟当时所有实测氢原子谱线波长数据都基本相符，只是包括巴尔末在内的所有人都不明白这个公式的含义，直到二十七年后它进入了玻尔的视野。这时的玻尔刚好也是 27 岁。

　　一看到这个公式，玻尔顿时感觉豁然开朗。之前玻尔已经深受普朗克和爱因斯坦的量子论的影响，现在他又学习了德国物理学家约翰尼斯·斯塔克（Johnnes

Stark）最新提出的价电子跃迁产生辐射的理论，很快就写出了《原子构造和分子构造》——I、II、III 三篇论文。论文提出了电子轨道的定态跃迁、在跃迁时吸收或释放特定频率的光子，并给出了电子轨道跃迁的量子化条件，这样就摆脱了经典电磁理论的解释框架，用量子理论成功地解释了氢原子和类氢原子的结构和性质，提出了原子结构的玻尔模型，当然，也成功说明了巴尔末公式的含义。此时距巴尔末去世已有十五年，巴尔末老师生前怎么也不可能想到，自己总结出的一个谱线波长公式竟然引导后人解开了原子结构之谜，并且又一步步发现了微观量子世界的众多奥秘！

丹麦克朗正面的玻尔

玻尔出生于巴尔末发表氢光谱波长公式的那一年——1885 年。这似乎注定了他一生中最重要的成就是与巴尔末公式联系在一起的。科学史上还有许多类似的巧合，很有意义，也很有意思。例如，法拉第发现电磁感应定律的那一年麦克斯韦诞生了，后来麦克斯韦建立了全部电磁场方程，建立了电磁学的整个数学理论；伽利略完成了一个近代物理学先驱历史使命的那一年，牛顿诞生了，伽利略的所有开拓工作几乎都是由牛顿用数学和逻辑方法系统地完成；地质学的创始人詹姆斯·赫顿（James Hutton）去世的那一年，被誉为"现代地质学之父"的查尔斯·莱尔（Charles Lyell）诞生了，赫顿最早提出地质学的均变论思想，最终在莱尔手里得以形成和确立；拉马克发表《动物哲学》，提出"用进废退"进化论的那一年，查尔斯·达尔文诞生了，达尔文以自然选择学说最终完成了生物进化论；

麦克斯韦去世的那一年，爱因斯坦诞生了，麦克斯韦是从牛顿到爱因斯坦之间最具有天才且贡献最大的一位物理学家，青年爱因斯坦深受麦克斯韦的影响，麦克斯韦是经典物理学大厦最后的完成者，爱因斯坦则是现代物理学大厦最重要的建立者。

在近代科学史上还有一个非常有趣的现象：经常有科学家提携或帮助比他年轻的同名科学家，或对同名的晚辈科学家产生重要影响。如，罗伯特·波义耳提携了罗伯特·胡克，艾萨克·巴罗提携了艾萨克·牛顿，让·巴蒂斯特·罗比耐影响了让·巴蒂斯特·拉马克，查尔斯·莱尔帮助了查尔斯·达尔文，阿尔伯特·迈克尔逊影响了阿尔伯特·爱因斯坦，等等。还有，詹姆斯·瓦特、詹姆斯·焦耳和詹姆斯·麦克斯韦是热力学史上前后三个贡献最大的英国人，他们分别从工程技术、科学实验和科学理论上，推动了热力、机械力和电力的统一及三大领域的融合发展。

6. 原子论的终点？——普朗克的量子论

差不多每个世纪的开启之年都会出现开启这个世纪的科学的标志性成就：1600年吉尔伯特出版了《论磁》，开启了17世纪的科学革命。这一年，开普勒还出版了《梦游》一书，这部幻想作品说的是人类与月亮的交往，书中谈到了喷气推进、零重力状态、轨道惯性、宇宙服等。这些在当时来说不可思议的东西或许对未来几百年的科学和技术时代有着某些启示。1800年伏特发明了电堆，开启了电磁学的爆发世纪。1900年德国物理学家马克斯·普朗克（Max Karl Ernst Ludwig Planck，1858—1947）提出量子假说，开启量子论的新纪元，这一年，荷兰的德弗里斯、德国的科伦斯和奥地利的切尔马克同时独立地"重新发现"孟德尔遗传定律，所以1900年也是生物学史上划时代的一年。这大概只是偶然的巧合，不是必然的规律。如果说每一个世纪之交都会激发一些人去做出某种赶超时代的创新，这倒是有可能的。1700 年似乎是平平淡淡的一年，在科学上没有什么可圈可点之处，毕竟这时候牛顿伟大理论的建立才只有十几年的时间，新的世界观才刚刚被人们接受，在如此短的时间内发展出超越牛顿的新思想几乎是不可能的。

学生时代的普朗克（20 岁）

　　言归正传，1900 年普朗克为了克服经典理论解释黑体辐射规律的困难，引入了能量子概念，为量子理论奠定了基石。量子论的诞生使得 19 世纪与 20 世纪的物理学有了明显的分水岭。

　　普朗克早年曾经研究热力学第二定律。杰出的奥地利物理学家路德维希·玻尔兹曼（Ludwig Edward Boltzmann，1844—1906）对于热力学第二定律做出了统计学解释，而普朗克不同意统计观点，他与玻尔兹曼还有过论战。普朗克认为统计几率定律每一条都有例外，而热力学第二定律是普遍有效的，所以他不相信对热力学第二定律的统计解释。但是普朗克经过几个月努力都没能够从热力学的普遍理论推导新的辐射定律。最后没有办法，就用玻尔兹曼的统计方法试一把吧。

路德维希·玻尔兹曼

　　玻尔兹曼的方法是把能量分成一份一份的，分给有限个数的谐振子，就像分配给单个的分子、原子那样——玻尔兹曼实际上是量子论的先驱。按照玻尔兹曼的方法，普朗克最终推出了黑体辐射公式。可见人不能让自己的观念把自己憋死，而是应当具有开放的心态，尝试一下自己曾经反对过的观念和方法，说不定那就是一条活路。事后普朗克告诉玻尔兹曼自己用他的方法取得了成功，这给了玻尔兹曼一个很大的安慰。

　　玻尔兹曼是原子论的坚决捍卫者，他和当时甚嚣尘上的唯能论的维护者们发生过长达十多年的激烈论战，他曾两度不堪忍受孤军奋战的痛苦而自杀，最终在 1906 年自杀身亡，成为原子论的殉道者。如果他能够再坚持两年，就会看到自己的胜利，就连他的死敌、最顽固的唯能论者、德国物理化学家奥斯特瓦尔德（Ostwald）也不得不公开承认原子论的合理性。玻尔兹曼，这位天才科学家对物理学的贡献远远超过了大多数诺贝尔奖获得者，可惜他没有得到过这个奖项。

尽管普朗克采用能量子假说获得了成功，但当时的人们包括普朗克本人都没有认识到能量子的意义。普朗克甚至还对自己的这一假设深感不安，他总是想回到经典理论体系，试图用连续性代替不连续性，但所有的努力都是徒劳。当时的物理学泰斗洛伦兹（Lorentz）直到 1908 年还对普朗克的量子假设公开表示怀疑，不过后来洛伦兹承认了错误，站在了普朗克的一边。

对能量子最早产生深刻认识的应当是阿尔伯特·爱因斯坦（Albert Einstein，1879—1955），他在 1905 年用光的能量子来解释光电效应。光电效应是德国著名物理学家海因里希·鲁道夫·赫兹（Heinrich Rudolf Hertz）的一个重要发现。赫兹在 1887 年做电磁波实验时发现紫外线照射到产生放电火花的金属电极时放电会增强。之后十几年有很多人做过不同的光电效应实验，1900 年德国物理学家勒纳德（P. Lénárd）发现只有光的频率超过一个临界值时光电流才会产生。1905 年爱因斯坦对光电效应给出了量子解释，他最早提出了光量子概念，这就是后来人们所说的光子。爱因斯坦为解释光电效应而提出的光量子理论，包括他提出的光电方程，最终由美国物理学家罗伯特·安德鲁·密立根（Robert Andrews Millikan）所做的实验给出了全面的验证。爱因斯坦和密立根分别在 1921 年和 1923 年因光电效应方面的贡献获得诺贝尔物理学奖。

说来有趣，密立根是一个保守派，原本是反对量子论的。他从 1904 年就开始做光电效应实验，到 1914 年发表初步成果，据他自己说，他本来的目的就是希望证明经典理论的正确性，甚至在他宣布证实了爱因斯坦提出的光电方程时，还声称肯定爱因斯坦的光量子理论还为时过早——真是个可爱的"硬嘴鸭"。

爱因斯坦对光电效应的光量子解释让人们开始意识到光同时具有波和粒子的双重性质，即波粒二象性。十九年后，法国物理学家路易·维克多·德布罗意（Louis Victor de Broglie，1892—1987）把波粒二象性推广到电子及一切物质上，直接导致了量子力学的建立。

7. 20 世纪的头脑风暴：量子力学的建立

说到德布罗意，圈子外面的人也不会感到陌生。有一种传言，说贵族出身的纨绔子弟德布罗意不学无术，差点毕不了业，仅凭一页纸的论文混得博士学位，后被爱因斯坦看中又得了诺贝尔奖。其实，德布罗意出身贵族是真的，但他不是纨绔子弟，此人酷爱学术研究，博士论文不是一页，而是一大本。1924 年 11 月他根据自己在 1923 年发表过的三篇短文的思路写出了题为《量子理论研究》的博士论文。这篇论文有一百多页（英译本是 72 页，德译本是 120 页）。他在答辩时还提出了用晶体来做电子衍射实验可以证实电子的波动效应。德布罗意后来还有很多贡献，他一生的著作达二十五部之多。

路易·维克多·德布罗意

德布罗意读的是历史专业，是正儿八经的文科生。但是他对科学一直感兴趣，曾读过庞加莱、洛伦兹、朗之万的著作，后来对普朗克、爱因斯坦、玻尔的量子理论产生了兴趣，转而研究物理学。德布罗意曾在军队做过无线电工作，退伍后师从法国物理学家保罗·朗之万（Paul Langevin）攻读物理学博士学位。德布罗意的哥哥莫里斯·德布罗意是一位物理学家，他当时在研究 X 射线，德布罗意也跟着哥哥一道研究 X 射线。

1919 年至 1922 年间，法国物理学家布里渊（Brillouin）发表了一系列论文，试图解释玻尔的定态轨道原子模型。他设想电子的运动在原子核周围的"以太"

中激发出一种波，这种波相互干涉，只有在电子轨道半径适当时才能形成环绕原子核的驻波，因而轨道半径是量子化的。路易·德布罗意吸收了这一见解，并对其进行了改造。他摒弃了假想的以太概念，把以太的波动性直接赋予电子本身。在 1923 年 9 月至 10 月间，德布罗意在《法国科学院通报》上接连发表了三篇论文。在第一篇《辐射——波与量子》中提出与运动粒子相应的还有一正弦波，粒子跟波保持相同的位相，后来他把这种假想的非物质波称为相波。在第二篇《光学——光量子、衍射和干涉》中提出在一定情形时，任一运动质点能够被衍射，穿过一个相当小的开孔的电子群会表现出衍射现象。这一预见可以寻求实验验证。在第三篇论文《物理学——量子气体运动理论以及费马原理》中，他提出只有满足位相波谐振才是稳定的轨道，在第二年的博士论文中他进一步提出，谐振条件是 $l = n\lambda$，即电子轨道的周长是位相波波长的整数倍。

德布罗意并没有明确提出物质波的概念，他只是运用了相波的概念，物质波是埃尔温·薛定谔在受到德布罗意启发建立波函数方程之后诠释波函数的物理意义时提出的。薛定谔因不死不活的"薛定谔的猫"而为大众所熟知。

德布罗意的论文发表以后没有产生多大的反响。后来朗之万把德布罗意的论文寄了一份给爱因斯坦，对于德布罗意把光的波粒二象性扩展到其他运动粒子上，爱因斯坦对其大加赞赏。爱因斯坦在自己的论文中有一段介绍了德布罗意，德布罗意立刻引起了大家的关注。

1960 年，德布罗意在哥哥莫里斯去世后成为第七代德布罗意公爵。他终生未婚，卖掉了贵族世袭的豪宅，住进了平民小屋，过着简朴的生活。他深居简出，从来不放假，是个标准的工作狂。他没有私人汽车，外出喜欢步行或搭乘巴士，是个勤俭节约的模范。他对人彬彬有礼，从不发脾气，是一位贵族绅士。德布罗意在 1987 年去世，是 20 世纪 20 年代量子力学风云人物中最后离世的一位，也是最长寿的一位，享年 95 岁。

量子力学这场气势磅礴的大戏在 1924 年由德布罗意揭开了巨幕。现在我们就来看看接下来的几位主角是如何登场的。

　　1921 年，在丹麦企业界的资助下，玻尔在哥本哈根成立了著名的哥本哈根理论物理研究所（1965 年改名叫玻尔研究所），这里聚集了一群来自不同国家研究原子问题的年轻学生，于是便有了后来的哥本哈根学派。1924 年，出身于教授家庭的 23 岁的德国物理学家沃纳·卡尔·海森堡（Werner Karl Heisenberg，1901—1976）刚从慕尼黑大学拿到博士学位就来到了哥本哈根加入玻尔的研究所。之前，海森堡曾到过著名的哥廷根大学师从著名物理学家马克斯·玻恩（Max Born，1882—1970）和大数学家戴维·希尔伯特（David Hilbert）。1925 年，海森堡回到德国哥廷根大学担任玻恩的助手。

沃纳·卡尔·海森堡

　　海森堡在哥廷根大学继续研究原子谱线之谜。他感到玻尔的理论不可能在实验中得到理想的证实，因为玻尔的理论是建立在一些不可直接观察或不可测量的量上，如电子运动的速度和轨道等。海森堡认为，在实验中，我们不能期望找到电子在原子中的位置、电子的速度和轨道这些根本无法观察到的原子特征，而应该只探索那些可以通过实验来确定的数值，如固定状态的原子的能量、原子辐射的频率和强度等。在计算某个数值时，只需要利用原则上可以观察到的数值之间的相互比值。于是他开始另辟蹊径，先放弃对玻尔的原子图像的猜测，不再考虑原子是什么，而是只考虑它们做什么（这正是当年牛顿对于科学研究的主张）。他用数组来描述原子的能量跃迁，发现了这些数组的排列分布规律，并利用这些规律处理原子过程。

　　海森堡把自己的工作交给玻恩看，玻恩看出这些数组排列出来的是矩阵数学。1925 年 9 月，玻恩跟学生帕斯库尔·约尔当（Pascual Jordan）合作写了一篇文章《论量子力学》，将海森堡的思想发展成为量子力学的一种系统理论，指出矩阵代数可以作为描述原子能量跃迁的数学工具。这时候海森堡还不知道什么是矩阵，当然，有了玻恩和约尔当的帮助他很快掌握了这门数学。1925 年 11 月，海森堡在与玻恩和约尔当的协作下，发表了论文《关于运动学和力学关系的量子论的重新解释》，创立了量子力学中的一种形式体系——矩阵力学。1932 年，海森堡获得诺贝尔物理学奖。而玻恩呢？直到 1954 年才获得迟到了二十多年的诺贝尔物理学奖。最遗憾的要算是约尔当。

年轻时的玻恩

由于种种阴差阳错的原因及内向性格和严重口吃，约尔当的一些顶级研究成果和卓越思想被埋没，再加上他曾加入纳粹，使得这位量子力学的创始人之一没能分享 1954 年的诺贝尔物理学奖。约尔当在科学史上的贡献最终成了一抹"消失的月光"。

马克斯·玻恩出生于德国的一个犹太人家庭，父亲是布雷斯劳大学的生理学教授，这跟玻尔的出身实在是太像。1901 年起，玻恩先后在布雷斯劳大学、海德堡大学和瑞士的苏黎世大学求学，1905 年进入当时欧洲大陆的顶尖学府、有"数学的麦加"之称的哥廷根大学，师从世界顶级数学大师、物理学家希尔伯特和闵可夫斯基（Minkowski），获得博士学位后他又去英国剑桥大学学习了一段时间，1909 年回到哥廷根大学物理系执教，后来又到过柏林大学与普朗克和爱因斯坦并肩工作并与二位结下深厚友谊。除了量子力学外，玻恩在晶体理论、光学上均有重大建树，晚年他醉心于研究爱因斯坦的统一场论。

1921 年玻恩担任哥廷根大学物理系主任，把哥廷根建成了国际理论物理研究中心，足以匹敌玻尔的哥本哈根理论物理研究所，使哥廷根在成为全世界的数学圣地之后又成为全世界的物理学圣地。实际上，所谓的"哥本哈根解释"，其核心内容并不是哥本哈根的玻尔的解释，而是哥廷根的玻恩的解释。在量子力学的建立过程中，玻恩始终都是一位核心人物。当然，在 20 世纪科学界的大师当中，

德国哥廷根大学

他的低调也是排第一的——这个第一，似乎没见有人去跟他争抢。曾经跟玻恩有过合作的控制论创始人维纳（Wiener）这样评价玻恩："玻恩总是镇定自若，温文尔雅……在所有的学者中，他是最谦恭不过的了。"

受德布罗意物质波的启发，奥地利物理学家埃尔温·薛定谔（Erwin Schrödinger，1887—1961）在1926年1月的论文中提出了波函数的概念，建立了电子运动的波动方程，同样给出了氢原子谱线的解释。从1926年1月27日到6月23日，在短短不到五个月的时间里，薛定谔接连发表了六篇关于量子理论的论文。玻恩将德布罗意—薛定谔波函数解释为在空间某点找到电子的概率，这就是著名的"哥本哈根解释"的核心内容。

矩阵力学和波动力学这两种理论都能够对原子谱线给出解释，这到底是怎么

奥地利币先令上的薛定谔

回事呢？很快，24 岁的英国物理学家狄拉克（Dirac，1902—1984）证明了两者是完全等价的，它们是同一理论的不同表象。1928 年，狄拉克把相对论引进了量子力学，建立了相对论形式的薛定谔方程，也就是著名的狄拉克方程。1933 年，狄拉克和薛定谔共同获得了诺贝尔物理学奖。

保罗·狄拉克

狄拉克是卢瑟福的女婿拉尔夫·福勒（Ralph Fowler）的学生，他获得诺奖时只有 31 岁。据说狄拉克在得到获奖通知后对老前辈卢瑟福说他不想领这个奖，因为他讨厌在公众中的名声。卢瑟福劝道，如果不领这个奖的话，那么这个名声可就更响了。狄拉克只好认栽，硬着头皮把诺贝尔奖领了。1932 年至 1969 年，狄拉克担任剑桥大学卢卡斯数学教授长达三十七年，这是牛顿曾经担任过的职位。

20 世纪早期量子论和量子力学的提出、建立和完善，很像一场头脑风暴，一场由一群年轻的物理学家接力式参与和互相启发的、纵贯四分之一世纪、横跨欧洲诸国的头脑风暴。

1927 年物理学群英会（第五届索尔维会议，布鲁塞尔）

8. 生命的原子：从细胞到基因

原子论的思想曾影响到了医学和生物学领域。文艺复兴时期的瑞士著名医学家帕拉塞尔苏斯（Paracelsus）设想疾病就像一种具有活性力量的种子一样。哥白尼的同窗、意大利著名学者吉罗拉摩·法兰卡斯特罗（Girolamo Fracastoro）则更进一步，他在 1546 年发表了一篇论文，提出疾病本身就是种子一样的实体。这可以说是对后来的疾病细菌学说和病毒学说的预见。法兰卡斯特罗是原子论的信徒，他的医学观点不是经由观察与实验证明得到的，主要是来自原子论的启示。

17 世纪，英国皇家学会的物理学家罗伯特·胡克（Robert Hooke），荷兰代尔夫特市政厅的门卫兼显微镜学家、微生物学家安东尼·列文虎克（Antony van Leeuwenhoek）等人都曾用显微镜看到了植物细胞，但是并没有认识到这是植物世界独立的活的结构单位。19 世纪初，德国自然哲学家洛伦兹·奥肯（Lorenz Oken）提出所有的生物都是由黏液囊泡所组成。1831 年伦敦的一位医生罗伯特·布朗（Robert Brown，他最著名的发现是"布朗运动"）用消色差显微镜观察到植物细胞的细胞核。这些观察使德国耶拿大学的植物学教授施莱登（Schleiden）于 1838 年宣布，细胞是一切植物结构基本的活的单位和一切植物借以发展的根本实体。1839 年，比利时卢万大学的解剖学教授西奥多·施旺（Theodor Schwann）把细胞学说扩大到了动物界。

瑞士著名的植物学家内格里（Nägeli）曾经师从洛伦兹·奥肯。内格里在遗传学上有很大的贡献，他指出两个亲体对于它们的后代贡献是均等的，雌性的卵子和雄性的精子中都有一部分是决定遗传的物质，他把它们叫作细胞种质（idioplasm）。内格里主张细胞种质是由串成链索的分子团所构成，而且是成年生物所具有形状的唯一决定因素。他的这些预言跟 20 世纪发现的长链状 DNA 分子极为吻合。

在进化论上，内格里提出进化不是连续的，而是一系列的突变。这种观点不

仅发展了进化理论，而且对后来的基因突变理论也
产生了直接的影响。

1856 年，奥地利布隆城的奥古斯汀修道院 34
岁的神父格雷戈尔·约翰·孟德尔（Gregor Johann
Mendel，1822—1884）开始了长达八年的豌豆实验。
当年的布隆城就是现在捷克的第二大城市——布尔
诺，奥古斯汀修道院也改名叫圣托马斯修道院。

孟德尔出生在农民家庭，其父母都是园艺好
手，他从小就受到了园艺学和农学知识的熏陶。18

卡尔·威廉·冯·内格里

岁时孟德尔考入奥尔米茨大学学习哲学，21 岁那年因家境贫困而辍学进了修道
院。他先是被教会安排到一所教会中学教书，28 岁时又被派到维也纳大学深造，
系统地学习了数学、物理、生物学知识，还曾在物理课上做过著名科学家多普勒
（Doppler）的演示助手。多普勒因发现光波和声波的多普勒效应而出名。学成后
孟德尔回到了奥古斯汀修道院，这座天主教修道院有着良好的学术环境，神父们
大多有较高的学术修养，修道院里还设有一座图书馆，所以这里其实是从事科学
研究的好地方。在修道院的花园里，从小就对植物有着浓厚兴趣的孟德尔兴致勃
勃地做起了他的豌豆实验。

孟德尔当年种豌豆的地方

孟德尔对不同代豌豆的性状和数目进行了细致入微的观察、计数和分析。为了对观察结果进行解释，孟德尔先提出了大胆的假设。他假设在每一个亲本生物中，每两个"因子"决定一个遗传性状（如植株的高度、花的颜色），一个因子是从父本遗传来的，另一个因子是从母本遗传来的。生物可以有两个相同的因子（例如都是"高"因子）或者两个不同的因子（例如一个"高"因子和一个"矮"因子）。当两种不同的因子在一起的时候，一种因子抑制了另一种因子的表达。他把前一种"表达的"因子称为显性因子，把被抑制而"未表达的"因子称为隐性因子。

孟德尔从这些假设中总结出两个遗传规律。第一个是"遗传分离定律"，即在配子形成过程中，决定性状的两个因子进入不同的卵子或精子中。第二个定律是"独立分配定律"（也称"基因自由组合规律"），即决定任何一组性状的父本和母本的因子都是独立于其他因子分配的，每一个配子细胞随机地得到来自母本或父本的因子组合，这种分配符合概率法则，是数学第一次应用于生物学理论。

雷戈尔·约翰·孟德尔

这两个定律被后人称为"**孟德尔第一定律**"和"**孟德尔第二定律**"，它们是揭示了生物遗传奥秘的基本规律。

1865 年，孟德尔在布隆科学协会的会议厅将自己的研究成果分两次宣读。然而，参会的科学家们对连篇累牍的数字和繁复枯燥的论证毫无兴趣——他们实在跟不上孟德尔的思维。1866 年，孟德尔把他的论文《植物杂交试验》发表在《布隆博物学学会会刊》上。这期会刊被寄往 115 个单位的图书馆，包括英国皇家学会和林奈学会。但是由于刊物和作者都没有名气，所以读者并不多，再加上文中还有令人望而生畏的数学，以致论文没有引起任何反响。孟德尔自己保存了四十份这篇文章的复制品。

孟德尔开始进行豌豆实验时，达尔文进化论刚刚问世。他仔细研读了达尔文的著作，从中吸取丰富的营养。在保存至今的孟德尔的遗物之中，就有好几本达尔文的著作，上面还留着孟德尔的手批。孟德尔曾把自己的论文复制品寄给达尔文，达尔文虽然收到了孟德尔的论文，但是却从未阅读过（后来人们发现孟德尔寄给达尔文的邮件一直没有启封）。达尔文那时已长期饱受病痛的折磨，常常连续几个月无法工作，没有阅读孟德尔的论文也是情有可原。

孟德尔知道内格里是一位杂交学专家，并且他发现自己对于豌豆遗传的实验研究支持了内格里的遗传粒子学说，所以他把自己的研究结果送给了内格里。但是内格里说孟德尔的公式似乎是"依靠经验而不是依靠理性"，所以不予理会。内格里宣称自己的学说是合理的和德国式的，而达尔文主义只不过是英国经验主义的一个事例而已。显然，内格里是因孟德尔的研究属于英国经验主义的传统而加以蔑视。另外，孟德尔的研究支持了"颗粒遗传"，这就是遗传领域的原子论。而内格里认为在受精时父本和母本的异胞质由于其同种分子团融合成一单股而成为一体。对内格里来说，承认孟德尔学说就等于否定了自己的学说，他没有仔细推敲孟德尔的文章（他本应当这样做）就草率地作出了"孟德尔肯定错了"的结论。

我们可以把生物学跟物理学做一个比较。力学是物理学的核心，基因理论及建立在基因理论之上的分子生物学（以中心法则为核心）是生物学的核心。一切物理现象最终都要在物质粒子的相互作用中得到解释，一切生物现象最终都要在基因理论和中心法则中得到解释。牛顿定律是经典力学的核心定律，同样孟德尔定律是经典基因理论的核心定律。

如果说孟德尔是生物学中的牛顿的话，达尔文和内格里则可以说是生物学中的伽利略和开普勒。内格里作为生物学史上如此重要的一位人物对"生物学中的牛顿"给予压制，这是让后人无法理解和不能容忍的。事实上这件事情对孟德尔和内格里来说都是悲剧性的：孟德尔的伟大成果被埋没之后，他在最后岁月里放弃了生物学的研究，专职做他的修道院院长，最后在为维护修道院的利益而跟政府的抗争中郁郁而终。而内格里为基因理论所作出的重大贡献则几乎被公众所遗忘，留下的是压制科学发现"学阀"的坏名。一位历史学家曾说"孟德尔和内格里的交往完全是一场灾难"。

在人类的历史上，每一个重要的理论不仅有一个伟大的建立者，还会有一个杰出的推动传播者：亚里士多德的理论有狄奥弗拉斯特，哥白尼有奥席安德和后来的布鲁诺，牛顿有哈雷……孟德尔在有生之年没有这样一个力挺他的人，结果他的伟大成果石沉大海。不过最终孟德尔还算是幸运的，在被忽视了三十五年之后，1900 年荷兰的德弗里斯（Hugo Marie de Vries）、德国的科伦斯（Correns）和奥地利的切尔马克（Erich. S. Tschermark）同时独立地"重新发现"了孟德尔的遗传定律，在发表论文之前他们都读到了孟德尔的论文。最终，科伦斯提出将遗传定律命名为"孟德尔定律"。

1911 年，美国生物学家托马斯·亨特·摩尔根（Thomas Hunt Morgan）经过两年的果蝇实验发现了遗传学的"连锁与互换定律"（**遗传学第三大定律**），提出了"染色体遗传理论"。20 世纪 20 年代摩尔根创立了著名的基因学说，揭示了基因是组成染色体的遗传单位，它能控制遗传性状的发育，也是突变、重组、交换的基本单位。但基因到底是由什么物质组成的，这在当时还是个谜。摩尔根在他 1926 年出版的《基因论》一书中写道："像化学家和物理学家假设看不见的原子和电子一样，遗传学家也假设了看不见的要素——基因。三者的主要共同点，在于物理学家、化学家和遗传学家都根据数据得出各自的结论。"当时摩尔根和他的学生们已经知道基因存在于染色体中，只是还不知道染色体中的 DNA 分子结构，但是他们已经相信基因与原子一样都是一种物质实体。

托马斯·亨特·摩尔根

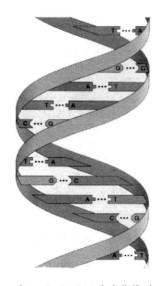

由 A、G、C、T 四种碱基排列
组成的 DNA 双螺旋结构示意图

1944 年，著名物理学家薛定谔在《生命是什么？——活细胞的物理学观》一书中预言了生命的遗传物质是一种具有密码结构形式的长链形大分子，因为这样的结构才可以维持遗传信息的稳定。在他的这一卓越思想感召和引领下，一批年轻的物理学家离开物理学的前沿阵地，转入生物学领域去探索生命大分子复杂结构的奥秘。他们当中有的人是偷偷摸摸地去做这种"不务正业"的研究工作。1953 年之后，他们发现了作为遗传物质的脱氧核糖核酸分子（DNA）和核糖核酸分子（RNA）的结构，建立起了分子生物学。DNA 和 RNA 分别有四种碱基，四种碱基组成各种各样的基因片段，这些基因片段连接成长长的DNA 或 RNA 链条形分子。DNA 和 RNA 上的碱基有一种是不同的，所以合计共有五种碱基：腺嘌呤（A）、鸟嘌呤（G）、胞嘧啶（C）、胸腺嘧啶（T）、尿嘧啶（U），也就是五种基本的结构模块。我们可以把基因片段看作是构成生命分子的"生命原子"，也可以把这五种碱基看作是构成生命分子的"生命原子"。

原子论的本质在于把物质的变化都归结为"原子"的运动和排列组合的变化，也就是"原子"的空间位置的变化，这种观念在深层次上支配着近现代科学的发展而且使近现代科学取得了巨大成功。近现代科学是一层一层地追寻"原子"的过程，同时也是使事物现象一层层还原、使人类对事物的本质认识一层层深化的过程。从方法论上讲，原子论体现的是分析的方法；从哲学世界观来讲，原子论体现的是还原论思想。原子论实际上内含着一条世界基本规律：**世界是模块化的，是有层次的**。这条基本规律，我们称之为**模块层次律**。

"模块化"意味着物质形态是由一个一个的个体组成的，模块的特征是离散性（独立性）、功能性和固定性。模块的离散性说明模块具有边界性。如果这个世界不是模块化的，而是连续的，那它就只能是模糊混沌一片，就没有了事物的区分。模块的功能性在于模块能够与其他模块发生一定的联系，能够对其他模块产生特定的作用。模块的固定性体现在它具有稳定性和完整性。从连续性出发，许多问题的解决是无从下手的；从模块性出发，这些问题则迎刃而解。例如，数学上的微积分方法就是对数量的模块化处理，它把连续量分割成 dx，于是就能够对连续变量进行计算了。

　　"层次性"意味着一个模块可以嵌套着一些低层的小的模块，一些小的模块可以组成一个高一层的大的模块，而不是所有的模块都是并列存在着。如果我们只看到世界是模块化的，那么这种观念就只是还原论的观念；如果我们还能看到世界的层次性，那么我们不仅懂得还原论，而且也同时具有了整体论的观念。

　　模块层次律是分析还原法的基础。分析还原法就是对事物进行层层分解，对其内在部分进行深入研究，从而找到事物的内在要素及这些内在要素之间的关系。之后我们还要沿着分析还原的路径返回去，依据这些内在要素的相互关系和层次关系，把它们综合起来，从而获得对事物整体的新的认识。所以完整的分析还原法也被称为分析综合法。人们常说中国的传统思想是整体观，其实中国古代也有分析还原法，古人把这种方法非常形象地称作"抽丝剥茧"。

　　尽管亚里士多德不赞成德谟克利特的原子论，但是他赞成追寻事物的本原，而且他还是分析还原法的第一位运用大师。在生物学方面，亚里士多德曾对五十多种动物进行了解剖研究，观察并弄清动物的结构器官、生理原理。在政治学方面，他分析比较了当时各种政治制度的要素、结构、运作机制、长处和弱点，从中择优汰劣，提出他认为比较理想的政治制度。在亚里士多德的哲学、逻辑学、诗学及伦理学等著作中，分析还原法都得到了广泛运用。

第2章
事物的相同与差异
——柏拉图的共相论与同息异息律

1. 两千多年的大论战

公元前6世纪古希腊哲学家毕达哥拉斯（Pythagoras）对数学的研究产生了后来的理念论，即有了"可理喻的东西"和"可感知的东西"的区别。可理喻的东西是完美的、永恒的，而可感知的东西是有缺陷的。这一思想被柏拉图发扬光大。

公元前4世纪雅典城邦的柏拉图（Plato，公元前427年—前347年）是第一个系统地研究共相问题的人，他建立了自己的"理念论"，"理念论"又称"共相论"或"相论"。所谓"共相"就是一些事物的共同的特征。柏拉图的"相论"主要见于他在《理想国》《巴门尼德斯篇》等著作中，通过他的老师苏格拉底之口及更早期的哲学家巴门尼德之口所展开的一系列讨论。柏拉图认为整个世界分为两个截然不同的世界：一个是理念的世界，一个是可感的世界。这个可感的世界就是我们看得见、摸得着的现实世界。他认为"理念"是永恒而完美的，现实世界只是"分有"或"模仿"永恒而完美的理念，是理念的影子，因此现实世界是从理念世界派生出来的，现实世界既不永恒也不完美。现实事物的共性、不变性都是来自理念世界。尽管柏拉图的观点显得颇为荒谬，但是他毕竟开启了对事物的共性和差异性问题的系统研究和广泛讨论，并且在人类思想史上影响深远。

柏拉图出生于雅典的一个贵族家庭，据称是古雅典国王的后代。他的母亲出身于梭伦家族，柏拉图是梭伦的第六代后裔。柏拉图原名是亚里斯多克勒斯（Aristocles），"柏拉图"（希腊语Platus）这个在人类文化哲学史上回响不绝的名字竟然是体育老师给起的，因为他身躯强壮、胸宽肩阔。"Platus"一词是平坦、宽阔的意思。青少

柏拉图

年时期的柏拉图是一位摔跤高手，他还特别热衷于诗歌创作，富有文学才华，又极具社会责任感，是一位出类拔萃的"三好生"。在大约 20 岁时，他追随雅典最著名的街头哲学家苏格拉底。在苏格拉底被判死刑、饮鸩而死之后，柏拉图对当时的雅典政体完全失望，于是他离开雅典开始游遍大希腊（意大利南部）、埃及、昔兰尼（位于今利比亚境内的古希腊城市）等地以寻求知识。

他在 40 岁时，约公元前 387 年结束旅行返回雅典，之后在雅典城外西北角的一处摔跤场上创立了自己的学园。这里紧邻英雄阿卡德米（Academus）的墓地，人们就以 Academy 来称呼这所学园。英文中"学院""研究院"即为 academy，在这里柏拉图一边教年轻人练习摔跤，一边开始了他的学术活动。在创办学园前后柏拉图曾三次去大希腊的叙拉古城邦（西西里岛南部），试图说服前后两任僭主狄奥尼修斯一世和二世在这个城邦国家实现自己在《理想国》里所描绘的那种政治理想，但均以失败告终。期间历尽艰险，他曾被卖为奴隶，还差点丢掉性命。

起初柏拉图学园的房舍并不多，只能用于柏拉图个人的居住生活，学园的大部分活动是在公园露天进行的，只是后来又建了一所缪斯神庙。柏拉图在学园中所做的工作主要是推动、鼓励、评论、劝导，而不是人们以为的讲授、教导、示范。柏拉图在大希腊期间深受毕达哥拉斯学派的影响，所以数学（主要是几何学）成为柏拉图学园的重要课程，他还在学园的门楣上铭刻了"不习几何者不得

入内"。除了数学以外，学园里传授和讨论的内容还有天文、哲学、政治、修辞等。这基本上具备了一所大学的雏形，虽然之前雅典的智者学派（诡辩学派）已有人设立学园讲授修辞学，但毕竟课程比较单一、师资较少，只能算是一些培训班而已。

在柏拉图学园建立后不久，遥远的东方也出现了一所大学的雏形，这就是公元前374年战国时期的齐国在都城临淄建立的稷下学宫。跟柏拉图的民办学园不同，稷下学宫是官办学府，吸引了东周各国的学界名流前来居住、著书、讲学、论道，内容主要是治国（政治）和哲学，理科方面只有天文学（占星学），各家各派的思想在这里碰撞交流，孟子、荀子曾先后来这里长期讲学，荀子还担任过学宫的祭酒，相当于校长。稷下学宫可以说是中国最早的一所大学、社会科学院和国家智库。之前虽早有孔子开设私立学园，据说有弟子三千、"七十二贤"，但老师只有孔子一位，学派只有儒学一家，还不能算是大学。孔子讲授的课程有"六艺"，即礼（礼节）、乐（音乐）、射（射箭）、御（驾驶）、书（写作）、数（方法），很注重学生的全面发展，比较接近现在的中小学校。孔子儒家学派的创建可以说是先秦时期百家争鸣的一个开端，稷下学宫的创建形成了百家争鸣的高峰，这才是真正的面对面的百家争鸣。稷下学宫存在了大约一百五十年，这是中国古代学风最自由的一段时期。

柏拉图虽然热心于数学，但他本人对数学并没有深入的研究，对于自然也没有太大兴趣。柏拉图的学术研究主要放在了政治学、教育学，尤其是哲学方面。在哲学上柏拉图不同于过去的自然哲学家，他继承和发展了苏格拉底的概念论和巴门尼德的存在论，建立了以理念论为核心的哲学体系。理念论是柏拉图哲学的本体论，也是柏拉图哲学的基石。

亚里士多德（Aristotle，公元前384年—前322年）是柏拉图的学生，但是他有自己独立的想法。柏拉图设立离开个别事物而独立存在的共相（理念），亚里士多德明确表示反对。他认为共相就是一类个别事物共有的性质，并且就在个

别事物之中。在亚里士多德那里，这种性质被称为
"形式"。实体是由形式和质料（没有性质的存
在物）构成的，缺一不可，在现实中两者都不可以
单独存在。在这一认识上的分歧，便有了两种思维
方式：一种是柏拉图的自上而下，即超验的共相决
定个别事物；一种是亚里士多德的自下而上，即由
人通过对个别事物的经验而抽象出共相。正是在这
个问题上，亚里士多德表现出了"吾爱吾师，吾更
爱真理"的精神。

柏拉图（左）和亚里士多德（右）

　　在古希腊之后，从新柏拉图主义哲学到基督教
经院哲学，对于共相究竟是实体还是仅仅是观念或名称，以及共相是与可感事物
相分离还是存在于可感事物之中这样的问题，进行了长达一千多年的争论，形成
了关于共相的唯实论和唯名论两大派别。唯实论认为共相是实体，并且可以与可
感事物相分离。唯名论认为共相仅仅是观念或名称，并且与可感事物不能分离。
唯实论继承了柏拉图的观点，唯名论继承的是亚里士多德的观点。

　　中国古代的思想家对于共相问题也有大量的研究和争论。战国时期名家公孙
龙提出的"白马非马""离坚白"等论点都是把事物的共相与具体事物进行了割
裂。墨家学派则对这种割裂给予了批判和纠正。

　　在东方的佛教哲学里也对共相问题进行了系统的研究。佛教里面讲诸法有自
相和共相两种，各别不同的相叫作自相，与它共同的相叫作共相。

　　对于共相和殊相问题，一代又一代的哲学家们已经论战了两千多年。20 世纪
人类进入了信息时代，人们对信息与物质、能量的区别和联系有了比较清晰的认
识，从而对于"共相与殊相"这个古老的问题也有了全新的视角。站在新的视角
上，我们就很容易看透和把握事物的本质。从信息的观点看，共相就是一些事物
所具有的共同的信息（相同的信息），殊相就是一个事物所具有的区别于他物的

信息。共相也可以称作"同息"，殊相也可以称作"异息"。还有一种"同息"（共相）就是一个事物在变化过程中保持不变的信息，与之相应的"异息"（殊相）就是事物在变化过程中变化的信息。

2. 两片树叶上的真谛

我们每个人都熟知这么一句话："世界上没有两片完全相同的树叶。"这是 17 世纪的德国哲学家莱布尼茨说的。

两片树叶

17 世纪的德国还没有统一，在德意志这块土地上分布着大大小小几百个公国和王国。博学多才的莱布尼茨当时是德意志最有名的风云人物，布伦兹维克公爵奥古斯特的夫人苏菲是莱布尼茨的超级粉丝。有一次，这位公爵和夫人苏菲让宫廷顾问莱布尼茨讲一讲哲学问题，莱布尼茨说："凡物莫不相异，世界上没有两片完全相同的树叶。"公爵和夫人不信，叫宫女们去花园找一些相同的树叶，找了半天，结果大失所望，有的树叶一眼看上去似乎是一样，但仔细一比较，总是能发现其中的差异。然后莱布尼茨又说："凡物皆有共性，世界上没有两片完全不同的树叶。"宫女们再次走进花园，找来了一堆各种各样的树叶，莱布尼茨在任何两片树叶上都能指出它们的共同点。

莱布尼茨

"世界上没有两片完全相同的树叶"表明的是任何事物都有不同于他物的信息，都有自身特有的信息。"世界上没有两片完全不同的树叶"，说明任何两个事物的身上总是具有相同的信息。比如两片树叶，都是长在树上，都是扁平状，都有叶肉、叶柄、纹络，都有叶绿素，等等，二者的共同信息特征简直数不胜数。这两句话也可以表述为"任何两片树叶都有不同之处，任何两片树叶都有共同之处"。

莱布尼茨的第一句话说的是"事物都具有殊相"，第二句话说的是"事物都具有共相"。这两句话都是正确的，两句话加在一起才是完整的。

共相和殊相问题实际上是源自世界上的这样一个普遍现象：**各个事物之间都有或多或少的相同性，并且都有或多或少的差异性**。这是世界的一个普遍规律，是人们早已认识到的普遍真理。我们可以把这样的一个规律称为**共相殊相律**，或者叫**同息异息律**。

事物总是会发生变化，并且在一定条件下、一定范围内、一定程度上事物也会保持某些不变性。这是事物在运动变化中的同息异息律。

柏拉图虽然没有提出同息异息律，但是柏拉图提出的相论跟同息异息律有着极为密切的联系。这样一个普遍规律对于我们认识世界非常有用，它能使人们根据事物的共性和差异性对事物进行分类，还能使人们根据事物在变化过程中所保持的不变性来掌握某些规律。

自然科学的最初建立就是从亚里士多德对事物进行分类开始的。亚里士多德对五百多种动物和植物进行了分类，写出了人类最早的动物学著作。他还用分类、比较、分析、归纳的方法，系统研究了物质运动、社会政治、人际伦理、逻辑规律、文学艺术等，用科学的方法创建了许多重要学科。

共相源自两种情况：一种是由一个事物产生出多个事物，产生出的事物会保留母体的某些信息，并且又产生新的信息，那些从母体遗传下来的信息是共相，新的不同于母体的信息是殊相，生物的繁殖就是这种情况。另一种是，一些物质因某种机制而成批地产生、形成许多个体，这些个体载有相同的信息，这些相同的信息就是共相，星体、分子、原子、基本粒子的生成属于第二种情况。实质上，第一种情况中也存在着第二种情况，如每一种细胞的分裂繁殖都有共同的机制，因此第一种情况也可以归结到第二种情况中去。所以，可以说，许多个事物的共相都是来自这些事物得以产生的同一种机制。柏拉图提出共相来自先天的理念，这种理念是永恒的、不变的，而具体事物的殊相是变化的、暂时的。柏拉图只是从表面现象得出这样的结论，并没有深入探究共相和殊相产生的因果机制。

同息性不仅存在于事物的形成原理上，也存在于事物行为的原理上。形成原理的同息性造就了同种或同属的事物；行为、状态的同息性使得不同的事物也能遵循相同的原理，从而使得我们从一个领域获得的方法也能适用于另外的一个不同的领域，这也使诗人、人生哲学家得以展示他们那擅长运用比喻的才华。

同息律主要体现在以下四个方面：

一是体现在规律、公理的普遍适用性上。例如，19 世纪欧姆对于电的研究是以傅里叶关于热传导的研究为根据的。欧姆用电位代替温度，用电代替热，他就可以直接借用傅里叶的热传导公式。热传导与电传导在数学形式上的相似性显示了逻辑守恒律（后面会讲到这个规律）的通用性，这实际上是同息律在逻辑规律上的一个表现。引力场也像热传导、电传导那样遵循着同样的几何空间逻辑。

二是体现在同一种类的事物具有一些相同的特征上，以及一个事物在其运动变化过程中所具有的不变性上。在本书的引言中提到过，事物的这种共同性和不变性就是"规律"。

三是体现在各种不同的事物在分解成基本元素之后，总是存在着相同的元素上。

四是体现在全息性上，即事物局部的结构、局部的信息，与整体的结构、整体的信息相一致。这种同息通常是在某种固定的分形机制下迭代产生的。

自然界存在着物以类聚的现象，"物以类聚"就是具有同息性的事物在一个局部的时空范围内集中出现的现象。"物以类聚"的背后有因果关系，一是有共同的来源，二是有共同的生成机制。"物以类聚"是事物的关联性的结果。有关联性的地方概率统计规律失效，所以概率统计规律解释不了"物以类聚"现象。反过来，基于概率统计的热力学第二定律也在一定程度上对"物以类聚"起破坏作用，所以"物以类聚"不是绝对的。当同类物之间的关联性减弱到一定程度时，它们的"物以类聚"现象将会逐渐消失。

异息律因原理的不同而分为两种：

一是随机异息律（宏观异息律）。物体内部的排列组合数值庞大，两个物体内部信息相同的概率极小。两个宏观物体，如任意两片树叶、任意两片雪花，所包含信息完全相同的概率极小，几乎为 0。这种异息律源于多粒子物质体的微观信息的发散性。不同原子的排列数随原子数的增加以阶乘级数飞快地增长，从而使得多原子组合成的物质体一定具有多种多样的形态，含有不同的信息。

二是粒子异息律（微观异息律）。基本粒子有两类：费米子和玻色子。构成有静质量的物质的所有粒子，如电子、夸克都是费米子；传递力的场粒子（如光子）都是玻色子。费米子要服从泡利不相容原理，就是说两个费米子不能同时占据相同的量子态。物质在量子层次上没有完全相同的。

我们通常讲的"事物之间总是存在着差异"，是宏观的异息律。

同息异息律是分类归纳法的基础。**分类归纳法**就是将许多事物按照它们不同的信息进行区分，按照它们共同的信息进行归类，这样就把许多杂乱的事物分成了几个不同的类别。同类事物的共同信息就是这些事物所具有的共同性质、特征，或它们共同遵守的规律。从许多个别事物中寻找其共同信息，从而得出较为普遍性的结论，这样的过程被称作归纳推理。

分类归纳法的第一个运用大师是亚里士多德，他比弗朗西斯·培根早了近两千年，而且远比后者运用得成功。亚里士多德对各门学科的建立、在各门学科上的发现，都大量运用了分类归纳法和分析还原法。凡是他把这两种方法运用得比较娴熟到位的学科，如逻辑学、政治学、伦理学、诗学及生物学，都取得了巨大的成功；凡是因条件所限难以充分施展这两种方法而不得不引入猜想的学科，如物理学、天文学，其错误的结论就比较多。物理学和天文学作为精密学科还特别需要逻辑数学推理工具，这在当时也是欠缺的。

同息律和异息律都是普遍存在、普遍适用的，任何一些事物，它们之间既存在着相同的信息，又存在着相异的信息。正因为有同息性和异息性的普遍存在，所以人们的认识才需要建立理论；正是因为同息性的存在，人们才能够建立理论。一方面，从本质上讲，理论是基于世界中事物的同息性而建立起来的知识体系。但另一方面，理论也研究和区分事物的异息性，并且由于异息律的普遍存在，任何归纳和类推的方法都不能得出绝对正确、绝对普遍的结论，从而使得用归纳方法所建立的理论难以精准地涵盖其领域的所有对象，或者说在任何事物的身上，总会有归纳性理论所不能把握的信息。

在哲学史和科学史上，大家对形式逻辑坚信不疑，但是归纳法却备受争议。很多人致力于为归纳法寻找坚实的基础，甚至一些人试图从逻辑上来论证归纳法的可行性，但所有的这些尝试都是失败的，因为归纳法的基础是同息异息律，而形式逻辑的基础是同一律，同息异息律中有"同"也有"异"，同一律中只有"同"没有"异"。

第 3 章
逻辑的本质与内核
——亚里士多德的工具论与同一律

　　"逻辑"一词，汉语是由清末民初中国著名的翻译家和思想家严复在其译著《穆勒名学》中首创，英文是 Logic，德文是 Logik，这一名词来源于古希腊文的 Logos（逻各斯）。"Logos"一词最早是由公元前 5 世纪古希腊哲学家赫拉克利特提出的，指的是一种隐秘的智慧，是世间万物变化的一种微妙尺度和准则，有点类似中国古代所讲的"道"。"逻各斯"一词含义比较模糊，不同的时代、不同的人对它有不同的理解和阐释，而后来"逻辑"一词的含义就比较明确，专指亚里士多德建立在同一律、不矛盾律和排中律之上的一套判断推理规则。这套规则又被人称为"形式逻辑"，因为它是思维和语言必须遵守的规则，看起来是形式上的。实际上，在之后我们会讲到，所谓的"形式逻辑"不仅是形式上的，它也反映了世界的本质，它的核心"同一律"是世界的一个本质规律。

1. A=A：最有用的"废话"

　　同一律就是"A 是 A"，这里的 A 可以是物体，可以是物的状态，可以是物的关系，可以是关系的关系。

　　你可能会争辩说，A=A，A 是 A，这不是废话吗？的确，同一律就是废话，问题是我们在思维中或语言中有时就违反了这样的"废话"，从而导致一些荒唐思想、错误言论的产生。所以同一律是检验我们的思想和语言是否正确的最重要的一个标准。另外，通过基于同一律的逻辑推导，我们还能发现一些依靠直觉不能发现的同一性关系，这在数学中非常有用。

一个具体的事物及事物之间的关系，会以不同的面目出现，例如，"我今天在青岛"与"我今天不是不在青岛"具有完全相同的表义，是完全相同的命题，但是面目不同。在数学上有很多等价的命题，在形式上相差很远，可以说是面目全非，这时候人们很难依靠直觉认识到二者的等价性，这就需要把其中一个命题一步一步地变换成直观上容易识别的等价命题，直至最终变换成那个"面目全非的命题"，这就是数学推导。数学推导的每一步都运用了数量关系的同一律。所以，同一律是"废话"，但它是最最有用的"废话"。

同一律是逻辑的本质规律。逻辑的本质就是世界中关系的同一性，数学是关于数量关系同一性的科学，几何学是关于空间关系同一性的科学。

同一律是亚里士多德在他的哲学著作《形而上学》这部书中明确提出的，同时他还提出了不矛盾律和排中律。在《工具论》中，亚里士多德对逻辑推理规则进行了系统详细的阐述。**不矛盾律**（A不是非A，或者说，A不能既是B又是非B）不过是说"不能违反同一律"，因此**不矛盾律是来源于同一律，或者说是同一律的变形，跟同一律是等价的**。对不矛盾律进行逆否运算可以得到**排中律**（A要么是B要么是非B，没有其他可能），逆否运算实际上是一种等价推导，因此**排中律跟不矛盾律是等价的，跟同一律也是等价的**。

还有一个规律是等式数学的基础，并且也是精确物理学和精确化学（即运用数学工具的物理学和化学）中重要的基础规律，这个规律就是守恒律。守恒的本质就是"数量不变"，守恒律就是数量关系的同一律。

亚里士多德讲的同一律是事物关系的同一性规律，他以同一律为核心建立了他的逻辑学体系。亚里士多德的逻辑学体系都归入到了《工具论》这部书中。这部书之所以被称作"工具论"，是因为逻辑是人们思考和表达的工具。

在亚里士多德的逻辑体系中，三段论是基本的逻辑推理形式。三段论实际上是以一个一般性的命题（大前提），以及一个附属于一般性命题的特殊化命题（小前提），引申出一个符合一般性命题的特殊化命题（结论）的推理过程。在三段论中，大前提与小前提的"与"命题等价于或包含了结论。这种等价或包含的关系就是一种同一性的关系，符合同一律。

人们通常把同一律等逻辑规律归为"思维的规律"，这种看法是片面和肤浅的。同一律无论在起源上还是在本质上都是一个客观的规律，是所有事物都遵从的规律。认识也需要继承客观世界的同一律，并且在相当大程度上也确实继承了同一律，否则认识就是无效的了。认识中的同一性包括概念的同一和判断的同一。

同一律有广义与狭义之分。从广义上讲，我们可以把 A=A 所代表的事物分为这样几种：

（1）如果 A 指的是一个物体，A=A 表示的就是"这个物体就是这个物体"，这是最直观的同一律。A=A 成立的前提是：A 这个物体是不变的，也就是说前一个 A 与后一个 A 没有时间间隔。有变化就意味着有时间间隔。物的同一性反映到思维中就是概念的同一性，反映到语言中就是"不能偷换概念"。

（2）如果 A 指的是物体的状态，A=A 表示的就是"单一物体的状态在不受他物影响的情况下保持不变"。物理学中的惯性定律，即牛顿第一定律，就是这种情况。

（3）如果 A 指的是逻辑性关系（顺序关系、包含关系、大小关系、数量关系），那么 A=A 表示的就是"两个等价的逻辑性关系是相同的"，例如"x>y"与"y<x"，虽然两者的形式不同，但两者的内容，即逻辑性关系是完全相同的，这两个完全相同的逻辑性关系之间就构成了逻辑因果关系，两者可以互相推导。这种情况下的同一律就是逻辑同一律，所有其他的逻辑规律都由逻辑同一律引出。狭义的同一律就是逻辑同一律，它是逻辑（即所谓"形式逻辑"）的核心。

逻辑同一律是逻辑推理法的基础。逻辑推理法就是根据一个大前提和一个小前提，推导出一个跟大前提和小前提的与命题相等价的、或包含在这个与命题之中的命题。

一说到逻辑学，大家都知道逻辑学的祖师爷是亚里士多德。其实亚里士多德不仅是逻辑学的祖师爷，还是物理学的祖师爷、生物学的祖师爷、政治学的祖师爷、伦理学的祖师爷、文学艺术评论的祖师爷。黑格尔称亚里士多德是"人类的导师"，这一点也不夸张。

2. "逻辑学之父"：亚里士多德

亚里士多德是当之无愧的"逻辑学之父"，我们现在所学的形式逻辑几乎完全照搬了他在《工具论》中所写的那些东西。

亚里士多德祖上是爱琴海中部的安德洛斯岛人，他的祖父移居到地处爱琴海北岸色雷斯的斯塔吉拉镇，公元前 384 年亚里士多德就出生在这里。亚里士多德的父亲尼各马可是一位有名的医师，后来担任了马其顿国王的宫廷御医，于是亚里士多德全家又移居到了马其顿都城埃迦伊（Aegae）。亚里士多德的少年时代就是在马其顿宫廷度过的，他是王子腓力的发小。在腓力登基之前，亚里士多德的双亲去世。之后，亚里士多德由他父亲的好友普罗克森抚养教育。亚里士多德 18 岁时，普罗克森把他带到雅典，送进演说家伊索克拉底（Isocrates）的学校就读，第二年他转到柏拉图学园学习。28 岁时，亚里士多德从学生转为助手，不久之后成为教师。30 岁的时候，亚里士多德完成了《论修辞学》第一卷、第二卷，35 岁写出《工具论》的"前分析篇"。之后一段时期，亚里士多德写了一些对话体著作，但后来都散失了。37 岁时，因当地反马其顿的倾向在加强，亚里士多德离开雅典，回到马其顿。第二年，亚里士多德从别人那里得知柏拉图对于他撰写的哲学著作不以为然，后来就流传出了亚里士多德的一句名言"吾爱吾师，吾更爱真

理"。这一年 81 岁的柏拉图逝世，他把学园托付给了
自己的侄子斯彪西波。据说，斯彪西波当即邀请了亚
里士多德共同来续办学园，但是亚里士多德没有去。

　　离开雅典以后，亚里士多德周游希腊各地，了
解各城邦的政治、社会情况。之后他和狄奥弗拉斯特
（Theophrastus）一起考察动物和植物，写出了许多
动物学著作。狄奥弗拉斯特既是柏拉图学园的学生，
也是亚里士多德的追随者，在亚里士多德死后成为

亚里士多德

亚里士多德逍遥学派的掌门人，他写了许多植物学著作。

　　游历了五年之后，42 岁的亚里士多德应马其顿国王腓力之聘，担任 13 岁王
子亚历山大的老师。后来教学地点移到了乡下一个叫米扎的地方，这里景色优美，
遍布着葡萄园，亚里士多德每天带着他的学生在林荫道上边走边讲。他的学生不
止亚历山大一个，而是一个班，其中有两个学生，一个叫托勒密，一个叫卡山德，
后来成为亚历山大手下独当一面的大将，在亚历山大死后各自成为一方的国王。
柏拉图一辈子都想做帝王师，以实现自己的政治理想，没承想这个愿望却被亚里
士多德无意之中轻而易举地实现了。亚里士多德教出了一位大帝，还附带了两位
国王，而柏拉图连个小城邦的国王都没有教成，还差点搭上一条老命。亚历山大
后来成了人类历史上最伟大的帝王之一，他在所征服的土地上传播了希腊的文明。

　　公元前 335 年马其顿国王腓力遇刺身亡，20 岁的亚历山大继承了王位，49 岁
的亚里士多德回到雅典，在雅典城东北郊的吕克昂筹办学校，后人称之为吕克昂
学园。

　　亚历山大没有白受亚里士多德的教育。公元前 334 年，亚历山大挥师东征波
斯，他在所有的远征中都随军带着工程师、地理学家和测量师。这些人绘制了被
征服国家的地图，记录下这些国家的资源，搜集了大量自然、历史和地理的资料，
派人不断地给亚里士多德送来动植物标本和各种资料，为亚里士多德及其弟子们

的科学研究提供了丰富资源。近代欧洲国家的统治者继承了亚历山大的这个好习惯，英国军队和拿破仑的法国军队在远征时也总是带上一些不同领域的科学家以便搜集自然资料，进行科学研究。

吕克昂学园遗址

吕克昂学园配备了较大的图书馆、博物馆和实验室，以供科学研究之用。在吕克昂期间，亚里士多德著书立说、教书育人，每天带领学生漫步在林荫道上，因而后人称他们为漫步学派，又译逍遥学派。这是亚里士多德一生中最舒适、最辉煌、成就最大的一个时期，他的大部分著作是在这段时间写下的。他一生的著述据说有 400 到 1000 种，听上去非常夸张。根据比较可信的数据至少有 170 种，其中流传下来的有 47 种。现代出版的《亚里士多德全集》有十大卷，其中一部分属于门徒伪托的作品，大部分是亚里士多德本人所著。

遗憾的是，吕克昂的这段美好时光只持续了十二年，之后便迎来了一次灾难性的变故。公元前 323 年，年仅 33 岁的亚历山大在巴比伦病逝，失去靠山的亚里士多德被雅典人控告"不敬神、危害雅典"。这是雅典人第三次以"渎神罪"迫害哲学家并欲置其死地，第一次是迫害阿那克萨戈拉（杀人未遂），第二次是毒杀苏格拉底（成功实现）。雅典虽然是个伟大的城市，但总有一些针对哲学家的迫害狂让雅典背上恶名，"苏格拉底之死"经过柏拉图著作的传播更是尽人皆知。亚里士多德虽然没有学过中国的三十六计，但他还是深谙"走为上"的生存铁律，为了不让雅典人"第二次对哲学犯罪"，他逃离了雅典城邦。次年，62 岁的亚里士多德因胃病折磨而客死他乡。就在亚里士多德逃离雅典之时，东方的大思想家孟子留下了一句名言——君子不立于危墙之下。

德国哲学家马丁·海德格尔（Martin Heidegger）曾用一句话概括了亚里士多德的一生："他出生，他思考，他写作，他死了。"的确，亚里士多德的一生就是思考和写作的一生。这样看起来亚里士多德的一生似乎过得非常单调无趣，其实并不是这样。亚里士多德一生经历了两段宫廷生活、两段学院生活，中间还有一段游历生活，最后因形势所迫过上了流亡生活，其人生经历远比常人丰富。他学习和研究的内容更是无所不包、广博多彩。亚里士多德虽然有满脑子的学问，但他并不是一个不修边幅的乏味学究。相反，他特别喜欢穿衣打扮，年轻时是一个时髦青年，50岁以后也过得逍遥自在。在吕克昂学园的林荫道上师生一起沐浴着清新的空气、温暖的阳光，分享着知识的营养，这是让今天的学子和先生们多么羡慕和向往的美妙场景啊！跟《论语》中的"沂水春风"似有异曲同工之美。

希腊币上的亚里士多德

古希腊的雅典建立了人类历史上第一个民主制城邦国家，在这样的一个民主社会里自然免不了持各种不同政见者的相互争执，对政治、对社会道德、对客观事物的各种不同意见相互碰撞，以及法庭上针锋相对的控诉和申辩，所以这个时代特别流行辩论术，其中也总是夹杂着各种各样的诡辩术。为了防止或戳穿那些令人讨厌的诡辩把戏，保证辩论正常、规范、有效地进行，亚里士多德从辩论术中总结出了人们必须去遵守的"**同一律原理**"。

他在《形而上学》这部伟大著作中讲道："有一个原理我们不可为之掩饰，而且相反地，必须永久承认其为真实——这就是'同一事物不能同一时既是而又不是，或容许其他类似的相反两端'。参加辩论的两方必须默契此意；如其不同意这一规律，他们的辩论怎能进行？"（《形而上学》第 216 页，商务印书馆，1995 年，下同）在这里，亚里士多德也指出了这一原理的基础性和公理性，不可能找到更为基础的原理来证明这一原理。

在讨论学术研究的方法和规范时，亚里士多德提出了**不矛盾律**，他说："凡为有些知识的人所必知的原理当是在进行专门研究前所该预知的原理。现在，让我们进而说明什么是这样一个最确实的原理。这原理是：同样属性在同一情况下不能同时属于又不属于同一主题……这就是一切原理中最确实的原理。"亚里士多德强调了不矛盾律的自明性，他指出：有些人甚至要求将这原理也加以证明，实在这是因为他们缺乏教育；……一切事物悉加证明是不可能的（因为这样将作无尽的追溯，而最后还是有未加证明的）；假如承认不必求证的原理应该是有的，那么人们当不能另举出别的原理比现在这一原理（矛盾律）更是不证自明的了。（《形而上学》第 63 页）

亚里士多德还指出"在相反叙述之间也不能有间体，于一个主题我们必须肯定或否定一个云谓"（《形而上学》第 79 页），这就是"**排中律**"。

在亚里士多德的科学分类中，一类是"诗的"科学，一类是"实用的"科学，一类是"理论的"科学。"理论的"的科学分为数学、物理学、哲学。在这个分类法中没有逻辑的地位，亚里士多德没有把逻辑作为一门科学，而只是将其看作科学的"工具"（organon）。因此，同一律、不矛盾律、排中律在亚里士多德那里没有被看成世界的规律，而只是当作思维和语言必须遵循的规则。

亚里士多德深入研究了作为数学推理的基本原理，并将它们区分为"公理"和"公设"。公理是一切科学公有的真理，而公设则是某一门科学所依赖的第一性原理。亚里士多德所指的公理实际上就是逻辑的基本原理，或者说是逻辑的基本规律，即同一律、不矛盾律、排中律。

亚里士多德为人们提供了构建"公理—逻辑"系统的方法，但是他没有构建出一个"公理—逻辑"的知识体系（也称公理化体系）。他通常的做法是：先广泛搜集整理各种观点，罗列各种难题，然后加以详尽考察，从而找到解决的方法。也就是说，亚里士多德建立知识体系的方法基本上都是"分析—归纳"的方法。亚里士多德之所以没有运用他的公理逻辑方法，是因为运用这个方法的前提是先要有一个公理（公设）系统，就物理学而言，这在亚里士多德的时代还做不到。半个世纪以后，欧几里得在几何学领域建立了第一个"公理—逻辑"体系。

亚里士多德是人类探索、发现、认识史上最具标志性的转折点。在他之前，哲人们主要是靠思辨来提出关于世界的理论，例如德谟克利特的原子论、柏拉图的相论都是如此。亚里士多德则是真正开展了科学实践、分科研究，并从中总结出早期的科学理论，建立科学系统。亚里士多德不仅完成了空前宏大的哲学体系，同时也促成了从哲学到科学的转向。尽管亚里士多德建立的科学系统存在着种种谬误，但是系统的建立是艰巨而伟大的工程。一旦这样的系统建立起来，在苍茫无际的荒芜大地上就出现了通往自然规律性的道路，就看到了通往科学真理的路标。

3. 科学的第一次辉煌：希腊化时代

德谟克利特、柏拉图、亚里士多德可以算作同一个时代的人，德谟克利特去世的时候柏拉图 57 岁，亚里士多德 14 岁。柏拉图是雅典人，亚里士多德一生中的大部分时间都在雅典学习、著述和讲学，德谟克利特也曾长期在雅典学习和著述。在同一个时代、同一个地域和城市，产生了对人类的发展进步影响深远的三个伟大理论，这是古希腊和它奇迹般的城市雅典对人类的巨大贡献。

就古希腊对人类的思想贡献和科学贡献而言，它先后出现过三个奇迹城市：早期的是爱琴海东岸伊奥尼亚的米利都，中期的是爱琴海西岸希腊本土的雅典，后期的是地中海南岸埃及的亚历山大里亚（亚历山大城）。米利都代表的是古希腊科学思想发育生长的孩童时期，雅典代表的是古希腊科学思想成长并日趋成熟的青年时期，亚历山大里亚代表的是古希腊科学思想果实累累的壮年和晚年时期。

亚历山大帝国解体以后，亚里士多德的弟子们把亚里士多德的思想带到了埃及托勒密王国的首都亚历山大里亚，此后的希腊文明时期被后人称为希腊化时代。亚历山大里亚成了希腊化时代最大的学术中心，在这里成长起一批又一批的科学家和数学家，其中包括我们熟悉的欧几里得和阿基米德。

亚历山大里亚之所以能够成为新时期的学术中心，是因为当时的埃及国王托勒密一世是一位科学"发烧友"。托勒密是亚历山大幼时的好友，后来成为亚历山大麾下大将，他在亚历山大死后成为被亚历山大征服的埃及这片土地的统治者。托勒密年轻时和亚历山大一起随亚里士多德学习，这就不难解释他为什么像亚历山大一样重视科学研究。托勒密聘请亚里士多德的再传弟子、吕克昂学园的第三任掌门人斯特拉托（Strato）做他儿子的老师，并在亚历山大里亚建立了一座规模宏大的学园——缪斯（Muse）学园，它是以希腊文艺女神的名字命名（主司艺术和科学的共有九位女神，统称缪斯女神）。后来的"博物馆（museum）"一词就源自这里。学园继承了吕克昂学园的做法并发扬光大，它拥有一个藏书达五十万册在当时算是世界上规模最大的图书馆，一个动物园、一个植物园、一个天文台和许多解剖室。学园聘请了上百位教师，这是当时前所未有，此后一千多年也未被超越的庞大的师资力量。

希腊化时代还有另外两个重要的学术中心，一个是小亚细亚的柏加曼（Pergamum），这是古罗马最著名的医学家盖伦的出生地；另一个是西西里岛上的叙拉古（Syracuse），又译锡拉库萨，这是阿基米德的出生地，阿基米德年轻时到亚历山大里亚留学后又回到叙拉古进行科学研究。

逻辑体系的创建大师是亚里士多德，逻辑推理的运用大师则是欧几里得。

欧几里得（Euclid，公元前330年—前275年）是希腊化时代三大数学家之首，另两位是阿基米德和写出《圆锥曲线论》的阿波罗尼奥斯（Apollonius）。欧几里得在总结前人几何学成果的基础上，建立了几何学的公理体系，并用逻辑方法写出了十三卷本的几何学巨著——《几何原本》，这是人类建立的第一个完整、严谨的科学体系。我们现在学习的平面几何和立体几何都没有超出两千三百年前《几何原本》的内容。《几何原本》大概是亚历山大里亚缪斯学园的课本。除此之外，欧几里得还有《光学》等五部著作流传至今。

欧几里得

欧几里得的《几何原本》成了之后两千多年数学的光辉典范，后来的所有重要科学理论无不运用他的"公理—逻辑"方法，阿基米德的固体静力学和流体静力学，以及阿波罗尼奥斯的《圆锥曲线论》都是这一方法的杰作。牛顿那部伟大的物理学著作《自然哲学的数学原理》同样是严格遵循了欧几里得这一模式。《几何原本》的内容并不都是欧几里得自己的研究成果，他是把前人的几何学成果搜集起来，用公理化结构和逻辑论证方法进行了体系化编排。亚里士多德已经对"公理—逻辑"方法有了系统的总结，而第一个对它付诸实施的则是欧几里得。

欧几里得出生于雅典，可惜后人对他的身世知之甚少。欧几里得在柏拉图学园里学习了前人的几何学，后来他离开雅典到了亚历山大里亚，应该曾受教于亚里士多德的再传弟子斯特拉托（约公元前340年—前270年），至少在这里受到了斯特拉托等人的重要影响。欧几里得的著作基本上都是在亚历山大里亚写成的。

从政治上来讲，希腊化时代存在了大约三百年，一直到公元前30年埃及的托勒密王朝被罗马共和国灭亡。从文化上来看，希腊化时代持续了长达六百多年，先后出现了斯特拉托、欧几里得、阿里斯塔克、阿基米德、阿波罗尼奥斯、希帕克斯、希罗、托勒密、丢番图等一批伟大学者，他们在数学、物理学、天文学，以及工程技术等领域取得了惊人的成就，为后来的科学发展奠定了基础、拉开了序幕。但是接下来的一幕——中世纪特别昏暗漫长，使得精彩大戏——文艺复兴和科学革命被推迟了一千多年，直到 17 世纪才迎来科学的第二次辉煌。

亚历山大里亚的图书馆在公元 389 年的一次基督教人叛乱时被烧毁了，缪斯学园在公元 640 年被另一大宗教的教徒毁掉了。公元 529 年，雅典的柏拉图学园和亚里士多德的吕克昂学园都被拜占庭皇帝查士尼查封。随着基督教的兴起，人类早期关于"地球是平的、地下和上空都是水"的学说又恢复了。人类文明的倒退很多情况下是因宗教和政治对学术的不当介入造成的。

4. 数学：数量与逻辑的联姻

欧洲的数学自古希腊起就是跛着脚一路走来，它的几何学这条腿特别长，而代数学这条腿却比较短。直到 17 世纪，开普勒研究天文学、伽利略研究力学主要还是依赖几何学工具。在力学上，伽利略把几何的范围扩大到速度、时间等可测量的方面。几何学的形象性爆棚，但灵活性不足。而代数学恰恰相反，具有灵活性和普遍性的数学技巧主要在代数学里面。几何学主要是关于空间关系的学问，而代数学才是彻头彻尾关于数量关系的学问。

在古希腊，直到它的晚期在亚历山大里亚才有一个名叫丢番图（Diophantus，约公元 246 年—330 年）的数学家把代数学向前推进了一步，之后历经一千多年都没有多少进展。到了 16 世纪，意大利数学家和工程师塔塔里亚（Tartaglia）首次提出了三次方程代数解，它不同于先前求解这种方程的几何方法。之后跟笛卡尔的父亲一起在法国布列塔尼地方法院任职的弗朗索瓦·韦达（François Viète）改进了代数的记号，提出了关于一元二次方程、一元三次方程的根与系数关系的著名的"韦达定理"。英国的数学家、天文学家哈里奥特（Harriot）又在韦达的基础上有所发展。所以到了笛卡尔这个时期，代数学还是一门比较新的学科，机遇就在这里降临了，一项光荣的历史使命落在了对代数学和几何学都充满了热情的笛卡尔的肩上。笛卡尔发现了几何关系中蕴含着数量关系，于是，他把几何学代数化，用代数方程来表示几何图形；同时也把代数关系式几何化，用几何图形展现代数方程。一门新的数学——解析几何，就这样诞生了。从此，数学犹如插上了翅膀，飞速发展了几百年。

逻辑为数学提供规则，而数学可以看作是逻辑原理在数量关系和空间关系中的应用。我这里说的数学是广义的数学，把几何学也算在里面了。可以这么说：狭义的数学是逻辑与数量关系的联姻，即**数量逻辑**；几何学是逻辑与空间关系的联姻，即**空间逻辑**。广义的数学是逻辑与数量关系和空间关系的联姻，即**数量空间逻辑**。解析几何学则是代数学与几何学的联姻。

希腊几何学属于广义的数学，它具有强烈的演绎精神。所谓演绎也就是逻辑推理。几何学的逻辑推理遵循的是空间关系的同一律。与希腊数学相比，东方数学表现出强烈的演算精神，着重于算法的概括，不讲究命题的逻辑推导，但是严格遵守数量的逻辑推导，也就是遵循数量关系的同一律。所谓"算法"，不只是单纯地计算，而是为了解决一类实际问题而概括出来的、带一般性的计算方法。

在几何学的规律当中，最著名、历史最久的定理莫过于勾股定理了。勾股定理在国外被称作"毕达哥拉斯定理"，因为根据古希腊人的记载，它是在公元前6世纪由古希腊哲学家、数学家毕达哥拉斯发现并证明的。但是近代发现的古巴比伦时代的泥版文书上说明，公元前16世纪以前在美索不达米亚地区（今伊拉克一带）勾股定理已经得到广泛使用。

在中国，勾股定理记载于中国最早的数学著作《周髀算经》当中。《周髀算经》成书于西汉时期（公元前1世纪），原名《周髀》，主要阐明当时的盖天和四分历法。书中记载了公元前11世纪周公旦与大夫商高讨论直角三角形测量的对话。商高在答周公问时提到"勾广三，股修四，径隅五"。古人把直角三角形的较短的直角边叫作勾，较长的直角边叫作股，斜边叫弦。但商高所讲的只是勾股定理的一个特例。不过这部书也提到了勾股定理的一般形式，它包含在周公的后人荣方与陈子的对话中，"……以日下为勾，日高为股，勾股各自乘，并而开方除之，得邪至日"。这段对话的场景发生在公元前 6 至 7 世纪，跟希腊的毕达哥拉斯大约是同一时期或略早。但是在《周髀算经》中并没有给出勾股定理的证明。

中国对勾股定理的最早证明是公元 3 世纪三国时期的东吴人赵爽在他的《周髀注》一书中"勾股圆方图注"一文给出的。毕达哥拉斯的证明同样没有流传下来，不过我们现在看到的《几何原本》的证明也已经有两千三百年的历史了。所有的几何学证明其实都是对几何学公设的同一性变换，推导出跟某一个公设或某几个公设相等价的命题。

勾股定理在数学中是具有经典意义的一条定理，它既包含了空间上的逻辑关系，也包含了数量上的逻辑关系。

在近世代数产生之前，数学还是现实的数学，数学理论都可以从现实中找到其对应关系。19 世纪的德国数学家、物理学家高斯（Gauss）成了承前启后的一代大师，他是古典数学的集大成者，他还对现实中不存在的负数的平方根给出了二维的解释，从此关于数量关系的数学开始了从一维向多维的发展。

赵爽的"勾股圆方图"

数学本来是对物质体的数量关系的一次抽象，1 个苹果、2 个梨、3 个桃子，这些都是现实的物质体和物关系，而数学提取了其中的数字 1、2、3，也就是说只提取了其中量的关系而不管它是什么物。这是数学的第一次抽象，它是从具体实物抽象到一般数量，是数学的算术阶段。这一次抽象使数学从实物学科成为一门纯逻辑学科。

在数学的代数阶段，数学家用字母符号代替数字进行逻辑推演。在这里，字母也是数字，但不是某一个具体的数字，而是一类数字。在早期的代数学里面，

德国 10 马克上的高斯

字母所代替的这一类数字都是实数。这是数学的第二次抽象，它是从个别的量抽象到一般的量，于是数学进入到了初等代数阶段。

但是初等代数解决不了五次以上的高次方程。法国年轻的数学家埃瓦里斯特·伽罗华（Évariste Galois）又对数学进行了第三次抽象，引进了群、域的概念，它是把一般的量抽象到了一般量的类，研究的是某一类的一般量的一般性质，代数学进入了近世代数阶段。但是，在近世代数当中，某些抽象出来的一般性质未必是现实的物的关系所具有的。

数学曾经历了从研究现实的有限自然数的逻辑关系到研究构造数（分数、无理数、实数、无穷大、复数、多维数）的逻辑关系。近世代数的发展路线就是去发现更多不同类型的元素的逻辑关系，更多不同层次的元素的逻辑关系，层次与层次（以层次作为元素）之间的逻辑关系，关于层次元素的层次之间的逻辑关系，等等。

从研究具体的答案，到研究一般的关系、一般的方法、一般的形式，这是一个从实际问题到一般理论的过程，从局部的一般理论到普遍的一般理论的过程，从低层次的一般理论到高层次的一般理论的过程。在数学所研究的数量当中，简单的数是一阶量，一阶量的类是二阶量，二阶量的类是三阶量，以此类推。数学从研究一阶量的算术开始，发展到研究二阶量的初等代数，再发展到研究高阶量的近世代数。

上面所讲的都是把数量关系和数量运算进行越来越抽象的逻辑化的工作，19世纪中叶终于有一个人另辟蹊径，把一般形式的逻辑推理表示成简单、具体的数量运算，这个人的名字叫乔治·布尔（George Boole）。

出身于皮匠家庭、靠自学成才的英国数学家乔治·布尔建立的逻辑代数（又称布尔代数）是把逻辑推理转化为计算，即转化为一阶数量关系的推理。

乔治·布尔

这为后来计算机在数学领域及其他各个领域的广泛应用铺平了道路，为一百年后信息社会的到来早早地打下了基础。代数定理的计算机证明就是通过算法语言把二阶数量关系的推理转化为一阶数量关系的推理来实现的，因为计算机的寄存器和CPU只能存储和处理一阶的二进制数量关系，而人脑可以存储和处理二阶的数量关系。

5. 小结：三个普适规律、三大科学方法、三种认知本能

讲完了三个历史悠久的普适规律，我们就会明白，假如所有的科学知识都丢失了，如费曼所说只把"所有的物体都是用原子构成的"这一句话传给后代，是不够的，因为关于逻辑和数学的真理，这句话里没有涉及；关于万事万物的同异之辨，这句话里也没有涉及。要概括这个世界，需要三句话：

（1）**世界是模块化的、有层次的**。"世界是由原子构成的"就是这个意思，只是说得不全面。

（2）**任何一个事物都与它自身相同**：A=A。

（3）**任何两个事物既有共同之处也有差异之处**，即"世界上没有两片完全相同的树叶，也没有两片完全不同的树叶"。

这三句话就是我们前面讲过的关于这个世界的三条最基本的规律，即模块层次律（原子论）、同一律（形式逻辑）、同息异息律（共相殊相论）。

这三条规律，我们可以称之为三个最基本规律，也可以称之为三个终极规律。终极规律要有两个特征：一是它没有再进一步的解释；二是它没有神秘性，它对于我们的理解力来说是极其简单的、自然的。

这三条规律极其重要：

第一，它们可以用来解释其他那些适用范围较小的、比较具体的规律，它们是一切规律的母规律。

第二，它们是科学方法论的基础。模块层次律是分析还原法的基础，同息异息律是分类归纳法的基础，同一律是逻辑推理法的基础。**分析还原法**、**分类归纳法**和**逻辑推理法**不仅适用于自然科学，而且同样适用于社会科学。

第三，这三条规律使人类的认识成为可能。

人之所以能够认识世界，跟世界的三条最基本的规律有着密切的关系。

一方面，世界之所以能够被理解，是因为世界中的万事万物存在着联系，尤其是存在着规律性。如果世界不存在规律性，就意味着我们之前获得的经验知识对于以后的认识没有任何用处，那么这个世界就是无法去把握的，是无法有效地去认识的。所以，世界具有规律性，才使得对它进行认识成为可能。

另一方面，人之所以有后天的认识能力，是因为人确实具有最基本的先天认知本能。这些最基本的先天认知本能就是对外部世界的简单信息加以辨别、判断、认可的能力。这样的先天认知本能不是先天知识，而是人一步一步地认识世界、学习知识的起点和平台。人的最基本的先天认知本能有三种：

（1）同一性判断本能，也就是能判断一个事物是它自身而不是另外的事物。比如，婴儿在其感觉器官发育好之后，看到一个在眼前晃动的球，他会认为这是同一个东西，他不会因这个球忽左忽右而把它当成不同的球。当婴儿的智力再进步一点时，每次看到妈妈他都会知道是同一个人。

（2）同异判断本能，就是在同一性判断能力的基础上能够对两个事物做出区分，判断两个事物的相同之处和不同之处。比如，婴儿能够从空间位置上对两个外表相同的球做出区分，能够从颜色上对一个红球和一个绿球做出区分，也能够比较出这两个球具有相同的形状。

（3）模块层次判断本能，就是在同一性判断能力和同异性判断能力基础上，能够对一个事物做出整体性判断，对两个以上的事物做出界限判断，对整体与部分做出包含关系判断的能力。比如，婴儿看到一个人时，能够把这个人作为一个整体，能够判断这个人的鼻子、眼睛等都属于这个人；看到两个人挨在一起，他也能判断出这两个人的界限，而不是把这两个人看成混沌一片。

这三种先天认知本能也是人类最基本的理解能力，我也称之为三种先天认识能力。先天认识能力不是学来的，而是学习的基础。没有这个基础，后天的学习就没有支撑。

这三种先天认知本能所判断的对象可以是任何事物，可以是物体、可以是数字、可以是因果关系、可以是任何复杂的事物。最简单的事物就是物体，婴儿最初的认识判断就是从对于物体的感知开始的。

人所具备的上述三种最基本的、先天性的认知本能是跟世界的三个最基本的终极规律——同一律、同息异息律、模块层次律分别对应的。人能够先天具备与三个终极规律相对应的认知本能，恰恰是生命进化的结果，是高级的生物物种在进化中逐渐与世界的最基本、最简单的规律相适应的结果。

除了上述的三个先天认知本能之外，人还有一个先天感觉本能，也就是人的五官的感觉能力。这个问题我将在本书的第24章第4节"从作用逆反律到人的先天感觉本能"中谈及。

第二部分

精确规律的家族之一
——守恒规律族

夫物芸芸，各复归其根。归根曰静，是曰复命。复命曰常，知常曰明。

—— 老子《道德经·十六章》

楔子：精确规律的发现

　　物理的学习跟物理学的建立和发展过程一样，开始是要在头脑里形成一系列基本的物理概念。人们用空间的概念（点、线、面、体、距离、角度等）构建起几何学，然后加入时间概念构建起运动学，空间概念加上力的概念构建起静力学，空间、时间、力再加上质量概念就构建起了动力学，这些概念再加上电、磁的概念构建起电动力学……在物理学的构建过程中，人们从简单概念衍生出较为复杂的概念。比如，从距离和时间概念衍生出速度、加速度概念，从速度和质量概念衍生出动量、能量概念，等等。（参阅附录 2 "学科导图" 和附录 3 "概念导图"）

　　这些概念可以用定义确定下来，然后是寻找和发现物理概念之间的关系。如果特定的物理概念之间的某种关系是不变的，那么这种不变的物理关系就是规律，在物理学中通常称之为定律。如果这些物理概念是可以量化的，并且它们之间具有某种不变的数量关系，那么这种不变的数量关系就是定量定律。概念是物理学的建筑材料，定律是物理学的结构主体。

　　规律包括定性规律和定量规律。定量规律也被称作精确规律。（参阅附录 4 "定律导图"）

　　人类最早发现的精确规律大概是白天和黑夜交替出现的日周期规律，相邻的两个正午间的时间是不变的，这样的一个周期就是一日。在此基础上，人们还发现了月相变化的周期性规律及四季变化的周期性规律。月亮圆缺变化的周期（朔望月）是大约 29 天半，四季交替的周期（或者说太阳回归的时间间隔）是 365 天至 366 天。这里面只是蕴含着地球绕日运行周期跟地球自转周期、月球绕地运行周期跟地球自转周期的简单倍数关系。时间上的这类固定关系虽然是规律性的，但是人们通常不称其为"定律"，而是称作"周期"。

东西方的古代天文学家几乎在同一时期发现了一个**默冬周期**，这个周期是 19 年，每 19 年，刚好有 235 个朔望月，误差只有 2 小时。这个周期实际上就是地球公转周期与月球公转周期的一个近似的最小公倍数，它对于历法的制定非常有用，只要在 19 年里面加入 7 个闰月就可以调和太阳历和月亮历（阴历），方便地推算出几百年后的年月日。这个周期是古希腊雅典的天文学家默冬（Meton of Athens）在公元前 432 年的奥林匹克运动会上宣布发现的，所以被称为默冬周期。在更早一些时间，中国人也有同样的发现，自春秋晚期（约公元前 5 世纪）开始，中国历法已经采用 19 年 7 置闰的方法。

古人还注意到了漏壶滴水的周期性规律。大约公元前 1000 年的西周早期，中国人制定了一种被称作"百刻制"的精确计时法。它是把一昼夜分为 100 刻，在漏壶的箭杆上面一天运动的区间上均匀地刻 100 格，每走 1 格就是 1 刻。折合成现代的计时单位，1 刻 =14 分 24 秒，约等于现代所谓的一刻钟（15 分钟）。百刻制是中国最古老、使用时间最长的计时制。英文中的一刻钟叫 quarter，即（1 小时的）四分之一，其发音的第一个辅音也是"刻"，这是中西方计时单位中很有趣的一个巧合。

上述的周期性规律都是比较容易发现的，但是对于日食是否具有规律性，就不这么容易发现了，因为日食和月食是由地球自转、月球绕地运行、地球绕日运行三种周期性运动形成的，一个系统内的因素越多，系统就越复杂，系统的规律就越不明显。不过聪明的古巴比伦人还是发现了一个跟日食、月食有关的周期，这就是**沙罗周期**。他们发现，每隔 6585.32 天，地球、太阳和月球的相对位置又会与原先基本相同，因而前一周期内的日食、月食又会重新陆续出现。6585.32 天就是一个沙罗周期。每个沙罗周期内约有 43 次日食和 28 次月食。"沙罗"一词在拉丁语里就是重复的意思。很多人都知道公元前 6 世纪古希腊哲学家泰勒斯成功地预测日食的故事，其实他就是运用了从巴比伦人那里学来的沙罗周期。

在很多古代民族那里，把日食、月食看得很神秘，通常会把它跟上天发怒联系在一起，因为"喜怒无常"，"发怒"这样的事情是没有规律性的。但是一旦知道了日食、月食的规律性，那种神秘感也就没有了，人们还可以去预测日食和月食每一次出现的时间。所以，对世界规律性的探索过程就是对鬼怪迷信思想、玄学神秘主义思想和宗教愚化思想的破除过程。

环境变化的规律性还直接影响到了人类社会的规律性和稳定性。埃及尼罗河每年的泛滥是有规律、可以预见的，埃及的统治都遵循着既定的法典，它各个王朝的时间都很长。而美索不达米亚地区的底格里斯河和幼发拉底河的泛滥是没有规律的，那里的各个王朝制度不定，没有成规可循，王朝都是短命的，相继出现了苏美尔城邦文明、阿卡德王国、苏美尔的几个王朝，古巴比伦王国、亚述帝国、新巴比伦王国，等等。

由于环境和社会缺少可循的规律和章法，对未来的预测成了大问题，这迫使美索不达米亚人寻求占卜的神秘方法，占星术便应运而生——因为地上缺少规律性，人们就转向天上寻找规律性。占星术需要人们对天象进行长期和仔细的观察，于是美索不达米亚人在天文学方面取得了当时人类最高的成就，他们发现了天上的一些精确规律。沿用至今的许多时间计量单位都是生活在美索不达米亚地区的古巴比伦人建立的，如星期、时、分、秒。这些精确的计时法为后来古希腊人建立精确科学奠定了基础。

人类历史上第一个对世界进行系统分科研究的是公元前 4 世纪的古希腊哲学家亚里士多德（Aristotle），但亚里士多德的研究有一个非常严重的缺陷，就是所有讨论到的量都没有度量、没有测量，因此这些量都不能数量化，也就不可能产生量化的物理学。到了一百年后的阿基米德就不一样了，他讲的体积、重量、力、密度、长度都是量化的，因此阿基米德能够发现一些精确的物理学规律。人类对世界规律性比较深入、比较清晰的认识就是从发现精确化规律开始的。

计量仪器的发明和使用是精密科学得以建立的前提。没有温度计，人们不可能具有对冷热程度的数量概念，当然就不可能建立起热力学。没有对时间较为精确计量的时钟，人们不可能有精确的时间概念，当然也不可能具有速度的数量概念，因而不可能建立起精确的运动学。没有测力计，人们不可能具有对力的数量概念。没有天平的发明，人们不可能具有对物质质量的数量概念。没有这一系列的数量概念，人们就不能建立起精确的动力学。所以近代精密科学的兴起跟一系列计量仪器的发明是分不开的，并且是以后者为前提的。

公元前 1 世纪，古希腊人制造出了用 30 到 70 个齿轮系统组成的机械装置。有这样一台仪器是公元 1900 年在希腊安提凯希拉岛附近海底的一艘古代沉船上发现的，它可能被古希腊人用于精确的天文定位及奥林匹克运动会的比赛计时，因而被称为"安提凯希拉天体仪（Antti Kehela sphere）"。公元 11 世纪北宋的天文学家、药物学家苏颂制作出通过齿轮运转模仿日月星辰周期的水运仪象台，它是用滴水来带动机械钟运作。到了 17 世纪，欧洲的科学家和工程、技术人员至少发明和使用了六种重要的科学仪器：显微镜、望远镜、温度计、气压计、抽气机和摆钟。这些仪器的使用不仅使观察者发现了那些以前根本看不到的东西，最重要的是，可以使科学家在可能对实验结果产生干扰影响的条件因素得到严格限制的情况下研究一种现象，发现在严格控制的条件下两种量发生变化的精确相关性。这样所做的实验就是**受控实验**（参见第 13 章），也称理想实验。

在 17 世纪科学革命以前，

安提凯希拉天体仪及其复原图

人类所知道的精确科学（也称精密科学）只有天文学、几何光学和静力学这三大领域。几何光学和静力学之所以早就成为精确科学，是因为光的行进和反射遵守动量守恒律，静力和力矩也遵守守恒律，并且这两个领域中都很少有干扰因素对守恒律产生明显影响，所以这两个领域中的问题都可以直接化作几何学问题去解决。天文学能够成为精确科学，是因为人类所观察到的天体运行主要是在两体作用系统中发生的，受两体作用逆反律和守恒律的支配，其他的干扰因素产生的影响不明显，因此天体运行的问题也可以直接化作几何学问题和数学问题来加以解决。**守恒规律**是本书第二部分要讲的内容，**两体作用逆反律**是本书第三部分要讲的内容。

除了上述三个领域之外，人们日常观察到的动力学变化的环境基本上都受到了各种杂乱因素的明显影响，因此这些运动变化不能够运用精确的守恒规律或两体作用逆反律进行计算和预测。如果要针对日常的运动变化来建立精确的科学，就必须设计出受控实验，将各种干扰因素降到最低，建立起单纯的守恒系统或两体作用系统。

物理学中所精确描述的系统基本上就是这两种，即**守恒系统**和**两体作用系统**。用来描述各种守恒系统的各个守恒定律组成了守恒定律族，用来描述各种两体作用系统的各个作用逆反律组成了两体作用逆反律族。

规律实际上就是事物中的某种共同性或不变性。从数学上来看，守恒规律体现的是某一量的不变性或这个量被分解后的"和"的不变性，两体作用逆反律体现的是两个量的"商"（即"比值"）的不变性。元素周期律的发现最初是来自对一些元素原子量的等差级数的发现，等差级数体现的是"差"的不变性。在量子力学中有个海森堡不确定原理 $\Delta p \cdot \Delta x \approx h/4\pi$，它体现的是两个不确定度的"积"的不变性。在一个规律中也可以包含多种不变性，如杠杆原理中有力矩的"和"的不变性，也有力与力臂的"积"的不变性，还有落差与力臂的"商"的不变性。前面列举的这些都是比较简单的数量关系的不变性。

第 4 章
守恒律的真相
——数量的同一律

我们知道，物理学中有各种各样的守恒定律，这些守恒定律是全部物理学理论的重要组成部分，是物理学大厦的主干骨架之一。

"守恒"的意思就是"保持不变"。科学中所讲的"守恒"，通常是指数量的守恒。在现实世界中，数量一定是某一事物以某一单位为基准的数量。数量的单位可以是自然单位，如"个"：2 个苹果，3 个原子；也可以是人定义的单位，如长度单位"米"，重量单位"克"等。在纯数学中，略去了数量中的现实物，如苹果、道路等，也略去了数量中的物的单位，如"个""米""克"，只保留了单纯的数量。单纯的数量也是有单位的，它的单位就是"1"。

只要人类具有了某一种量的概念，就说明这种量一定具有守恒性，至少在一定条件下具有守恒性，否则这种量是不可衡量的，当然也就不具有量的意义，不能称之为量。

守恒律就是指一个数量系统在不发生变换的情况下，或在发生"抵消变换"的情况下，数量是守恒的。所谓"抵消变换"，就是指几个变换的总结果是相互抵消的。最典型的抵消变换是一个变换与它的逆变换，如"+a"与"−a""×a"与"÷a"、乘方与开方，等等。最常见且最适用于守恒律的是加减法抵消变换。

在数学当中有一些公理，例如欧几里得几何学中有五条公理、五条基本公设。

在所有的数学公理中最值得一提的应当是数学中最基本的公理——数量守恒公理。例如，10=5+5，如果前一个 5 减去 1，要使和不变，后一个 5 就必须加上 1，即 10=4+6，用代数式可表示为 c=a+b → c=(a-d)+(b+d)。也就是说，在一个系统中的某一部分加上一个量，再在这个系统的另一部分减去这个量，这样就做到了总量不增、不减，系统的总量保持不变。

你肯定会嘀咕了：你这"守恒律"说的不是废话吗？的确，多数情况下守恒律描述的是简简单单的原理、事实，不过你不要以为简单的原理和事实就没有用，它真的是最有用的事实，因为它是数学和精确科学最重要的基础。另外，守恒律并不是放之四海而皆准，有些情况会违反守恒律而让你惊诧不已。

要使守恒律成立，必须满足两个条件才行：

一是用于度量的标度本身是不变的，也就是系统中某种量的基本单位不会发生合并、不会发生分裂，也不会发生膨胀或缩小。如果系统发生了膨胀或缩小，那么度量单位也要保持一致性，即度量单位也要相应地膨胀或缩小，这样也能保证系统在数量上守恒。

二是标度的数量不能无条件地增加或减少，也就是每一个标度都不能从"无"中产生，或从"有"中消失。

一条具有无限分形的曲线是不遵守守恒律的，因为它没有一个固定不变的标度，它的标度可以无限地小下去，这使得科赫曲线上任意两点间的长度都是无穷大。一条可以伸长和收缩的橡皮筋由于其标度可以变大和变小，如果你要用坚硬的钢尺去度量它的长度的话，它也不遵守守恒律。距离不遵守守恒律，这是拓扑图形的一个重要性质，橡皮筋就是一个具有拓扑结构的东西。在动力学领域中，爱因斯坦发现了同一个事件对于不同的惯性参照系来说，其时间的标度（钟表的秒、分、时）、长度的标度（米尺的长度）都是不同的，两个惯性系的相对速度越大，标度的差异就越大，狭义相对论正是因此而提出的。狭义相对论颠覆了人们习以为常的时间、距离、速度都遵守守恒律的观念，它有效地解释了为什么光速不遵守叠加原理（对于光速，如果 B 相对于 A 的速度为 v，在 B 上发出的光的速度为 c，在 A 上测这束光，它的速度还是 c，出现了 v+c=c 的怪现象）。

从模块层次律的观点来看，现实世界中的任何标度都是由模块组成的，标度的变化在本质上是系统中的单位模块分裂或合并。在一个系统中即使系统中的模块不添加也不拿走、不消失，但如果模块发生分裂或合并，那么系统中的模块数量就不会守恒：模块分裂则系统中模块的总数变大，模块合并则系统中模块的总数减少。

数量守恒律在现实世界中适用于所有满足上述条件的情况：即数量模块不新生（不增）、不消失（不减）、不分裂、不合并的情况。只要这些条件都得到满足，守恒律就一定是成立的，是必然规律。也就是说，一个系统中的元素数量只要不变化，它的数量就是不变的。从后面的这个表述中，我们可以看出守恒律就是关于数量的同一律，守恒律跟同一律一样都具有同义反复的特征。

守恒律只对于封闭系统才成立，因为只有封闭系统才能满足"不增不减"的条件。封闭系统无论多大，一定属于有穷系统。对于无穷系统，不管它是无穷增加的系统还是无穷分裂的系统，守恒律都是不成立的，当人们把守恒律用到无穷系统上去的时候就会出现无限性悖论。一个无穷系统，它跟它自身就不是相同一的，它无时无刻不在变，它的数量在任何一个时刻都是不确定的，都与自身不同。

欧几里得几何学的第二条公理是：等量加上等量，其和相等。第三条公理是：等量减等量，其差仍相等。第五条公理是：整体大于部分。这三个公理都是来源于守恒律。数学运算中的加法交换律、加法结合律、乘法交换律、乘法结合律、分配律、良序公理等都是来自守恒律。

服从"和"守恒律的量都可以运用加减法进行计算，可以运用加减法进行计算的量都服从"和"守恒律。加减法计算必须在系统变换中的守恒量上进行，例如在欧几里得几何中距离是守恒量，在拓扑空间中相邻关系是守恒量，在自然数集中自然数之间的整数关系是守恒量，这些都可以用加减法进行计算。在拓扑空间中两个元素之间的距离关系不是守恒量，就不适用加减运算法则。

多维守恒量（矢量）是在两个以上序列（维）中都服从守恒律的量。多维守恒量在各个维中都适用加减法。

在近现代数学中，主要是把各种量及量的集合按照它们不同的守恒性质进行分类，并由此创建出不同的数学分支。有时也按照量的维度进行分类来创建新的数学分支。

第5章
静力学中的守恒原理

　　静力学是一门有着两千多年历史的古老学科，它是从公元前 4 世纪至公元前 3 世纪的古希腊开始发展的。阿基米德是使静力学成为一门真正科学的奠基者，他在关于平面图形的平衡和重心的著作中，确立了静力学的一个重要原理——杠杆原理。

1. 撬动地球的人：阿基米德和他的杠杆原理

　　大家都知道阿基米德有一句名言"给我一个支点，我就能撬动整个地球"。这句话最早是在公元 4 世纪亚历山大里亚的最后一位古希腊数学家帕普斯（Pappus）所著的《数学汇编》第八卷中记载的，原话是"如果给我一个支点和立足点，我可以撬动世界"。此时距阿基米德离世已有五百多年。那么阿基米德到底有没有说过这句话呢？历史上没有其他的证据可寻。这或许是帕普斯为了说明阿基米德所证明的杠杆原理而给出的一个形象表达。如果有人公开说过这句话，那么第一个说这话的人不太可能是阿基米德，因为杠杆原理在阿基米德那个时代已不新鲜。这种没有新意和深度的话若是从大科学家阿基米德的口中说出来，似乎有点低估他的智商。阿基米德的功绩不是发现了杠杆原理，而是用几何学方法证明了这条原理。

杠杆原理是一个力矩守恒定律。

对杠杆原理的认识要追溯到亚里士多德（公元前 384 年—前 322 年）或他那个时代，在以亚里士多德的名义流传下来的《力学问题》这部书里曾用运动学的方法解释了杠杆平衡原理。《力学问题》也译作《机械问题》，"力学"（mechanics）这个词源于希腊语"机械"（machina）。这部书还探讨了复式滑轮、楔子、舵、桅杆、钳子、桨等，共 35 个机械传动问题。书中把力学问题归结于秤（杠杆）的运动、圆周运动和圆的特性，认为这些问题的背后存在着数学原理，这就为后来的力学发展埋下了伏笔。一百年后，阿基米德（Archimedes，公元前 287 年—前 212 年）用公理化的几何学方法证明了杠杆原理，于是平衡杠杆的力矩守恒原理成为人类科学史上第一个经过严密论证的物理学守恒定律。

人类科学史上第一个精确的两体作用逆反律也是由阿基米德证明的，并且是他最早发现的，这个定律就是本书第三部分要介绍的第一个定律——浮力定律。物理学进入定量化、精确化是近代经典物理学的特征，但是开创近代经典物理学的第一位物理学家不是四百年前的近代欧洲人，而是两千多年前的古代希腊人。

杠杆原理亦称"杠杆平衡条件"。杠杆原理的内容是：要使杠杆平衡，作用在杠杆上的两个力矩（力与力臂的乘积）大小必须相等，方向相反，即：动力 × 动力臂 =− 阻力 × 阻力臂，用代数式表示为 $F1 \cdot L1 = -F2 \cdot L2$。在两个力矩大小相等、方向相反的情况下，总力矩为零，杠杆达到平衡。在一边增加一个力矩，相反的方向上也必须增加相等的力矩，才能做到总力矩守恒。

杠杆原理也能体现势能的守恒。假设在一杠杆平衡时，杠杆两端各有一物体重量分别为 G1 和 G2，力臂分别为 L1 和 L2，这时有关系式 $G1 \cdot L1 = G2 \cdot L2$ 成立。如果物体 G1 下降了高度 h1，物体 G2 上升了高度 h2，根据几何学原理，则有 $h1/L1 = h2/L2$。由上述两等式可推出 $G1 \cdot h1 = G2 \cdot h2$，也就是物体 G1 在下降中减少的势能等于物体 G2 在上升中增加的势能。

杠杆原理，阿基米德是把它作为一个几何定理提出的，阿基米德对于杠杆原

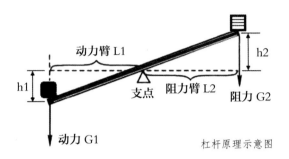

杠杆原理示意图

理的证明采用了重量分割和几何分割的方法。他采用的几何学方法属于逻辑方法。关于这一部分的论述，其总标题是"论平面图形的平衡"。在这里，阿基米德首先给出了七个公设。之后就是对一个一个的命题进行证明，其方法和形式跟《几何原本》完全一样。这里面的命题当中就有杠杆原理，即命题 6。

命题 6 说的是：可公度的两个量，当其距支点的距离与两个量成反比时，处于平衡状态。

"可公度"就是可以用同一单位进行度量，例如两个量都是重量，就是可公度的。接下来阿基米德画出几何图形，运用几何分割及比例进行了证明。所以杠杆原理在阿基米德那里完全是一个几何学原理。

在阿基米德之前，中国的墨家（墨子的传人）已经有了对杠杆原理的定性描述。《墨子·经说下》中讲道："衡，加重于其一旁，必捶。权重不相若也，相衡，则本短标长。两加焉重相若，则标必下，标得权也。"意思是：在杆秤平衡时，

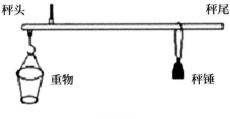

杆秤平衡

在秤的一边加重量，必定会使这边下坠。如果重物和秤锤的重量不一样而又能够平衡，必定是秤头短、秤尾长。这时往秤杆两边加上相同的重量，那么秤尾必定下坠，这是因为秤尾占了权重大的优势。

尽管中国人没有明确提出"总力矩守恒"的杠杆原理，但是杆秤的发明必然是精确地依据这一原理。人们在秤尾一侧的秤杆上均匀地刻上了刻度，这说明中国的古人已经明确认识到：在杆秤中，秤头的力臂长度是固定不变的，秤尾的重力（秤锤重量）是固定不变的，秤头的重力与秤尾的力臂长度成正比。也就是说，杆秤的发明说明古人对杠杆原理不仅有定性认识，也有定量认识。

阿基米德提出的杠杆原理是最早发现的固体静力学的一条精确的核心定律，浮力定律是流体静力学精确的核心定律。所以说，阿基米德开创了两门精密物理学科。以数学为工具的精密物理学通常被认为是近代物理，因为它是从近代的伽利略开始发展起来的重要科学。的确，动力学、电磁学、热力学、波动光学等确实都属于近代科学，但是如果要把静力学、几何光学包括进来的话，那么精密科学应当追溯到两千多年前古希腊的阿基米德和欧几里得。在阿基米德之前，欧几里得已经开辟了精确量化的几何光学领域。

杠杆原理和浮力定律作为阿基米德的两大发现都没有刻到他的墓碑上。阿基米德是个超级牛人，他的发现实在太多。他首先是一位伟大的数学家，能够记到他的墓碑上的只能是数学。按照阿基米德的愿望，人们在他的墓碑上刻了一个高度与直径相等的圆柱体，圆柱体里面是一个与圆柱等直径的球体——象征着他骄傲的发现：球的体积是装下该球的最小的圆柱体体积的三分之二。

阿基米德最早发展出了数学物理学的观念，也就是将物理学数学化的观念，这一重要观念在近代由伽利略继承和发展。在阿基米德之后一直到伽利略之前长达 18 个世纪的漫长岁月里，人类几乎没有发现重

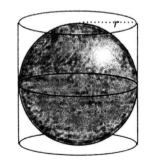

圆柱内切球

要定律，特别是重要的精确量化定律。这期间出现过各种理论，但都是解释性理论，而不是规律性理论，中世纪的冲力物理学派就很典型。由于缺乏规律性的东西，这样的理论对现象的解释往往需要拼凑。可见，阿基米德的思想已经超前了后面十几个世纪。

　　阿基米德把科学知识说成是根据自明的公理演绎出来的一套理论体系，就像欧几里得的公理化几何学体系一样。在《方法论》一书中，阿基米德告诉我们，他在研究面积和体积时总是先做思想上的"实验"。这种"思想实验"的方法对后来的欧洲科学家产生了深远的影响，伽利略、牛顿、麦克斯韦、爱因斯坦的物理学理论的建立大多是从"思想实验"开始的。在中世纪，"思想实验"已成为方法论的一个重要方面。

　　有意思的是，数学家阿基米德善于运用物理方法来证明数学问题，许多关于面积的命题他就是用杠杆平衡原理进行证明的，他建立杠杆原理的一个重要目的就是为了解决数学问题。后来牛顿的主要身份是一位物理学家，但他是运用数学方法来证明他的物理学定律，他发明微积分就是为了解决物理学问题。

邮票上的阿基米德

　　公元前 287 年，阿基米德出生于大希腊西西里岛东南沿海叙拉古城邦的一个贵族家庭，他的父亲是一位天文学家和数学家。阿基米德从小受到了良好的教育，11 岁时他被父亲送到地中海南岸的埃及亚历山大城跟随欧几里得的学生埃拉托塞和科农（Conon of Samos）学习。一年后，55 岁的欧几里得在亚历山大里亚去世，少年阿基米德可能聆听过这位伟大前辈的教诲。

　　科农列出了很多数学问题准备去解决，可惜绝大部分问题还没有来得及解决他就去世了。临终前他把这些问题留给了阿基米德，阿基米德不负厚望，后来把这些问题大多解决了。阿基米德对科农的评价很高，他说："科农的去世，使他没有足够的时间去研究他已托付我来完成的那些定理；否则他可能已经发现并阐明了所有这些问题，也会因其他的新发现而丰富了几何学理论，因为我非常清楚，他在数学上具有非凡的能力，他的刻苦也是令人惊叹的。"比阿基米德小 25 岁的古希腊著名数学家阿波罗尼奥斯在圆锥曲线的研究上也深受科农的影响。我们可以设想，如果不是科农过早地去世，阿基米德还能腾出精力来在数学和物理学领域有更多的发现。

阿基米德还是一位卓越的工程师，他曾设计并监制过许多实用的工具和精巧的观测仪器。他的很多科学理论来自亲身实践，著名的浮力定律、杠杆原理都是他从实验中总结出来的，或是从实验中得到的启发。不过阿基米德不愿意承认这一点，他把这些原理说成是从直观的公理演绎出来的结论，结果后人都不知道他实际上做过哪些实验。之所以如此，是因为当时有一种从早期希腊哲学延续下来的倾向，即只利用实验去论证事先想好的假设，而不是用实验去发现新的真理，于是身为自由民的哲学家和科学家都不屑于亲自动手做实验，认为动手的工作应该由奴隶去做。这种倾向在很大程度上制约了古希腊的科学发展。

阿基米德把他天才的科学成就完美地应用在了工程技术方面，特别是为守卫他所在的城邦国家叙拉古立下了卓越功勋，但他最终也为此献出了生命。

公元前 218 年，地中海北岸的罗马与南岸的迦太基这两大强国爆发了第二次布匿战争（罗马人称迦太基的腓尼基人为"布匿 Punici"），夹在中间的小国叙拉古也卷入其中。本来叙拉古一直是罗马的小跟班，但是公元前 216 年迦太基著名的军事统帅汉尼拔（Hannibal）大败罗马军队之后，叙拉古的新继任国王希龙尼姆立即见风转舵与迦太基结盟。没承想风向又变了，罗马很快恢复元气占据了优势，于是对希龙尼姆恨得牙痒痒的罗马首先拿叙拉古开刀。罗马军队在马塞拉斯（Marcellus）将军的率领下从海路和陆路同时进攻叙拉古。年届古稀的阿基米德虽不赞成战争，但又不得不尽自己的责任去保卫自己的祖国，他在这次保家卫国的战争中大显身手。

据说，他运用杠杆原理让人制造出了一批叫作石弩的抛石机，有效阻止了罗马人攻城。根据一些年代较晚的记载，当时他制造了巨大的起重机，可以将敌人的战舰吊到半空中，然后重重地摔下，那场面之震撼可想而知，今天的好莱坞大片也不过如此。传说有一天叙拉古城遭到了罗马军队的海上偷袭，而叙拉古城的青壮年和士兵们都上前线去了，阿基米德就召集妇女和孩子们每人拿出自己家中的镜子一起来到海岸边，让镜子把强烈的阳光反射到敌舰的主帆上，成千上万面镜子的反光聚集在船帆的一点上，船帆燃烧起来，火势趁着风力，越烧越旺。罗马人不知底细，以为阿基米德又发明了新式武器，就慌慌张张地逃跑了。当时罗马军中流传着阿基米德的"传说"，称阿基米德是神话中的"百手巨人"。将军马塞拉斯也苦笑着承认："这是一场罗马舰队与阿基米德一人的战争。"

围城三年后，叙拉古被强大的罗马军队攻克。攻城前，马塞拉斯命令士兵一定要活捉阿基米德，不得伤害他。但是命令尚未传达下去，一名罗马士兵就闯进了阿基米德的家里。这时阿基米德正在沙堆上研究一个几何学问题，他刚说了一句"不要踩坏了我的圆"，就被罗马士兵一剑刺死。马塞拉斯深感惋惜，他将杀死阿基米德的士兵当作杀人犯予以处决，并为阿基米德修建了一座陵墓，根据阿基米德生前的遗愿，在其墓碑上雕刻了"圆柱内切球"这一几何图形。

阿基米德的死意味着近代意义上的科学刚一萌芽就遭到摧残，也预示着人类的第一次科学时代行将结束，以及一个重要的工程时代——罗马时代的到来。实际上，阿基米德也是工程时代最重要的奠基者之一。在阿基米德死后，希腊人的学术活动又缓慢延续了好几百年。在希腊化时代结束之后，统治了欧洲及地中海周边地区的罗马人在科学方面没有作出多少贡献，但他们在工程技术方面和社会组织方面取得了巨大成就。

2. 静力学的基石：来自守恒律的静力学五大公理

尽管杠杆原理在静力学中占据核心地位，但是静力学作为一个体系，仅有杠杆原理是远远不够的，它必须有更为基础的一套公理系统，这套公理系统直到文艺复兴晚期和科学革命的 17 世纪才逐步形成。

让我们穿越一千七百年，直接跳到文艺复兴时期。这个时期意大利北部的佛罗伦萨共和国出了一位誉满天下的艺术家和工程师，他就是那个伟大时代最杰出的代表人物列奥纳多·达·芬奇（Leonardo da Vinci，1452—1519）。达·芬奇是一位全能型天才，他在物理学方面也达到了当时的最高水平。达·芬奇应用力矩法解释了滑轮的工作原理；在他的一份草稿中，他还研究了物体的斜面运动和滑动摩擦阻力，首先得出了滑动摩擦阻力与物体的摩擦接触面的大小无关的结论。这是达·芬奇在阿基米德杠杆原理的基础上对静力学做出的新的发展。

之后，对物体在斜面上的力学问题的研究，最有功绩的是一个世纪之后文艺复兴晚期的荷兰数学家、工程师西蒙·斯蒂文（Simon Stevin，1548—1620）。斯蒂文得出并论证了力的平行四边形法则，这是静力学的第一条公理。

静力学中有五大公理，它们是守恒律在静力学系统中的体现。静力学五大公理的提出尽管比杠杆原理晚了一千八百年，但是这些公理比杠杆原理更简单、更直观、更基础，"简单性、直观性、基础性"是公理必须具备的特点。

公理一：力的平行四边形法则

作用在物体同一点上的两个力，可合成一个合力，合力的作用点仍在该点，其大小和方向由这两个力为边构成的平行四边形的对角线确定，即合力等于分力的矢量和。合力的大小和方向也可通过力三角形法得到：即自任一点 O，顺序以两力为两边作力三角形，那么把点 O

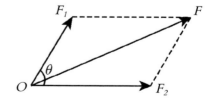

平行四边形法则示意图

与终点相连接所得的第三边即为合力。

此公理给出了力系简化的基本方法。

这条法则很容易在解析几何坐标图中得到证明。如果以力的作用点为坐标原点，以两个力中的一个力所在的方向为 x 轴方向，那么这个平行四边形对角线在 x 轴上的分量正好等于两个力所构成的边在 x 轴方向上的分量之和，平行四边形对角线在 y 轴上的分量正好等于另一力所构成的边在 y 轴上的分量。

平行四边形法则最早记载于古希腊亚里士多德学派的《力学问题》一书中。斯蒂文那个时候还没有解析几何学，他是采用了斜面上球链平衡的原理论证了这一法则。斯蒂文的方法与阿基米德用杠杆原理解决几何学问题的方法是一脉相承的。

平行四边形法则表明了力的矢量特性和矢量的合成与分解法则。了解力的矢量特性是人类对力认识的一个飞跃，由此也产生了数学上的矢量代数和矢量分析。矢量的特点是其各个分量都具有守恒性，都遵守守恒量的叠加法则。

斯蒂文虽然不像哥白尼和伽利略那样为大众所熟知，但他确实是点燃 17 世纪科学革命之火的一位重要人物。

1548 年，斯蒂文生于曾有"北方威尼斯"之称的布鲁日。布鲁日当时是西班牙统治下的荷兰重要商业港口城市，现在是比利时的旅游城市。斯蒂文比伽利略大 16 岁，他是比伽利略更早的近代科学先驱。斯蒂文的科学贡献爆发期正值伽利略的求学时期，他在力学方面对伽利略产生了重要影响，他的力学成就为后来伽利略的工作奠定了一些基础。一是斯蒂文解决了斜面上物体的平衡问题，在这个基础上，伽利略通过斜面实验论证出惯性定律。二是早在 1586 年斯蒂文就在荷兰西部城市代尔夫特做了落体实验，这是伽利略研究自由落体问题的前导。另外，斯蒂文早在伽利略之前就已经公开守卫和传播哥白尼的"日心说"。

斯蒂文多才多艺，几乎涉猎了所有的学科，从 1581 年到 1617 年这三十七年间，斯蒂文出版了十几部著作，内容涉及算术学、会计学、逻辑学、几何学、力学、流体静力学、天文学、测量理论、土木工程、音乐理论、公民社会等各个方面。他还为低洼的荷兰设计和监造了港口、海水防御工程、大型风车及抵抗西班牙的军事工事，为著名的莱顿大学建立了工程学院。就是这样一位全能型的神级人物，年轻时只是一名普通职员，33 岁时才去荷兰西部文化名城莱顿的拉丁语学校读了两年，35 岁时入读刚建立不久的莱顿大学，一读就是七年，他的许多著作是在读大学期间完成的。之后他就一直忙于各个领域的学术研究、民族独立及国家建设事业，直到 62 岁

西蒙·斯蒂文

才想起来去结婚，婚后十年间生了四个孩子，在 72 岁去世。这才是"生命不息，奋斗不止"的精神！事业和家庭都收获满满，能成为这样的一位人生赢家，可以说死而无憾了。要说有遗憾，那就是他没能亲历自己孩子的成长，他的二儿子后来也成了莱顿大学的著名教授。

公理二：二力平衡公理

作用在物体上的两个力，使物体平衡的充分必要条件是：两个力的大小相等，方向相反且作用在同一直线上。

这一公理揭示了最简单的力系平衡条件。质点平衡意味着质点受力的总和为零。如果受到两个力作用的话，这两个力一定是相互抵消的，即守恒量为零。

公理三：加减平衡力系公理

在作用于刚体的任意力系上，增加或减去任意平衡力系，不会改变原力系对刚体的作用。

因为平衡力系的受力总和为零，加上零或减去零，原力系不变。

公理四：作用力与反作用力公理（牛顿第三定律）

两物体间存在作用力与反作用力，两个力大小相等，方向相反，分别作用在

两个物体上，作用线沿同一直线。

两个物体间的相互作用力相当于作用在两物体之间的一个质量为零的点上的一对平衡力。这个点的受力总和一定是零，否则（根据牛顿第二定律）它会以无穷大的加速度运动，但这是不可能的。

作用力与反作用力公理是牛顿在《自然哲学的数学原理》中提出的力学三大公理（牛顿三大定律）之一。这个公理跟静力学的公理二有相似之处，经过变通之后就可以看作是公理二的一个特例。

公理五：　刚化公理

变形体在某一力系作用下处于平衡，如将此变形体刚化为刚体，则其平衡状态保持不变。

这条公理说的是物体所受静力的守恒性跟物体的形状、刚性无关。

在斯蒂文得出平行四边形法则一个世纪后，1687 年法国数学家、力学家皮埃尔·伐里农（Pierre Varignon）提出伐里农定理，静力学才算初步完备起来。"静力学"一词是伐里农于 1725 年引入的。

伐里农定理是继阿基米德的杠杆原理之后另一个力矩守恒定理，它是关于分力矩和合力矩之间关系的一个守恒定理。其内容是：对于同一点或同一轴而言，力系的合力之矩等于力系各分力矩之和。在伐里农提出这一力矩守恒定理的同一年，英国的大科学家牛顿出版了《自然哲学的数学原理》，经典动力学也建立起来了。

在伐里农的静力学建立一个世纪之后，1788 年法国数学家、物理学家约瑟夫·拉格朗日（Joseph-Louis Lagrange）在他的著作《分析力学》中提出了分析静力学。至此，静力学在近代经历了三百年的发展，成为一门成熟和完善的物理学分支。从达·芬奇到斯蒂文，从伐里农再到拉格朗日，这四位标志性人物在静力学上所做的工作，相隔正好都是一百年左右。

第 6 章
状态的守恒定律
——惯性定律（一体系统的规律）

惯性定律是物体的运动状态保持守恒的规律，它可以说是物理学中最简单的一个定律，但是惯性定律的发现却是来之不易的，因为从公元前 4 世纪古希腊的亚里士多德创建粗糙的物理学，到公元 17 世纪伽利略和笛卡尔发现惯性定律，前后跨越了一千九百六十多年，亚里士多德及亚里士多德主义者们在物理学上所犯的一些大错就是源于他们不了解惯性定律或者对惯性定律没有明确的认识。惯性定律的发现成了物理学史上一个重大的标志性事件，因为这一发现通常被认为是近代物理学的正式开端。

1. 亚里士多德可不傻：古代的运动观

那些听过一点伽利略故事的人，大概都把亚里士多德当成了大傻瓜，因为这些故事都把亚里士多德塑造成了冥顽不化、愚蠢可笑的学术权威。但是如果你读过亚里士多德的原著并对他所处的那个时代有所了解的话，就会知道我们的历史常识和观念既不客观也不公正。

亚里士多德说过"凡运动着的事物必然都有推动者在推动着它运动"。但是亚里士多德并没有说运动必须靠外力来推动，他没有后人说的那么傻。亚里士多德并不是完全不了解惯性，他认为运动有两种根源：一种是自身内在的运动，一种是被别的事物所推动。前者是自然运动，后者是强迫运动。显然惯性运动属于前一种情况。

亚里士多德也在试图找出到底是什么因素会推动物体在脱离第一推动力之后继续运动，他认为推动着物体继续运动的是物体周围的空气，因为开始的那个推动力给了空气这个能力。那么在没有空气的虚空中会怎么样呢？亚里士多德认为也许物体会停止下来，但是停止的理由也不充分，也许"如果没有某一更有力的事物妨碍的话，它必然无限地运动下去"（《物理学》第 114 页，商务印书馆，1982 年版，下同）。这可以说是对"惯性定律"的最早表述，但是对于亚里士多德的这句话，无论是信奉亚里士多德的还是反对亚里士多德的后人们，全都有意或无意地忽视了。当然，这些表述只是揣测，亚里士多德没有像伽利略那样通过实验去寻找答案，在他的《物理学》中既没有实验也没有数学推导。

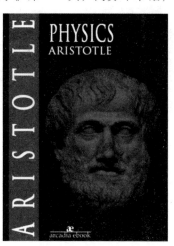

亚里士多德的《物理学》

但是这部《物理学》为一千八百年后的近代物理学提出了很多的研究课题，这是它的重要价值所在。没有亚里士多德的《物理学》（以及阿基米德的杠杆原理和浮力定律等），就不可能有伽利略和牛顿的物理学。这条发展路线可以用来回答"李约瑟之问"：因为中国古代没有出过亚里士多德（逻辑学、物理学、生物学）、欧几里得（几何学、光学）和阿基米德（数学、物理学）这样的人为后人开山辟路，所以不可能发展出近代的科学。他们的工作是发展出近代科学的必要基础。欧几里得和阿基米德的研究成果至今都是中学数学和物理课本中的重要内容，并且将来永远都是。尽管古人早就提出过"格物致知"，但是所得到的不过是碎片化的知识，而不是分门别类、有内在联系、系统化、规律化的科学。

亚里士多德把某些运动看成是"自然的",他说："火自然地向上位移,土自然地向下位移"(《物理学》第 159 页)。他所讲的上升运动和下落运动显然都是在空气中进行的,没有空气就不可能发生自然的上升运动。对于事物的现象仅仅用"自然的"或用"本性"来进行解释是没有意义的。科学的探索是要揭示出造成现象的那些内部和外部关联及关联因素。

不过就亚里士多德本人的态度来说,他并没有反对对"自然的"运动进行进一步的探索,他说"自然运动是什么事物推动的,这个问题尚未明白"(《物理学》第 230 页)。可见,亚里士多德对于真理持开放的态度。

亚里士多德虽然提出过凡运动着的事物必然都有推动者,不过他也指出,这个推动者可以是它自身,如动物。他认为所有的运动还必然有一个最终的第一推动者,牛顿后来也认为存在一个最终的第一推动者。第一推动者不是一直在推动着事物,而是在运动的一开始推动了事物,更准确地说它是宇宙万物运动的启动者。在宇宙万物被启动以后,就靠自然界的运动规律来支配了。

亚里士多德在他的现存著作《论天》里讲过:"一个给定的重在给定的时间中运动一个给定的距离,一个更大的重在更少的时间中更能运动相同的距离,时间与重有相反的比例关系。"不过,从这本书的前后内容来看,他讲的"绝对的重"是指比空气重的物,"相对的重"是比重,不是总重。只是在那个时代,无论是亚里士多德的前辈还是亚里士多德本人都没有对这些概念加以严格界定。亚里士多德也没有说过两个重物加在一起会比一个重物下落得快。

关于后面所讲到的伽利略的捆绑重物下落运动的思想实验,其实亚里士多德早有类似的论述:"如果推动者加倍,并且它们本来都是能各自使一个重物在一定的时间里运动一个距离的,那么两个动力合在一起是能够使合在一起的两个重物在同样长的时间里通过同样的距离的,因为比例相同。"(《物理学》第 215—216 页)伽利略是否从亚里士多德的这段话受到过启发也未可知,只是亚里士多德没有把他的这段话用在落体的运动上，因为他认为落体的运动是自然运动而不是被推动的。

亚里士多德认为物体在离开外在的推力后能够继续运动是由于空气的作用和物体内在的力的作用。"空气的作用"当然很荒谬，而"内在的力的作用"也不能说没有道理。如果我们说在箭离开弓弦之后的飞行过程中动量一直留在它的身上，肯定不会有人反对。在亚里士多德的时代，人们还不能明确"力"和"动量"的概念，科学革命早期的近代人仍然对"力"和动能、动量混淆不清。亚里士多德强调过对概念进行定义的重要性，但是"质量""力""能量""热量""动量"这些概念的发展是从阿基米德时代到17世纪乃至19世纪，跨越了两千多年，经过多位重量级的科学家才完成的。如果要求亚里士多德把这些概念都发展出来，这未免太苛刻了！

亚里士多德的"运动"概念是非常广义的，他说运动有三种：空间方面的运动、性质方面的运动和数量方面的运动。我们现在物理学中讲的运动都是指"空间方面的运动"，"性质方面的运动和数量方面的运动"实际上是变化，即质变和量变。变化都是内部运动引起的，因此亚里士多德说"位移是最基本的运动"也是对的。

从今天的科学标准来看，亚里士多德的《物理学》还不是真正的物理学。除了研究和探讨了一些哲学问题，亚里士多德主要是提出了一系列的物理学课题，并试图加以解决，但研究和探讨的方法是思辨与观察的结合，所以这部《物理学》是从哲学向物理学过渡的产物。

在亚里士多德之后，吕克昂学园的第三任掌门人斯特拉托在物理学方面做了进一步探索。他注意到，当水从屋顶滴落时，连续的水流断裂成分离的水滴，且水滴间距在下落过程中不断增大。斯特拉托指出这一现象的原因是，下落过程中的水滴都在加速，最早下落的水滴下降的时间最长，其速度大于下落时间较短的后续水滴。他还指出，下落很短距离的物体对地面的冲击力微不足道，而从高处下落的物体的冲击力巨大，这表明物体在下落过程中速度不断增加。斯特拉托提出这一见解比伽利略提出匀加速的自由落体运动早了一千九百年。

2. 黎明前的摸索：中世纪和文艺复兴时期的动力学

到了公元 6 世纪，在亚历山大里亚有个叫约翰·斐罗波诺斯（John Philoponos）的人，他认为天体不是一直由神灵推动着运行，而是上帝开头赋予天体一种"冲力"，即一种不随时间消逝的动力，这个"冲力"一直维持着物体的运动，飞矢就是在它本身的冲力下穿过真空的，而不是像亚里士多德说的那样需要空气从它的后面不断地施加压力。

"冲力说"到了中世纪的欧洲又得到倡导和发展，主张"冲力说"的代表人物有 14 世纪牛津大学的著名学者奥卡姆的威廉（William of Ockham，就是提出"奥卡姆剃刀"的那位）和巴黎大学的校长琼·比里当（Jean Buridan）。特别是琼·比里当，对于亚里士多德提出的运动原理给予了有力的反驳。亚里士多德说物体前进时前面被排出的空气为了防止后面出现真空，就从后面挤进来而将物体推动。比里当提出了两条重要论证：第一，陀螺旋转而不改变位置，所以不可能是由排出的空气推动的；第二，一根尾端切平的标枪并不比两头尖的标枪走得更快，如果是空气推动的话就应该走得更快些。比里当认为在这种情况下，保持运动的力都是冲力。他觉得一个物体从一种力所获得的冲力，是跟物体的密度、体积及其开头的速度成正比的。他设想天体的运行是由开头受到的冲力推动的，由于天上没有空气的阻力，这种冲力将永远不会减退。

16 世纪，文艺复兴运动发展到了高峰时期，绘画、雕塑、建筑都发展到了很高的水平，意大利北部是当时欧洲以至全世界工艺最先进的地区，力学的科学量化实验方法也就最先在这一地区发展起来。力学在 16 世纪主要是由工程师担负起来的，大学里的学者仍在继续讨论"冲力说"。工程师们在方法上有了很大的突破，他们进行了许多定量实验，在这些实验中他们取得的成果把空谈的冲力理论家们甩出了几条街。当时最著名的艺术家兼工程师达·芬奇就通过实验研究了一些建筑上的问题，他在模型实验中得出过一个定量的结论：由一定材料构成并具有一定高度的立柱的承载力跟柱子直径的立方成正比；横梁的承载力跟它的粗细成正比，跟它的长度成反比。达·芬奇还把力学的范围从物理学扩大

达·芬奇手稿上年轻时的自画像

到生物界，用阿基米德的杠杆原理来研究骨骼和肌肉构成的系统。达·芬奇曾对惯性运动提出过自己的看法，他在笔记中写道："任何可感知的东西都能够自己移动……每个物体在运动的方向上都有一个重量。"

随着火器的发展，抛射体运动这个力学问题越来越重要了，这是古希腊人早就开始研究但一直悬而未决的问题。在 16 世纪的人们看来，抛射体受到两个力的作用，一个是重力，一个是所谓的"冲力"。

有不少工程师和学者投入力学的研究，并写出力学论著。比萨大学的教授吉罗拉莫·波若（Girolamo Borro）在 1575 年的一本书中谈到了他在斜塔上用铅球和木球所做的落体实验，他发现"铅球下降得更慢"。对于这个谜团后人用摄影机找出了缘由：拿重物的手张开的时间总是略晚于拿轻物的手张开的时间，但从斜塔上伸长了手臂往下丢球的人很难发觉这一点。工程师出身的塔塔里亚（Tartaglia）在实验中发现**抛射角在 45° 时抛射体的射程最远**。帕多瓦大学的学者贝尼德蒂（Benedetti）在 1585 年出版过一本《力学论》，书中对亚里士多德的一些物理学观点进行了批判，例如他否定了亚里士多德关于物体越接近宇宙中心速度就越快的见解。

在意大利以外，荷兰的著名力学家斯蒂文在 1586 年出版了一本论力学的著

作，书中记载了他所做的**自由落体实验**，这个实验否定了重物体比轻物体落得快的见解。斯蒂文写道：

"反对亚里士多德的实验是这样的：让我们拿两个铅球，其中一个比另一个重十倍，把它们从三十尺（约 10 米）的高度同时丢下来，落在一块木板上，那么我们会看出轻的铅球并不需要相比于重铅球十倍的时间，两个球是同时落到木板上，因此它们发出的声音听上去就像是一个声音一样。"

半个世纪以后，伽利略通过斜面落体实验发现了自由落体定律和关于惯性的规律。

3. 曙光乍现：伽利略的突破

大概读者们都在迫不及待地期盼着大科学家伽利略登场了，他再不来的话，近代科学就会推迟，此人可是推翻古代力学和建立近代力学的标志性人物。

伽利略·伽利雷（Galileo Galilei，1564—1642）是一位典型的学者，伽利略是他的名，伽利雷才是他的姓，现在通常只称呼他的名而不称呼他的姓。他的名的拼写和发音跟他的姓很相近，因为那时他们那里给家中长子起名都是这种方式。伽利略与英国的莎士比亚

35 岁时的伽利略

同岁，比明朝的徐光启（著名的启蒙学者，翻译《几何原本》等西方著作）小两岁，1564 年他出生于意大利西北部海滨城市比萨的一个音乐之家，距离达·芬奇的出生地佛罗伦萨共和国的芬奇镇只有四十多公里。这一带跟罗马教廷相距较远，而且佛罗伦萨的统治者美第奇家族又特别开明，所以这里充满着自由的空气。伽利略 17 岁时进入比萨大学学习医学，但是他酷爱数学，喜欢对自然的探究，家里

也就由着他的爱好发展。伽利略在年轻时就善于从事物的现象中发现规律性，在读大学的第一年里，他用自己脉搏的跳动次数测量了一盏灯摆动的时间，注意到无论振幅大或小，所需的时间都相等——他发现了摆的等时性。

从比萨大学毕业后伽利略被留在那里任教。1592 年他转到自由开明的帕多瓦大学任教达十八年之久，帕多瓦属于威尼斯公国，远离罗马，不受教廷直接控制，学术思想更加自由。在这种良好的氛围中，他经常参加校内外各种学术文化活动，与具有各种思想观点的同事论辩，对力学问题进行研究。

伽利略作为一名学者，也很重视工匠的实践与经验，当他听说一个荷兰人发明了供人玩赏的望远镜后，就自己动手制作了一架更好的望远镜，不久他将望远镜的放大倍数提高到 33 倍，用来观察月亮、行星、太阳，这下子可不得了，他看到了月球上高低不平的表面，看到金星也像月亮那样有圆缺变化，发现木星有四颗卫星，发现了银河原来是无数恒星的汇总，发现了太阳黑子，通过太阳黑子的移动推断出太阳在自转，周期为 25 天，等等。伽利略把他的天文学新发现先后写在了《星界的报告》（1610 年）和《关于太阳黑子的信札》（1613 年）两本书中。这两本书出版以后都引起了极大的轰动和争议。

需要提一下，最早用肉眼发现木星卫星的是战国中期（公元前 4 世纪）齐国的天文学家甘德。据唐朝的《开元占经》记载，甘德曾说木星"若有小赤星附于其侧，是谓同盟"。甘德所说的"小赤星"，可能是太阳系中最大的卫星——木卫三。甘德本人的著作《天文星占》八卷和《岁星经》大多失传了，但仅这一项发现就非常了不起。甘德本是鲁国人（也有说是楚人，可能是因为他的家乡后来被楚国占领），后在齐国的稷下学宫游学，还可能在齐国做过官，他的著作大部分是在齐国写成的，所以他当时是一位"国际学者"。在同一时期的魏国还有一位跟甘德齐名的天文学家，名叫石申，他著有《天文》八卷，被后人称为《石氏星经》。他二人分别领导了当时著名的两大占星流派，后人把这两人的著作结合在一起，称为《甘石星经》。

好了，咱们再穿越回来。伽利略不仅让人们亲眼看到了地球跟其他行星一起环绕太阳转、卫星环绕行星转的太阳系，而且开辟了天文学的新天地。除此之外，伽利略还发明了钟摆、温度计等。但是伽利略也指出了工匠经验的局限性，他说，尽管这些工匠懂得很多，但他们的知识并不真正是科学的，因为他们不熟悉数学，所以他们不能从理论上发展出成果。

针对"重物是否比轻物下落得更快"这个问题，伽利略到底有没有重复前人的铅球坠落实验，这一直是有争议的。可以确定的是，他只用一个思想实验，就从数学上或者是从逻辑上否定了"亚里士多德的说法"。伽利略问道："如果把一个重物和一个轻物绑在一起让它从高处落下来，那将会是什么情形？"按照当时流传的亚里士多德的说法，一方面，本来两者下落是重物快、轻物慢，由于绑在一起下落时重物会被轻物拖着减慢，轻物会被重物拽着加快，两物绑在一起坠落应该比重物单独下落得慢。但另一方面，两物绑在一起之后比单独的重物还要重，那么绑在一起下落应该比重物单独下落得快。伽利略写道："这两个结果互不相容，证明亚里士多德错了。"

其实伽利略的前辈、帕多瓦大学的贝尼德蒂已经在他的《数学物理杂思录》这部书里提出过类似的思想实验。这个思想实验虽然能够否定"重物比轻物下降得快"这一结论，但是不能否定"密度大的物体比密度小的物体下降得快"这个结论，所以，贝尼德蒂仍然相信物体坠落的速度跟它的密度成正比。我们现在知道这个结论也是错误的。虽然思想实验是个俭省节约的好东西，但是它不能解决一切物理问题，多数物理学问题的解决还是离不开现实实验。

在伽利略之前已经有不少人对物体的下落过程做出过种种猜测，达·芬奇曾提出在连续相等的时间段内下落物体走过的距离成自然数之比，也有人提出物体下落的速度与下落的距离成正比，这些猜测都不正确。最值得一提的是 14 世纪的法国数学家奥雷姆（Oresme），他提出过匀加速运动的图形表示和"平方定律"，并给出了证明。"平方定律"指的是，物体在匀加速运动中走过的距离正比于所经过的时间的平方。所谓匀加速运动就是瞬时速度与时间成正比。在 16 世纪就有经院哲学著作把物体下落作为匀加速运动的一个例子加以讨论，但是那时还没有人证明物体下落确实是匀加速运动。

作为知识渊博的大学学者，伽利略肯定了解奥雷姆的工作。伽利略重新进行了数学推导，他采用图解法即几何法再次证明了**匀加速定律**："一个从静止开始以均匀加速度运动的物体经过任一距离所花费的时间等于该物体以均匀速度运动经过同样距离所花的时间，这个均匀速度的值等于最大速度的一半。"可用方程式 $s=vt/2$ 表示，其中 s 是经过的距离，v 是达到的最大速度，t 是整个过程所用的时间。这个定律只需用数学就可推导出来，无须实验，这是纯粹逻辑性的定律。在匀加速运动中，速度随时间均匀地增加，如果物体从静止开始，加速度为 g，则 $v=gt$，于是就可从匀加速定律推出 $s=g×t×t/2$，即 $s=t^2×g/2$，也就是说，从静止开始做匀加速运动的物体所经过的距离跟时间的平方成正比。这就是奥雷姆早在二百五十年前曾经证明过的"平方定律"，前后两种表述是完全等价的。请注意了：以上这些全是数学推导的结果，是符合逻辑的，正确性无可质疑。

伽利略猜测到自由落体运动是匀加速运动，但是他必须用实验来证明，看看自由落体运动的实验数据是否符合上述匀加速定律。要通过实验测出这个加速度，伽利略面临着一个直接的困难，那就是物体坠落的速度非常快，用当时的钟表直接测量坠物的加速度是不可能的。

俗话说"只要思想不滑坡，办法总比困难多"。伽利略开动思想机器，想出了个巧妙的办法。他的办法是"让小球去滑坡"，这样就可以"冲淡"一下引力，使加速度慢一些。他在一块大约十二码（约 11 米）长的木板上开了一个约半英寸宽（约 1.3 厘米）的槽，开得笔直而又光滑，上面覆盖着极其光滑的羊皮纸。然后把这块木板的一端升到某一高度，接着让一个抛光的黄铜球沿槽滚下，记下该球滚过全程所用的时间。再让它滚过四分之一，同样记下所用的时间。发现经过四分之一距离所用的时间等于经过全程时间的一半。经过大量重复这个实验得出

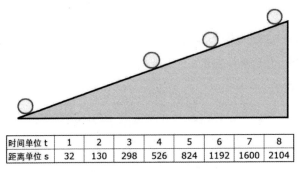

时间单位 t	1	2	3	4	5	6	7	8
距离单位 s	32	130	298	526	824	1192	1600	2104

伽利略手稿中记录的一组实验数据

的结果是，对于任何给定的倾斜度，球滚过的距离与所用的时间的平方都是成正比的（参见上页的图表）。这证明了黄铜球沿槽的运动是匀加速运动，从而进一步推断物体坠落运动也是匀加速运动，即落体的速度随时间均匀地增加。这就是**自由落体定律**。

这个实验还推翻了匀速运动是力的持续作用的观点。如果金属球沿斜面下落后进入一光滑水平面，它会在水平面上沿着直线永远地匀速滚动下去。正如伽利略所言，假如消除了引起加速或阻碍的外部因素，运动物体的速度将不可摧毁，这仅对水平面如此，由此得知，水平面上的运动是永恒的。这样就得到了**惯性原理**。

需要说明的是，伽利略的水平面实际上是地球的球面。也就是说，伽利略所认为的惯性运动是匀速圆周运动，而不是后来牛顿所讲的匀速直线运动。伽利略之所以把惯性理解成保持圆周运动的倾向，主要是源于他的哥白尼信念，他和哥白尼一样认为，绕地轴旋转的运动和垂直落向地心的运动都是"自然运动"。尽管伽利略在年轻时就猛烈抨击过亚里士多德关于"自然运动"与"受迫运动"的区分，但是他本人直到晚年仍然是新旧观念交织混杂。做匀速直线运动的物体不需要力的作用，而做圆周运动的物体一定是受到了向心的牵引力，圆周运动是受迫运动，伽利略没有想到这一点，这是伽利略物理学的最大局限。

有了新力学，过去很多靠拍脑瓜想出来的一些见解现在都可以得到纠正或澄清。地球不停地自西向东自转而没有天天刮东风，是因为大气层本来就是跟地球一起运转；物体从高处坠落而不会被抛到西面，是因为物体也参与了地球的运动。伽利略告诉人们，一条船在行进时，从它的桅杆上向下抛落的石子将会落在桅杆的下方而不是落在桅杆的后面，因为石子也参与了船的运动。1640 年，法国哲学家伽桑狄在海军的一艘三层船的甲板上做了这个实验。在该船达到最高速度之后，人们发现，无论是从桅杆上扔下石头还是直接向上抛掷石头，石头都落到桅杆下方，而不是落到后面较远的船尾上。

伽利略在实验中采用古老的水钟进行计时。在所观察的落体运动期间，一只大容器中的水通过其底部的一个小孔流进一只小容器，然后称量小容器中所增加的水量，就可以得出落体在每一次实验中所用的相对时间。只要大容器中的水面基本保持不变，那么这个时间的测量就是精确的。

伽利略发现的自由落体定律只是一个运动学定律，不是动力学定律，定律当中没有引入"力"的概念和"质量"概念，它只是运动中速度、时间及距离的关系的数学描述，没有探讨运动的原因和作用机制。但是这个定律为后来牛顿发现动力学的第二定律和万有引力定律奠定了直接的基础。

在伽利略所做的实验中有几个干扰因素：一个是槽的摩擦力，一个是空气的阻力，一个是球在滚动时的转动惯量。由于槽和球面极其光滑，球的体积很小，这三个因素带来的影响是很小的，不妨碍伽利略得出正确的结论。这是一个经典的受控实验，他对实验条件进行了严格限制，目的是把干扰因素降到尽可能的小，对主要的有用因素（重力及其所产生的运动）和其中的数量关系不构成明显的影响。从伽利略开始，近现代科学的很多实验都是对实验条件进行严格限制的"受控实验"。

通过自由落体规律和惯性规律，伽利略就得出了抛射体飞行轨迹理论。抛射体在水平方向上是直线匀速运动，在垂直方向上是自由落体运动。他运用数学就推算出了塔塔里亚从观察经验中所发现的事实，即大炮在以 45° 角发射时，射程最远。关于这一点，伽利略写道：

"通过发现一件单独事实的原因，我们对这件事实所取得的知识，就足以使我们理解并肯定一些其他事实，而不需要求助于实验，正如目前这个事例所显示的那样，作者单凭论证就可以有十足的把握，证明仰角在四十五度时射程最远。"

这对于科学的发展是无比重要的，测量与数学推理、实验与理论开始了完美的结合，已经发现的不同定律之间也能够恰当地衔接起来，并推导出新的结论或新的规律。科学从零碎的知识开始转变为有机的理论整体，并运用理论对人们看到的各种各样的自然现象提供统一的、合乎逻辑的解释。

伽利略发展了，从某种意义说也是开创了科学的"数学—实验方法"，他把几何学引入到动力学中（当然，阿基米德早就把几何学引入到了静力学中）。伽利略把时间、运动速度、距离、物质的量等用几何形式表现出来，以此来发现它们之间的关系。由于数学不能用在不能测量的因素上，于是他就撇开那些不能测量的因素，在实验中也尽可能地减小那些不可测量的因素的影响，同时也会抛开一些关系不大的可测量因素，以此来简化他的研究工作，并抓住根本问题。比如，他知道空气的阻力是可测量的，而且也影响物体的运动，但是他不理会这个问题，他尽量减小阻力的影响，把他的实验做得完善并符合"数学要求"。事实上，空气阻力问题在科学上最终还是要研究的，这类问题留给了 18 世纪以后的科学家。在搞清了没有阻力情况下的问题之后，再来研究阻力的问题，就容易多了。

伽利略一生中所遭受的不幸源自他对哥白尼天文学理论的传播。

在 16 世纪时，哥白尼体系并没有被人们广泛接受，因为它在预测行星方位上并不比托勒密体系所做出的预测更精确，其本身还缺少对整个世界认识的连贯性、一致性。也就是说，它还不是一个具有明显的规律性的体系，它的身上还有太多的人为痕迹。但是那些对世界具有深刻洞察力的人能够看出哥白尼体系的价值。

1597 年，26 岁的开普勒把自己的《宇宙的神秘》一书赠送给伽利略，伽利略读过之后给开普勒写了一封信，说自己"多年以前就已经拥护哥白尼的学说"，是由于这个学说说明了"许多现象的原因，而按照人们通常接受的观点是无法理解的"，但同时表示，由于怕遭到嘲笑而不敢公开自己的观点。看来那时候哥白尼的学说还没有遭到宗教势力的封杀，观点的分歧还只是限于学术层面。

　　一开始伽利略在天文学方面所做的工作还颇为顺利。当时的意大利分成许多个小国，伽利略的家乡比萨城在佛罗伦萨美第奇政府的统治下。美第奇家族是意大利文艺复兴运动的直接推动者。为表达对开明君主的敬意，伽利略把他用望远镜发现的木星的四颗卫星命名为"美第奇星"。1623 年，伽利略发表了《试金者》，他把这本书献给了新教皇乌尔班八世。这位教皇对天文学很感兴趣，曾赋诗祝贺伽利略发现木星卫星。教皇对《试金者》中为哥白尼的观点所做的一些含蓄辩护没有在意，这似乎鼓励了伽利略试图说服教皇去接受日心说。1632 年，伽利略发表了他的《关于托勒密和哥白尼两大世界体系的对话》，通过对话中的人物全面阐述了他的天文学观点，驳斥了亚里士多德—托勒密地心说体系。但是这一次，伽利略大祸临头了。他被传唤到罗马宗教法庭受审，并遭到刑讯逼供，最终伽利略被迫公开宣布放弃日心说，然后被判监禁。

　　伽利略在天文学理论上所做的工作并不多，用美国著名的科学哲学家托马斯·库恩的话来说"伽利略主要是在胜利已经明显在望时做了一些扫尾的工作"，"伽利略工作最大的重要性在于他普及了天文学，而且他所普及的是哥白尼的天文学"。在天文学研究方面，伽利略的重要贡献在于他用自己制作的天文望远镜所获得的一些发现，他开启了天文学的光学仪器观测时代。尽管伽利略在天文学理论方面没有重大建树，但是他一生中的厄运却是因此而起。更戏剧性的是，这次厄运为他以后在物理学方面的建树提供了契机，人的一生总是这样悲喜交织。

　　1634 年，70 岁的伽利略在被监禁了几个月以后，获准到佛罗伦萨附近的阿切特里过隐居生活。从此，伽利略专注于研究那些不大可能与教会发生冲突的科学问题。伽利略从青年时期就开始研究力学问题，但由于积极投身于天文学的研究特别是对日心说的宣传，他对力学的研究时断时续。来自教会的迫害反而能够使他静下来专心进行力学的研究。当时的宗教对于力学的研究并没有什么限制，亚里士多德的物理学也不是不可置疑的教条。伽利略接续了中世纪冲力学派前辈们的研究工作，但是他对事物的洞察力远非前辈们可比。

在写作《关于托勒密和哥白尼两大世界体系的对话》时，伽利略还表现为一个柏拉图主义者，不太重视实验，认为好的物理学是先验地做成的。在这部《对话》中，伽利略的代言人萨尔维阿蒂声称实验是无用的，而他的对立者亚里士多德的信徒辛普利丘则是实验的捍卫者。在之后遭受软禁的岁月里，伽利略在一定程度上脱离了柏拉图主义的倾向，开始转向亚里士多德的立场，全身心地投入到力学实验中去了。

托里拆利

到 1637 年，伽利略双目完全失明，他后来的研究工作主要靠助手维维安尼（Vincenzo Viviani，1622—1703）和托里拆利（Evangelista Torricelli，1608—1647）的协助。托里拆利从 1627 年开始受教于伽利略的学生、罗马大学数学教授本笃·贝内代托·卡斯特利。1641 年秋，托里拆利由卡斯特利推荐、在伽利略生命的最后三个月来到佛罗伦萨给伽利略当助手。在伽利略去世后托里拆利接替伽利略任佛罗伦萨科学院的物理学和数学教授，并被任命为宫廷首席数学家。

维维安尼是佛罗伦萨宗教裁判所应伽利略的请求派给伽利略的秘书，他来到伽利略身边时只有 16 岁。开始，伽利略还对维维安尼心存芥蒂，但不久之后他就发现这是一个很真诚的年轻人。维维安尼对伽利略发自内心地尊敬和爱戴，他陪伴伽利略走过了人生最后的四年。有个成语叫"情同父子"，而这位由宗教裁判所

维维安尼

意大利钞票上的伽利略

派来的、年龄只是伽利略孙辈的男孩,在对伽利略的体贴照料上远远胜过伽利略的儿子。在科学史上维维安尼也有一定地位,他因提出维维安尼定理(正三角形内任一点到三边的距离之和为定值)和维维安尼曲线(半径为 a 的球面与直径为 a 的圆柱面的交线)而留名。

1638 年,伽利略出版了《关于两种新科学的对话》,他把所有的实验和研究结果汇总在这部《对话》之中。这部书全面展示了伽利略在力学方面的伟大成就。所谓两种新科学指的是材料力学和运动力学。在材料力学方面伽利略讨论了材料强度对折断的抵抗力问题及衍生出的物质结构问题,所以这部书不仅是牛顿动力学的先驱之作,同时也开创了材料力学的先河。

中国西汉的大史学家司马迁说:"盖西伯(文王)拘而演《周易》;仲尼厄而作《春秋》;屈原放逐,乃赋《离骚》;左丘失明,厥有《国语》;孙子膑脚,《兵法》修列;不韦迁蜀,世传《吕览》;韩非囚秦,《说难》《孤愤》;《诗》三百篇,大底圣贤发愤之所为作也。"(司马迁《报任安书》)司马迁本人也是在受辱于宫刑后写出了《史记》。

同样的励志故事这次发生在了西方,伽利略因受宗教迫害而呕心沥血开创了新力学。相比于伽利略的天文学发现,他在力学上的贡献更为重要,这些贡献具有划时代的意义,直接为四十年后牛顿动力学的全面建立开辟了道路、奠定了基础。

1638 年，双目失明的伽利略接受了英国年轻诗人约翰·弥尔顿（John Milton）的拜访——不错，就是那位写《失乐园》的弥尔顿。六年后，弥尔顿在他著名的长篇演说词《论出版自由》中谈到了这次访问。弥尔顿在文中庄严提出了"出版无须批准的自由"这一要求。若干年后，"出版自由"陆续被许多国家写入宪法。但是伽利略的《关于托勒密和哥白尼两大世界体系的对话》却被天主教会禁了一百九十年之久，直到 1822 年红衣主教团终于宣布允许在天主教国家讲授哥白尼理论，而这个时候，近代科学已经在西方世界呈现遍地开花、蓬勃发展之势。

伽利略不仅维护新的天文学，用自己制造的望远镜为新天文学寻找到真实、直观的观测证据，而且建立起跟新天文学相一致的新的力学基础。与此同时，他的朋友开普勒为新天文学建立了更真实、更简洁的轨道模型及精确描述。他们两人也因此而成为擎起近代科学革命大旗的巨擘。牛顿曾说，如果说我比别人看得更远些，那是因为我站在了巨人的臂膀上，其中最主要的巨人就是伽利略和开普勒。

4. 旭日欲出：笛卡尔的改进

在 16 世纪和 17 世纪早期，科学的中心主要在意大利的北部并向北延伸到德意志地区及其西部的荷兰，开普勒和伽利略标志着意大利和德意志在近代科学初期的高峰。到了 17 世纪中期，科学的中心逐渐从意大利和德意志转移到了大西洋沿岸地区，如法国、英格兰，这些地区因大航海时代的到来使得商业迅速繁荣。

早期的近代科学处在比较专制的封建时代，这个时期的科学家，如伽利略和开普勒，通常都是学院里或王公所建机构的职业科学家。之后的荷兰、法兰西、英格兰等新兴商业化地区的科学家主要是民间科学家，法国的笛卡尔就是一位不拿薪俸的非职业科学家。

笛卡尔被称为近代哲学的先驱。他不仅是近代哲学的先驱，也是近代数学和物理学的先驱。

1596 年，勒内·笛卡尔出生在法国的一个小贵族家庭，父亲是地方议会的议员，也是地方法院的法官。他母亲早逝，父亲再婚后把他留给了外祖母抚养，但父亲一直为他提供充足的资金帮助，这使他受到了良好教育。他遵从了父亲希望他成为律师的愿望，在普瓦捷大学学习了法律和医学。不过笛卡尔远不满足于这点专业知识，他对各种知识都充满了兴趣，特别是数学。生活上无忧无虑的笛卡尔能够专心追求自己的兴趣，也因此养成了终生深思的习惯和孤僻的性格。

1618 年，22 岁的笛卡尔作为法国贵族子弟，响应国家的号召去荷兰参了军，准备跟法国和荷兰共同的敌人西班牙打仗。也许是上帝怜惜他孱弱的身体，没等笛卡尔持枪上阵，荷兰跟西班牙就签订了停战协定，正好他利用这段时间学起了数学。在这期间，他产生了把数学与物理学相结合的想法。1621 年笛卡尔退伍回国，之后到欧洲各国游历了几年，回法国又待了几年。由于当时法国的教会势力强大，不允许自由地进行学术讨论，于是以"忠实的天主教徒"自居的笛卡尔在 1628 年移居到比较自由的新教国家荷兰，在那里居住了二十多年。他的主要著作几乎都是在荷兰完成的。

英国的弗朗西斯·培根（Francis Bacon，1561—1626）是从自然经验的事实出发来寻找自然界的规律，笛卡尔非常赞同他的想法，但是笛卡尔认为培根恰恰把方法搞颠倒了，他认为只要从不可怀疑的原理出发，通过演绎的途径就可以把自然界的一切显著特征推导出来。因此他特别重视数学方法。至于事物性质的细节，那一定存在某种不确定性，因而在这种情况下就要引进实验，在不同的或对立的见解中决定取舍。由此，培根和笛卡尔分别开创了英国经验主义和大陆理性主义两种截然不同甚至是相反的学术传统。

笛卡尔认为并不是所有能作数学处理的观念都同等重要，只有"直观给予"的观念才能为数学演绎方法提供最可靠的出发点，运动、广延、上帝就是这样的

法国法郎上的笛卡尔

观念。表面上看，"上帝"这个观念是笛卡尔体系的主要基础，因为他说上帝创造了广延，并把运动一次性地放入了宇宙，因此世界中的运动的总量是个常量，这样笛卡尔就推出了动量守恒原理。但是我们进一步审视这三个直观给予的观念的话，会发现"上帝"这个观念并不直观，而且是可有可无的，我们完全可以认为广延和运动是本来就存在着的。在笛卡尔的著作中，思维缜密的他总是用荒唐的论证来证明神的存在，有一种解释是，笛卡尔的真实意图可能是打着神的幌子，来说明理性的重要，他自己也不相信那套经院式的论证。

作为官员的培根重视工匠传统的经验方法，民间学者身份的笛卡尔却具有学者传统的思辨倾向，这两位哲学家的工作是互补的，也形成了与各自身份似乎不相称的有趣对照。

在笛卡尔的理论体系中，所有的物质体都是为同一机械规律所支配的机器，无机物、植物、动物以至人体都是这样。18世纪的法国唯物主义学者们就继承了他的这一观点。有个叫拉美特利的哲学家还写了一本书叫《人是机器》。我们也称法国这一时期的唯物主义为机械唯物论。不过，笛卡尔认为，除了物质的世界以外，还有一个精神的世界，宇宙是由机械的和精神的两个平行的侧面所组成，只有人才能同时拥有这两个侧面。笛卡尔的这种哲学被称作"二元论"。此后的几百年，二元论哲学在欧洲非常流行。

　　笛卡尔对伽利略的惯性运动做了改进，他认为物体的自然运动是在一条直线上的而不是圆周上的。他在《哲学原理》第 2 章中以第一和第二自然定律的形式比较完整地表述了惯性定律：只要物体开始运动，就将继续以同一速度并沿着同一直线方向运动，直到遇到某种外来原因造成的阻碍或偏离为止。与伽利略认为的惯性是物体做匀速圆周运动不同的是，笛卡尔强调了物体运动的直线性。所以笛卡尔才是第一个提出真正的惯性规律的人。但是后人对此知道的不多，大概是因为牛顿将发现惯性定律的功劳都归于伽利略，对笛卡尔的贡献则是只字未提。

　　笛卡尔在《论世界》中对于惯性原理还有一个比较广义的表述："物质的每一部分总会继续保持其原有的状态，只要它与其他部分的碰撞没有迫使它改变自己的状态。也就是说，如果它具有一定的体积，除非它被其他部分所分割，否则这个体积就永远不会缩小；如果它是圆的或方的，除非它受到其他部分的强迫，否则它将永远不会改变自己的形状；如果它停留在某个位置，除非它受到其他部分的驱赶，否则它将永远不会离开这个位置；一旦它已经开始运动，它就总会以一个同样的力保持其运动，直到其他部分使它减慢或停止运动。"从这里我们可以看到，惯性原理不仅适用于物体的运动状态，也适用于物体的形状。不过在这里，笛卡尔对于"力"和"动量"等概念还没有明确的区分。

　　除了笛卡尔之外，与笛卡尔同时代的意大利数学家卡瓦列里（Cavalieri）对于惯性原理也有一段表述，他说："这个抛射体不仅会沿直线飞向它的目标，而且只要运动的物体不在意它的运动方向，只要介质不向它施加任何阻碍，它将会在相等的时间内沿上述直线通过相等的距离，因为没有任何原因使它加速或减速。"不过，他的这段表述不是简洁、标准的形式。卡瓦列里有一个著名的发现是**不可分量原理**，它类似中国在公元 5 至 6 世纪早就发现的**祖暅原理**，西方也称之为卡瓦列里原理。这条原理的意思是：介于两个平行平面之间的两个立体，被任一平行于这两个平面的平面所截，如果两个截面的面积相等，则这两个立体的体积相等。我们可以看到，这个原理与欧几里得几何学的第二条公理"等量加上等量，其和相等"是完全一致的，遵守的是守恒律。卡瓦列里的不可分量原理第一次给出了积分的一般方法。

1668 年，荷兰科学家惠更斯在向英国皇家学会征文活动提交的论文里提出了三个假设，其中第一个假设是：任何运动物体只要不遇障碍，将沿直线以同一速度运动下去。这是对惯性定律的第一次比较明确的表述。

惯性定律的提出，为以后牛顿力学的全面建立奠定了一大基础，也因而成为牛顿力学三大公理（牛顿三定律）的第一条公理。除了惯性定律，牛顿力学的建立还需要几个基础，一个是为牛顿第二定律做准备的自由落体定律，一个是静力学的二力平衡公理，还有一个是行星运行的精确规律，即开普勒三大定律。在笛卡尔后期，这些基础都已然具备，只等那一轮将要喷薄的日出。但是这日出的壮丽辉煌在历史上还要再等上几十年才能出现，本书的第 17、第 18 章将再现这宏伟篇章。

5. 一体系统的规律

惯性定律在现在看来是一个简单得不能再简单的物理学定律，但是人们在常识经验中可以看到各种圆周运动，可以看到阻力作用下的直线减速运动，以及落体的直线加速运动或抛物线运动，却无法看到一个物体在不受外力作用的情况下做匀速直线运动，这是惯性定律难以被发现的根本原因，以至于必须等到伽利略和笛卡尔这样伟大的人物出现，惯性定律才得以进入人类的视野。

惯性定律不仅是守恒律，还是一体系统的规律。一体系统是只包含单一元素的系统，是世界上最简单、最基本的系统。一体系统的特点是它在不受外部作用的情况下保持不变。这一特点也可以称之**一体规律**。

牛顿所表述的牛顿第一定律即惯性定律，是动力学中的一体规律，是狭义的一体规律。这个定律有两种表达方式：

（1）一切物体在没有受到力的作用时（合外力为零时），总保持匀速直线运动状态或静止状态。

（2）当一个质点距离其他质点足够远时，这个质点就做匀速直线运动或保持静止。

在上面的表述中，"匀速直线运动状态"对于物体自身来讲实际上就是"静止状态"。在第一种表述中，"合外力为零"与"不受力"是完全等价的，这就是一个单一物体的情况。在第二种表述中，"距离其他质点足够远"更加强调了物体的单独性。

一体定律的通俗表述就是"单一物体的状态就是它的状态"，或"单一物体就是它自身的那个样子"。从这个表述中我们看到一体定律与逻辑同一律的高度一致性。逻辑同一律体现的是事物的关系的同一性，惯性定律体现的是事物的状态的同一性。

惯性是事物对自身原状态的保持。当事物遇到外来因素要改变其原状态时，惯性也是事物对外来因素的抗拒，或者说逆反。

第7章
动量守恒与角动量守恒定律

1. 从笛卡尔到牛顿：动量守恒定律

右图中这个有趣的装置叫牛顿摆，当左边的一个球从高处落下时，通过动量传递，右边的一个球会被弹出并达到左边球原有的高度，其他的球保持静止，然后这个传动再倒回来，来回地摆动。如果是左边的两个球同时落下，右边的两个球会被弹起，然后循环往复摆动；左边的三个球

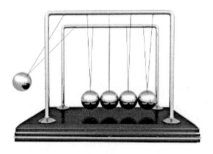

牛顿摆

落下，右边的三个球被弹起，然后循环往复地摆动……牛顿摆演示的是动量守恒和机械能守恒两大原理。

动量是衡量物质运动的一个量，即运动量。古希腊的亚里士多德已经有了动量的概念，他说："所推动的量越大所花的时间越长。"（《物理学》第264页，商务印书馆，1982年）这个量在今天也被称为冲量，它是赋予物体动量的那个推动量。

伽利略曾经研究过碰撞问题，他在帕多瓦大学讲授的机械学课程中表述过他的"动量"观念，即重量与速度的乘积。伽利略尝试找到碰撞的规律，但是没有

成功，他留下的手稿《碰撞的力》直到 1718 年也就是他去世七十六年之后，才由后人整理发表，这时牛顿的力学也早已建立。与伽利略同时期还有一位比较年轻的物理学家叫马尔西（Marci），是布拉格大学的校长，他在 1639 年出版了《运动的比例》这本书，书中记录了大理石球的碰撞实验。他把一些大小相等的大理石球排成一排，然后用一个同样大小的大理石球沿排列方向对心撞击第一个球，发现运动逐次传递给了最后一个球，中间的球在完成传递运动的任务之后就恢复了静止状态。由此他得出结论：一个物体与另一大小相同处于静止状态的物体做弹性碰撞后就会失去自己的运动，而把速度等量地交给了被它碰撞的那个物体。但是他没有给出理论分析。

最早建立碰撞理论的是笛卡尔，他比马尔西小一岁。我们都知道笛卡尔以其哲学和数学上的贡献彪炳史册，他在物理学上所做的研究不是很多，但是他能够从哲学上为物理学开辟道路，对近代物理学的发展产生了重要影响。笛卡尔提出运动总的看来是一个永不增减的量，虽然某一部分的运动量会时多时少。

接着，他提出了运动量的概念和动量守恒定律："当一部分物质以两倍于另一部分物体的速度运动，而另一部分物质却等于这一部分物质的两倍时，我们有理由认为这两部分的物质具有相等的运动量，并且认为每当一部分的运动减少时，另一部分的运动就会相应地增加。"

笛卡尔没有提出明确的"质量"概念，但叙述中隐含了"物质的量"的意思，显然在这里"运动量"就是物质的量和速度的乘积。由于没有明确的"质量"定义和"动量"定义，所以他没有写出动量守恒定律的数学表达式。

在《哲学原理》这本书中，笛卡尔还总结了七条碰撞规律，由于他不知道动量是矢量，也不懂得弹性碰撞和非弹性碰撞的区别，导致这七条规律中只有两条是正确的。

在《论世界》这部著作中，笛卡尔指出："当一个物体推动另一个物体时，如果推动者自身不失去一定量的运动，它就不可能同时将等量的运动给予被推动者；

如果被推动者不增加等量的运动，它就不可能从推动者处获取这些运动。"

笛卡尔是大陆理性哲学的代表，跟以弗朗西斯·培根为代表的英国经验主义哲学截然相反，他不去动手进行实验，所以也不能通过实验来发现和纠正自己理论的错误。由于笛卡尔当时在整个欧洲享有盛名，所以他提出的这些未经证实的论点引发了学界对碰撞理论的极大兴趣。

1668 年英国皇家学会向社会悬赏征文，来鼓励学术界人士从实验和理论上搞清碰撞规律。英国数学家、物理学家约翰·沃利斯（John Wallis）最先提交了论文，他讨论了非弹性物体的碰撞，提出在碰撞中起决定作用的是动量，在碰撞前后动量的总和应保持不变。这是动量守恒定律首次被正式提出。不过，由于这时候还没有明确的质量概念，所以他的动量概念还不是很明确。沃利斯写过一本书叫《无穷算术》，为后来牛顿发明微积分提供了重要启发，他的《圆锥曲线论》第一次给出了圆锥曲线的代数描述。

实际上比沃利斯更早，荷兰的民间科学家惠更斯在 1652 年就开始研究弹性碰撞了，他同样是从笛卡尔的著作中引发了这方面的兴趣。1656 年惠更斯写出了论文《论碰撞作用下物体的运动》，但是没有发表，直至 1703 年他去世后才被人整理发表。惠更斯也参加了 1668 年英国皇家学会的征文活动，他在论文里提出了三个假设：

第一个假设是惯性原理：任何运动物体只要不遇障碍，将沿直线以同一速度运动下去。

第二个假设是：两个相同的物体做对心碰撞时，如碰撞前各自具有大小相等方向相反的速度，则将以同样的速度反射弹回。

第三个假设是：肯定了运动的相对性。

在这三个假设的基础上，惠更斯推导出许多结论。

这时候惠更斯对物体的质量也没有形成明确的概念 [对质量进行定义是牛顿在《自然哲学的数学原理》（简称《原理》）中第一个解决的问题]。惠更斯采用

"大的程度"来表示惯性的大小，这实际上就是后来的"质量"。物体"大的程度"和速度的乘积就是动量。

在碰撞实验中如何直接测量物体的瞬时速度，这在 17 世纪是个难题。1673 年，法国物理学家和植物生理学家马略特（Edme Mariotte）找到了用单摆进行碰撞实验从而间接地测量瞬时速度的巧妙方法。他用线把两个物体吊在同一水平高度，把它们当作摆锤，摆锤在最低点的速度与摆锤能够升起的高度或在静止点下落的高度有关，这样根据摆锤的高度落差就可以测出碰撞前后的瞬时速度。这个实验牛顿后来也做过，《原理》中有他的实验记录。"牛顿摆"就是根据马略特和牛顿的实验设计出来的。牛顿通过对碰撞现象的研究，得出了这样一个重要结论：**"每一个作用总是有一个相等的反作用和它对抗；或者说，两物体彼此之间的相互作用永远相等，并且各自指向其对方。"**这就是**牛顿第三定律**。在《原理》中，动量守恒定律是三大定律的一个重要推论。

系统的动量体现的是系统整体的运动状态，系统整体的运动状态在不受外部作用力影响的情况下保持数量上的同一性。物质系统在不受外力的影响下，系统内部物体无论怎样碰撞，系统的总动量，即各物体的动量的总和（矢量和）保持不变，即 $m_1v_1+m_2v_2=m_1v_1{}'+m_2v_2{}'$。

动量守恒跟惯性原理是完全一致的，惯性原理只是针对单一物体，动量守恒不仅适用于单一物体，还涉及多个物体间的动量转移。动量守恒定律可以看作是惯性原理由"一"向"多"的一个扩展。而牛顿第二定律可以看作是惯性定律由所受外力从 0 到"有"的扩展。反过来，惯性定律可以看作是动量守恒定律在单一物体情况下的特例，也可以看作是牛顿第二定律在外力为 0 的情况下的特例。

2. 来自天上的发现：角动量守恒定律

角动量又称动量矩，是描述物体转动状态的量，它是物体到原点的位移（矢量半径）与其动量的叉积：$L=r×P=mr×v$，L 为角动量，r 为矢量半径，P 为动量，m 为质量，v 为速度。

角动量守恒定律指的是，在不受外力矩作用时，体系的总角动量不变。

动量守恒与角动量守恒之间的关系相当于静力守恒与力矩守恒（杠杆原理）之间的关系。在杠杆原理中，力矩是力与力臂的乘积；在角动量守恒定律中，角动量中的矢量半径 r 可以看作是动量臂，角动量（动量矩）是动量与动量臂的乘积。

角动量守恒定律是反映质点和质点系围绕一点或一轴运转的普遍定律。对于角动量守恒现象，我们在日常生活中就可以看得到。例如，当你用绳子牵着一个重物绕着你旋转时，如果你收短绳子，重物的速度就会加快；如果你放长绳子，重物的速度就会减慢。滑冰运动员在自身旋转时，其速度也会随着身体收缩或伸张而变快或变慢。

不过，角动量守恒定律不是在地上发现的，而是来自天上的。为什么这么说呢？因为人类发现的第一个角动量守恒定律就是我们熟悉的**开普勒第二定律**（面积定律），即"从太阳到行星所连接的直线在相等的时间内扫过同等的面积"。或者说，开普勒第二定律是角动量守恒定律的最早表述。开普勒第二定律正是来源于对天体运行的观测数据。

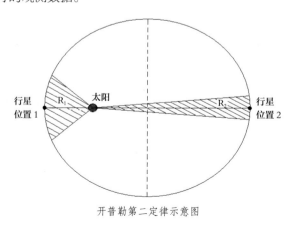

开普勒第二定律示意图

17 世纪初，德国天文学家约翰尼斯·开普勒（Johannes Kepler，1571—1630）在根据丹麦天文学家第谷·布拉赫（Tycho Brahe）留下的观测资料研究火星运行时发现，火星的运行速度是有变化的，当它离太阳较近时速度较快，当它离太阳较远时速度较慢，也就是轨道半径小时线速度大，轨道半径大时线速度小。于是开普勒根据第谷的观测数据进一步计算，发现火星在任何一个位置上的线速度与轨道半径的乘积是不变的。这个乘积除以 2 就是火星运行的面速度，即单位时间内绕转半径扫过的面积。也就是说，火星运行时的面速度是不变的，这就是"面积定律"。开普勒后来意识到，对于椭圆轨道来讲，"线速度与轨道半径成反比"的说法是不严密的，但面积定律完全正确。

1609 年，开普勒发表了《以对火星运动的评论表达的新天文学或天体物理学》（也被称作《论火星的运动》），其中就有开普勒第一定律和开普勒第二定律。开普勒第二定律在文字表述上还不是明确的角动量守恒定律，但是根据开普勒第二定律可以直接推导出角动量守恒定律。

根据角动量的数学表达式 m×v×r 和面速度的数学表达式 v×r/2，不难得到：角动量（m×v×r）＝面速度（v×r/2）× 行星质量（m）× 2。

由此可知，面速度不变就意味着行星在绕太阳运行过程中 m×v×r 是不变的，即角动量守恒。

开普勒第二定律在当时来说是一个经验定律，是根据观测数据总结出来的，上述推导也是简易方式。后来牛顿从理论上推导出了角动量守恒定律。尽管角动量守恒定律可以从牛顿定律中推导出来，但是它的适用范围比牛顿力学的适用范围还要广，无论是在物质的低速运动过程还是高速运动过程，宏观运动过程还是微观运动过程，角动量守恒定律已被大量实验证明是正确的。这一定律在现代的航空航天领域，如惯性导航回转仪、人造卫星、航天器的姿态控制等方面得到了广泛应用。

第 8 章
质量与能量守恒定律

1. 18 世纪的质量守恒定律

物理学和化学中最典型的守恒律就是质量守恒定律，也称"物质不灭定律"。关于物质不灭的思想，最早大概要追溯到两千四百年前中国的墨子和他的弟子，《墨子·经下》中讲道"偏去莫加少""有之而不可去"，前者的意思是"一部分分离出去，实际上并未增加或减少"，后者的意思是"存在的不会消失"。

物质世界守恒的基础是逻辑守恒律，即数学中所遵守的数量守恒：在模块不分裂、不合并、不消亡、不新生的情况下，模块的数量不发生变化。质量守恒律表现为强守恒律，因为它在各宏观层次的物质模块发生分裂、合并的情况下仍然能够保持守恒，这只能从古希腊德谟克利特的原子论中去寻找解释。所以，18 世纪物质不灭定律的发现坚定了科学界对原子论的信念：物质的质量守恒一定是源于物质有一个不会分裂的、质量不变的最小质量单位，这个质量单位就是"原子"。"原子"有固定的质量，它不会消失也不会从无中产生，化学反应无非是原子的重新组合。

原子论可以很好地解释质量守恒定律。在此基础上，19 世纪初英国化学家道尔顿经过大量的研究，提出了科学的、定量化的原子理论。这一理论不仅把化学向前推进了一大步，而且为近代物理学向现代物理学的进化，或者说为后来的物理学革命，透射出一缕亮光。一百年后，卢瑟福通过 α 粒子轰击金箔的散射实验发现了道尔顿原子的结构，由此开启了量子力学和粒子物理学的新纪元。

对于近代的质量守恒思想，我们还是要从 17 世纪谈起。

17 世纪的东方，在伽利略和波义耳之间这一时期，明朝有一位令人尊敬的知州大人叫宋应星（1587—1666），他在遭受着战乱破坏的大明帝国灭亡前夕仍为一方百姓的生存和生活而苦苦支撑，并捐资建设书院。我们都知道，让宋应星千古留名的功绩是他写出了中国明代工艺技术的百科全书《天工开物》。这里我们要说的不是《天工开物》，而是他在另一篇著作《论气》中对物质变化中量的关系所做的探讨。宋应星举了树木生长、燃烧、腐烂的例子指出，从一粒种子长成"蔽牛干霄之木"，砍下来的木头烧为灰烬的重量不到木头重量的七十分之一，体积不到木头的五十分之一，这些量的增减都只是气和形相互变化的结果。"气"是看不见的物质，"形"是看得见的物质，他的这些论述就表达了物质不生不灭的思想。

邮票上的宋应星

在西方，17 世纪英国出现了以波义耳为代表的化学学派。波义耳通过一系列实验，对"火、水、气、土"这些传统的元素观产生了怀疑。他指出：这些传统的元素，实际上未必是真正的元素，只有那些不能用化学方法再分解的简单物质才是元素。波义耳认为，作为万物之源的元素一定会有许多种。

到了 17 世纪末，德国的医疗化学学派提出了燃素学说。燃素说认为，可燃的要素存在于一切可燃物质中，它在燃烧过程中从可燃物中飞散出来与空气结合生成火；油脂、木炭等极富燃素的物质燃烧起来非常猛烈，而石头、黄金等都不含燃素，所以不能燃烧。

在燃素说提出不久，就迎来了 18 世纪。18 世纪的英国有三位化学家为近代化学的发展作出了突出贡献。一位是格拉斯哥大学医学教授兼化学讲师约瑟夫·布莱克（Joseph Black），他先后在格拉斯哥大学和爱丁堡大学学习并获得博士学位，又先后在这两所大学任教。布莱克在化学上的主要贡献是首先用天平来研究化学变化，创立了定量化学分析方法，并用这个方法发现煅烧石灰石时并未因吸收燃素而增重，却因放出"固定气体"而失重，从而动摇了当时流行的燃素说，开创了气体化学的新时代。他发现的所谓"固定气体"就是我们今天熟知的二氧化碳。布莱克曾对瓦特发明新式蒸汽机在理论上给予了很多指导和帮助。

约瑟夫·布莱克

另外两位是亨利·卡文迪许（Henry Cavendish）和约瑟夫·普利斯特列（Joseph Priestley）。卡文迪许出身于贵族家庭，一辈子待在家里，他在还原反应中制取了氢气，并且发现了水是由氢和氧组成的。对于卡文迪许，本书后面还有介绍。普利斯特列比亨利·卡文迪许小两岁，他们两人都不是职业科学家。与卡文迪许不同的是，普利斯特列出身于普通农民家庭，他还有个正式

约瑟夫·普利斯特列

的职业——牧师。他一生主要靠自学和业余钻研而成为一位化学家。普利斯特列写过《电学史》《论各种不同的气体》等科学著作，也写过神学和政治学著作。

普利斯特列在 1772 年发现，密封容器中的金属在煅烧后至多吸收被密闭空气体积的五分之一，几乎同一时期的法国化学家拉瓦锡（Lavoisier，1743—1794）也发现了这一现象。拉瓦锡认为这一部分气体在性质上不同于未被吸收的那一部分空气。普利斯特列在 1774 年访问巴黎，告诉拉瓦锡他发现了一种他称之为"脱燃素"的空气，这种气体是将氧化汞加热后得到的，现在称之为氧气，它就是拉瓦锡一直在寻找的那个大气中的活泼成分。但是普利斯特列一辈子都没有放弃燃素说。

拉瓦锡和他的夫人兼助理（作者：18世纪法国画家雅克·大卫）

最终在理论上实现了近代化学革命的是法国的拉瓦锡。年轻的拉瓦锡不相信燃素学说，在他的脑子里早已埋下了化学革命的种子。1783 年，拉瓦锡宣布了他在十年前所计划的化学理论的革命。拉瓦锡的新理论认为，燃烧和煅烧的过程在任何情况下都是可燃物质同氧的化学结合，因为所形成的物质的重量毫无改变的等于原来所用物质的重量。燃烧与氧化过程不能归之于所谓燃素的逸出，因为旧的学说要求燃素应当在某些情况下具有重量，在其他情况下则没有重量，这么诡异的玩意儿是难以让人信服和接受的。

1743 年，拉瓦锡出生在法国一个富有的律师家庭。家人想要他成为一名律师，他在巴黎大学法学院毕业后获得律师资格。不过拉瓦锡把课余时间都用在了自然科学的研究上。他毕业后从事的是矿产考察工作，25 岁时就成为法兰西科学院院士。他使化学从定性研究转向定量研究，他创立的氧化学说取代了当时的燃素学说。尽管拉瓦锡没有发现过一种化学元素，但是他最早给出了"元素"的定义，还列出了 33 种化学元素，不过其中有一些后来被证明是化合物。拉瓦锡留下的杰出论文《化学概要》被认为是现代化学诞生的标志。

不幸的是，这位化学上的革命家最终在法国大革命的疾风暴雨中被革了命。

拉瓦锡在进行科学研究的同时，还兼任了包税官和皇家财政委员。虽然他并没有参与波旁王朝的横征暴敛，但这些身份还是使他成为激进的雅各宾派革命的对象。这位历史上最伟大的化学家在 1794 年被送上了断头台。法国著名数学家拉格朗日痛心地说："他们可以一眨眼就把他的头砍下来，但他那样的头脑一百年也再长不出一个来了。"

拉瓦锡对化学的第一个贡献便是从实验的角度、利用定量分析方法验证并总结了质量守恒定律。早在拉瓦锡出生之时，多才多艺的俄罗斯科学家罗蒙诺索夫（Lomonosov）就提出了质量守恒定律，他当时称之为"物质不灭定律"，其中含有更多的哲学意蕴。但由于"物质不灭定律"缺乏丰富的实验根据，特别是当时俄罗斯的科学还很落后，西欧对沙俄的科学成果不重视，使"物质不灭定律"没有得到广泛的传播。

1711 年，罗蒙诺索夫诞生于俄罗斯彼得大帝全面推行西化改革、国家开始从落后走向强大的空前时代。他的家在当时俄国最大的海港城市阿尔汉格尔斯克（北临北冰洋，在通往大西洋的圣彼得堡港全面建成后，才逐渐衰落）附近的一个小渔村里。1730 年，19 岁的罗蒙诺索夫为了争取较好的学习条件，离家到莫斯科求学。当时那里最好的高等学校是斯拉夫—希腊—拉丁语学院，但是这个学院不招收底层家庭的孩子，罗蒙诺索夫就冒称是教会执事的儿子入学了。当院方发现了他的这个谎言时，他的学习成绩已经超过同班同学，于是院方对他另眼相看，也就让他留下来了。

1735 年初，罗蒙诺索夫在用了五年时间修完了八年的课程，取得优异成绩后，他被选派到新成立的圣彼得堡国家科学院大学深造，这使他能够得到来自先进国家的外籍院士们的指导。半年后，又被派往德国学习。五年后，罗蒙诺索夫回到了圣彼得堡科学院。1745 年他成为俄国科学院的第一位俄籍院士。之前的 16 位院士全是从欧洲其他国家聘请的外籍院士，包括哥德巴赫、丹尼尔·伯努利、欧拉等。

自从彼得大帝引进西欧一流科学家对俄国贵族子弟进行教育，在十几年里都没有培养出能够取代外国老师的科学家，直到偏远地区的渔家子弟罗蒙诺索夫出现。因为那时的贵族青年不太愿意潜心钻研科学，他们更重视国家急需的实用技能，特别是军事技能，更热衷于学习能够显示他们贵族修养的人文学科，他们关心的是政治而不是自然界的奥秘。俄国 18 世纪和 19 世纪的三位

苏联纪念币上的罗蒙诺索夫

最杰出的科学家罗蒙诺索夫、罗巴切夫斯基、门捷列夫都是来自偏远地区的底层家庭，而不是圣彼得堡和莫斯科能够享受教育特权的贵族家庭，他们的求学生涯都经历了艰辛波折和偶然的机遇。从科学家的出身来看，俄国与古希腊和西欧的情况大不一样，甚至有些相反。

作为俄国的第一位伟大科学家，罗蒙诺索夫有一个严重的局限性，由于他排斥超距作用，致使他始终没有接受牛顿的万有引力理论，这大概是 18、19 世纪俄国的数学、化学、地质学、生物学都比较强，而物理学和天文学偏弱的一个重要原因。

我们再说回到拉瓦锡。拉瓦锡强调化学进行定量研究的重要性，并相应地引入了物质不灭定律，也就是质量守恒定律。这一定律说的是在化学反应的过程中，物质既不消失也不会无中生有，或者说既不减少也不增加，化学反应所生成的"新"物质质量跟反应前原料的质量是相等的。

任何定量的研究必然在其背后有某个守恒律作为支撑。数学的背后有数量守恒律为其支撑，运用数学工具进行定量研究的任何自然学科也必然是以某种量的守恒律作为支撑的。静力学中有质点受力守恒和力矩守恒，动力学中有动量守恒，动力学和热力学中有能量守恒，等等。如果没有某种量的守恒律存在于其中的话，所谓的"定量"就是不可确定、无法实现的了。那么化学的支撑呢，就是质量守

恒。而质量守恒的背后，则是原子数的守恒。

拉瓦锡还恢复了前人的一个重要见解，即化学元素是不能用化学方法分解为更简单的东西的那种物质，这就是原子论的观点。他说元素是"化学分析所达到的真正终点"，并把自己知道的 33 种元素列成一张表。

原子论和建立在同一律之上的守恒律是化学的基石，正是由于拉瓦锡认识到这两大基石，才使他成为现代化学的建立者。

拉瓦锡的新观点导致人们在化学上得出几条经验定律。第一条是德国化学家里希特在 1797 年提出的**当量定律**，第二条是法国的一位药剂师、后来成为西班牙马德里大学化学教授的普鲁斯特在 1799 年通过实验提出的**定比定律**。当量定律和定比定律又导致道尔顿提出了定量化的现代原子论。

2. 19 世纪的能量守恒定律

能量守恒与转化的思想最早可以追溯到亚里士多德（嘿，怎么又是他？），他说："潜能的事物（作为潜能者）的实现即是运动。"（《物理学》第 69 页，商务印书馆，1982 年）这里面显然有"势能释放而转化为动能"的思想，但是这时还没有"能量"的概念。

13 世纪，也就是中世纪末期，欧洲数学家尼莫尔的约达努斯（Jordanus de Nemore）提出过一条"约达努斯公理"：能将荷载 L 提升高度 h 的东西也能将这一荷载的 n 倍提升这一高度的 n 分之一。这个"东西"到底是什么，当时还不清楚。我们学了近代的经典力学就明白了，这个"东西"就是对载荷做的功，或者施加的能量。这条公理的提出说明约达努斯已经有了数量化的能量概念，只是没有给它取名。约达努斯在当时影响很大，并且形成了一个以他为首的"约达努斯学派"。

到了近代力学发展的初期，能量守恒思想的萌芽已经随处可见：伽利略所研究的斜面运动、摆的运动，荷兰科学家斯蒂文研究的斜面球链平衡及惠更斯研究的弹性碰撞都涉及能量守恒问题。17 世纪后期，德国著名的哲学家、数学家莱布尼茨引进了"活力（Visviva）"概念，明确提出活力守恒原理，他认为用 mv^2 度量的活力在力学过程中是守恒的，宇宙中"活力"的总和是守恒的。18 世纪，瑞士科学家丹尼尔·伯努利依据机械能守恒建立了流体力学方程。

在力学中能量守恒定律逐步形成的同时，在化学、生物学领域，在热学及电学领域，能量守恒的思想也一步步地发展起来。

法国的拉瓦锡和拉普拉斯（Laplace）发现，豚鼠吃过食物后发出的动物热与等量的食物直接进行燃烧的化学过程所发出的热量接近相等。

在 18 世纪末，伦福德伯爵（Rumford）[①] 做了一系列摩擦生热的实验。之后英国化学家戴维在 1799 年发表了论文《论热、光及光的复合》，介绍了他所做的冰块摩擦实验，这个实验为热功转换的观点给出了说服力。

1830 年，法国工程师萨迪·卡诺确立了热功相当的思想，他在笔记中写道："热不是什么别的东西，而是动力，或者可以说，它是改变了形式的运动，它是（物体中粒子的）一种运动。当物体的粒子的动力消失时，必定同时有热产生，其量与粒子消失的动力精确地成正比。相反，如果热损失了，必定有动力产生。因此人们可以得出一个普遍命题：在自然界存在的动力，在量上是不变的。准确地说，它既不会创生也不会消灭；实际上，它只改变了它的形式。"

1836 年，俄国的赫斯（G. H. Hess）在他向圣彼得堡科学院提交的报告中说："经过连续的研究，我确信不管用什么方式完成化合，由此发出的热总是恒定的，这个原理是如此明显，以至于如果我不认为已经被证明，也可以不假思索地认为它就是一条公理。"之后，赫斯对于这一原理从多方面进行了实验验证。1840 年

① 即本杰明·汤普森（Benjamin Thompson），生于美国，先后移民英国、德国、法国，巴伐利亚选帝侯曾授予他伯爵称号。

3 月 27 日他在科学院的演讲中给出了一个更普遍的表述："当组成任何一种化学化合物时，往往会同时放出热量，这热量不取决于化合是直接进行还是经过几道反应间接进行。"也就是说，热和功的守恒问题与过程途径无关。到此，能量的转化与守恒定律初步形成。

对能量转化与守恒定律做出明确叙述的主要有三位科学家：德国的罗伯特·迈尔（Robert Mayer）、亥姆霍兹和英国的焦耳。

迈尔是一位医生，他起初是从人体的能量代谢开始对能量的转化与守恒现象产生兴趣的。之后他对热力学做了深入的研究，先后在 1842 年和 1845 年发表了两篇论文，证明能量的守恒性。他的第一篇论文的论证并不严谨，在第二篇论文《有机运动及其与新陈代谢的联系》中，他具体地论述了热和功的联系，推出了气体定压比热和定容比热之差 C_p-C_v 等于定压膨胀功 R，即 $C_p-C_v=R$，后人称之为迈尔公式。在这篇论文中，迈尔将热力学观点用于研究有机界中的现象，他考察了生命活动过程中的物理化学变化，指出"生命力"理论是荒诞无稽的。1848 年迈尔发表了《天体力学》一书，书中解释了陨石在天空中的发光是由它下落中的动能转化而来的，他还应用能量守恒原理解释了潮汐的涨落。

迈尔第一个完整地提出了能量转化与守恒原理，但是他的著作在发表后的几年内不仅没有受到重视，反而受到了人们的批评和嘲弄，再加上两个孩子相继夭折，使得他在精神上受到很大的刺激，结果跳楼致残，之后曾一度被关进精神病院。好在他在晚年终于看到了自己的成果得到承认。1871 年，英国皇家学会授予了他科普利奖[①]。

---

① 科普利奖是 1731 年以英国皇家学会的高级会员科普利爵士的遗赠设立的、由英国皇家学会颁发的、世界上最悠久的科学大奖，比诺贝尔奖早一百七十年。起初奖金为一百英镑，还算可观，这个大奖现在还有，经过了将近 3 个世纪，奖金才涨到了几千英镑，远远跟不上货币贬值的速度。如果得过诺贝尔奖的话，只授予一百英镑奖金。

1847 年，26 岁的亥姆霍兹在柏林物理学会议上宣读了自己的论文《论力的守恒》，文中总结了许多人的工作，一举把能量概念从机械运动推广到了所有的变化过程，并证明了普遍的能量守恒原理，从而使人们可以更深入地理解自然界的统一性。遗憾的是，由于这篇论文被认为是思辨性的、缺乏实验成果，当时有国际声望的《物理学年鉴》拒绝它在上面发表。

实验验证这一定律的工作已经有人在做了，这个人就是英国的啤酒商詹姆斯·焦耳（James Prescott Joule）。焦耳跟革命导师马克思同岁，1818 年出生于英国曼彻斯特，父亲是一个富有的酿酒师。焦耳从小跟着父亲学习酿酒，没有上过什么正规的学校，曾经在一个家庭学校里学习过。1834 年，16 岁的焦耳和他的哥哥本杰明一起被送到曼彻斯特文学与哲学学会的道尔顿的门下学习（很难想象现在的教授会收两个没上过什么正规学校的小孩做自己的学生，不过，当年这位大化学家的经济状况也确实不大好）。焦耳兄弟俩跟随道尔顿学习了两年算术和几何，后来道尔顿因中风而退休。跟随道尔顿学习的这段经历影响了焦耳的一生。大师的指导对他的成长起了关键的作用，使他对科学研究产生了浓厚的兴趣，并学到了他理论与实践相结合的科学研究方法。之后焦耳进入曼彻斯特大学就读。毕业后回家经营啤酒厂，直到 1854 年卖出啤酒厂之前，这一直都是他的"正业"，科学只是焦耳的一个业余爱好。

在 1831 年法拉第发现电磁感应定律之后，从英国开始，掀起了一场席卷欧洲和北美的电气热潮。1838 年，20 岁的焦耳也投入到了这场电气热潮之中，开始研究起磁电机来。在实验过程中他注意到电机和电路中的发热现象，他认为这和机械运动中的摩擦现象一样，都会造成动力的损失，于是他就开始进行电流的热效应研究。

1840 年，22 岁的焦耳向英国皇家学会提交了论文《电的金属导体产生的热和电解时电池组放出的热》，文中介绍了他的实验。他把缠在玻璃管上的导电线圈放入盛水的容器中，通电后测量水的温度变化。实验中他使用不同的导线，改变电流强度，得到多组实验数据。通过计算最后他得出结论：在一定时间内电流通过金属导体产生的热量与电流强度的平方及导体电阻的乘积成正比。这就是著名的焦耳定律。

焦耳认为，电可以看成是携带、安排和转变化学热的一种重要媒介，在电池中"燃烧"一定的化学"燃料"，在电路（包括电池本身）中就会发出相应大小的热，和这些燃料在氧气中燃烧所得的热应该一样多。

在研究了化学能向电能和热能转化之后，焦耳又开始研究机械能与电能和热能之间的转化，并进行了大量的热功当量实验。焦耳在磁电机线圈的转轴上绕两条细线，在相距约 27.4 米处安装两个定滑轮，细线跨过滑轮挂有砝码，砝码的重量可以调整，线圈浸在量热器的水中。根据水的温度变化可以计算出热量，根据砝码的重量及下落的距离可以计算出机械功。焦耳记录下 13 组实验数据，取其平均值得出如下结果："能使 1 磅的水升温 1 华氏度（约 0.56 摄氏度）的热量等于把838 磅重物提升一英尺（约 0.3 米）的机械功。"从这个结果可以得出热功当量为4.511 焦耳 / 卡，现代的公认值为 4.187 焦耳 / 卡。

不久，焦耳又把多孔塞置于水的通道中，测量水通过多孔塞之后的升温，得到热功当量为 772 磅·英尺 / 英热单位（即 4.145 焦耳 / 卡），与现代的公认值相比，误差仅有百分之一。

焦耳并没有就此罢手，他从 1843 年采用磁电机开始测量当量，直至 1878 年最后一次发表实验结果，共做了 400 多次实验，分别以固体、流体、气体多种物质为对象，运用了不同原理的各种方法，涉及机械力学、电磁学、化学、热力学、流体力学等各个领域，以日益精确的数据，为热和功的相当性提供了翔实可靠的证据，使能量转化与守恒定律的确立具备了牢固的实验基础。而他本人也从 25 岁的小伙变成了花甲老人。

詹姆斯·焦耳

3. 20 世纪的统一：质能守恒

　　能量在本质上是对物质状态差异性的度量。一个物体无论它怎样运动，只要它相对于参照物的速度为零，这个物体对于参照物而言就不具有动能，因为它和参照物之间没有运动的差异性。在地球的重力场中，一个物体不管相对于地面有多高，只要它跟参照物处于同一高度，那么它相对于参照物而言就不具有势能，因为它和参照物之间不具有重力势的差异性。

　　能量具有层次性。最浅的层次是机械能，即物体在宏观上的动能和势能。再深入下去就是微观的分子动能，大量分子的动能在宏观上表现为热能。再往下深入就到了化学能，化学能是原子与原子之间的电磁相互作用所产生出来的能量，它在本质上是电能。与重力势能相对应，电能的本质是电力势能，并且电力势能可以转化为带电物质的动能。电磁相互作用是以光子为媒介的，所以电能的释放常常会伴随光子的释放。如果再深入下去的话，就会遇到原子核内部核子（质子、中子）之间的结合能，这种结合被称作强相互作用。核子间分离或结合所产生的能量被称作核能。

　　通常讲能量守恒，是指在某一个层次上的能量守恒。机械能守恒是在物体的宏观相互作用层次上的，化学能守恒是在原子核与电子相互作用的层次上的，核能守恒是在原子核内部质子、中子的强相互作用层次上的。层次之间的动能可以相互传递，层次之间的势能不能直接相互转化，必须通过动能进行转化。

　　从本质上来讲，动能只有一种，无论是宏观物体的动能还是微观粒子的动能都是物质相对运动的体现，都是决定于运动物质的质量和相对速度，只不过我们习惯把宏观物体的动能称作机械动能，把分子和原子的动能称作热能，把基本粒子的动能称作辐射能。

　　每一种势能都是某一种作用力的体现，根据作用力的不同，常见的势能主要分为重力势能、电磁力势能和核力势能。弹簧的弹力势能、热力势能等，最终要归结为电磁力势能。

　　人们对能量守恒原理的认识是一步一步地发展的，是从小范围一步一步地向更大的范围扩展的，是从宏观领域一步一步地向微观领域深入的。起初人们认识到了机械动能与机械势能之间的转化与守恒，之后认识到机械能与热能之间的转化与守恒，又认识到机械能、热能、化学能、电能之间的转化与守恒。19世纪正式提出的能量概念和能量守恒定律为物理学提供了一个全新的统一框架，自此，包括热、光、电及力学在内的一切物理现象都可以在力学自然观的范围内，采用统一的概念框架给予解释。

　　进入20世纪以后，伟大的物理学家爱因斯坦从他的狭义相对论中推导出能量与质量之间的关系 $E=mc^2$，从理论上进一步把能量守恒定律与质量守恒定律统一在一起。后来核能的出现使人们必须考虑质量与能量之间的转化关系，这就从实践上证明了爱因斯坦的推论。于是，能量守恒原理与质量守恒原理就紧密地结合在一起，成为质能守恒原理。质量与能量相互转化的通常方式是：质

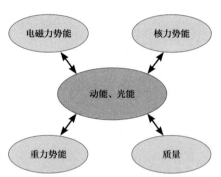

能量转化示意图

（图中的动能包括：1.机械动能，即宏观物体动能；2.热能，即分子和原子动能；3.基本粒子动能。光能在本质上是光子动能）

量减少而释放出光能，或物质吸收光能而增加质量，此外还有相对论效应即物体随着动能的增加而增大质量。光能在本质上是光量子的动能。

　　化学变化是对原子及电子状态的差异性而言，这里面涉及少量光子的释放，质量是近似守恒的，其中的动能与势能不守恒，动能、势能与光能加在一起才守恒。原子核裂变和聚变，是对质子、中子这样的重粒子而言，变化中释放出大量的光能，导致明显的质量不守恒，只有把质量与释放出的光子的能量的折算质量加在一起才守恒。

爱因斯坦和他的质能关系式

　　18 世纪和 19 世纪科学界普遍认为质量守恒定律是以原子数量守恒为基础的，后来发现原子的质量也是可以改变的，以原子数量为基础的守恒只是一种"粗糙"的守恒，不是严格的守恒。当狭义相对论把质量守恒与能量守恒统一为一个守恒定律之后，人们知道了质量守恒的误差是由能量的进出来弥补；反过来，能量守恒的误差是由质量的"析出"和"湮灭"来弥补。在量子论建立之后，特别是随着基本粒子物理学的发展，质能的守恒最终还是归结到了数量的守恒，即基本粒子能量态及其量子数的守恒。

第 9 章
电学中的守恒定律

能量守恒定律在物理学的各个领域都是适用的，当然也适用于电学领域。本章只讲电学领域中特有的几个守恒定律。

1. 从天上"偷"电的人：富兰克林与电荷守恒定律

在古希腊的神话里有一个从天上为人类偷火的天神，他的名字叫普罗米修斯。在 18 世纪的美利坚（当时美国还没有建立），则出现了一位从天上"偷"电的凡人，他的名字叫本杰明·富兰克林（Benjamin Franklin，1706—1790）。

说他是一介凡人，其实这个人并不平凡。富兰克林是美国的国父级人物，同时又是电学的骨灰级人物。在电学上，富兰克林最有名的事迹是用一个大风筝把天上的雷电通过铁丝引向莱顿瓶（莱顿瓶是最原始的电容器，用于存储静电）中的一把铜钥匙上，然后用手靠近铜钥匙时就会发出电火花，从而证明了天上的电与地上的电是同一种电。这是富兰克林在电学上的第一

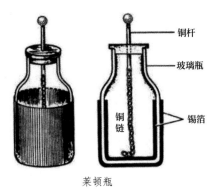

莱顿瓶

大贡献。在此基础上，富兰克林又发明了避雷针，这是他在电学上的第二大贡献。富兰克林在电学上的第三大贡献就是提出了正电和负电的概念，并提出**电荷守恒定律**。

电荷守恒定律似乎很容易理解，它甚至比质量守恒定律还要直观，因为我们知道电荷是一个一个的，是可数的，完全符合我们对数量守恒的直观感觉。即使粒子物理学家们所研究出的夸克所带的分数电荷也是可数的。

不过，在电磁学发展的早期，科学家们并不知道电荷是一个一个的。在早期的电学里，电荷（electric charge）被认为是物质的一种物理性质。人们称带有电荷的物质为"带电物质"。

富兰克林从对莱顿瓶的研究中提出了电荷守恒定律，他在 1747 年给朋友的信中写道："在这里与欧洲，科学家已经发现并且证实，电火是一种真实的元素或物质种类，不因摩擦而产生，而是只能通过收集获得。"富兰克林认为，电的本性是某种电液体，当内部的电液体多于外界时，呈电正性；相反则呈电负性；内外平衡时则呈电中性。正电与负电可以抵消，由于电液体总量不变，因此电荷总量不变。富兰克林的电性理论可以解释当时出现的绝大部分电现象，因而获得了公认。

现在电荷守恒定律有强、弱两种版本。**弱版电荷守恒定律**（又称为"全域电荷守恒定律"）说的是，整个宇宙的总电荷量保持不变，不会随着时间的演进而改变。弱版电荷守恒定律并没有禁止这样的可能：在宇宙这端的某电荷突然不见，而在宇宙那端突然出现。强版电荷守恒定律则明确地禁止这种可能。**强版电荷守恒定律**（又称为"局域电荷守恒定律"）说的是，在任意空间区域内电荷量的变化，等于流入这区域的电荷量减去流出这区域的电荷量。在科学实践和工程领域中，采纳的都是"强版电荷守恒定律"。

电荷量就是电荷的多少，简称电量。所以，电荷守恒定律实际上就是电量守恒定律。

电荷有两种：正电荷和负电荷。电荷守恒定律建立在一个基础原则上，即电荷不能独自生成或湮灭，这符合所有守恒定律所要求的条件。等量的正电荷和负电荷撞在一起的话可以相互抵消、湮灭归零。同样，中性物质中也可以同时产生等量正电荷和负电荷，这完全符合算术法则。

质量守恒定律是关于物质的一个基本定律，电荷守恒定律是关于带电物质的一个基本定律。不同的是，电荷有正、负两种，而质量和能量只有正没有负，正反物质湮灭之后会产生相应的能量，并非是真正的湮灭。

在富兰克林提出电性理论的时候，美国还没有建立，这个叫美利坚的东部地区只是英国的十三块殖民地。这十三块殖民地后来独立建国，富兰克林在其中发挥了很大的作用。

全世界最受欢迎的人——美元上的本杰明·富兰克林

在本杰明·富兰克林的一生中，满满的都是励志故事。身为伟大的政治家和科学家，令人不可思议的是，他这辈子只上了两年学！这不能怪他父亲不疼爱他，老人家一共生了 17 个孩子，本杰明是家中最小的男孩，父亲的收入无法负担他读书的费用，真心是供养不起了。10 岁时本杰明·富兰克林辍学回家，到父亲的杂货店里帮着做蜡烛。12 岁时，他到哥哥经营的小印刷所当学徒，自此他当了近十年的印刷工人。但他的学习从未间断过，他从伙食费中省下钱来买书。同时，利用工作之便，他结识了几家书店的学徒，在晚上偷偷将书店的书借来，通宵达旦地阅读，第二天清晨再归还。他阅读的范围很广，从自然科学、技术方面的通俗读物到著名科学家的论文及名作家的作品都在他阅读的范围。努力总会有回报，1736 年，30 岁的富兰克林当选为宾夕法尼亚州议会秘书，从此开始了他辉煌的政治生涯。与此同时，他也积极地投身于科学研究。在之后的几十年中，他为美利坚独立建国和电学的早期发展都建立了卓越功勋。

普罗米修斯偷来的天火造福了人类，但那只是神话传说。而富兰克林发明的避雷针造福了人类，则是活生生的事实。他在电学上的开拓性贡献更是为后来电学的巨大发展奠定了基础。

2. 毛头小伙的大贡献：基尔霍夫电流定律和电压定律

电学中最典型、最常用的守恒定律要数 19 世纪德国物理学家古斯塔夫·罗伯特·基尔霍夫（Gustav Robert Kirchhoff，1824—1887）提出的两个电路学定律：基尔霍夫电流定律和基尔霍夫电压定律。

基尔霍夫电流定律（基尔霍夫第一定律）可简单表述为"所有进入某节点的电流的总和等于所有离开这节点的电流的总和"，它又称为节点电流定律。所谓"电流"，就是单位时间内通过的电量。所以，基尔霍夫电流定律的物理背景是电荷守恒定律，在本质上它是关于电量的守恒规律。

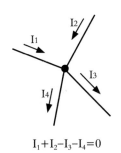

$$I_1 + I_2 - I_3 - I_4 = 0$$

基尔霍夫电流定律示意图

基尔霍夫电压定律（基尔霍夫第二定律）可简单表述为"沿着闭合回路所有元件两端的电势差（电压）的代数和恒等于零"，它又称为回路电压定律，其物理背景是能量守恒，在本质上它是关于电空间的守恒规律。

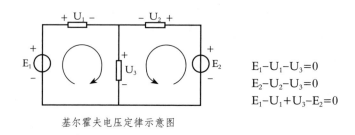

$$E_1 - U_1 - U_3 = 0$$
$$E_2 - U_2 - U_3 = 0$$
$$E_1 - U_1 + U_3 - E_2 = 0$$

基尔霍夫电压定律示意图

基尔霍夫电流和电压定律与其说是物理定律，不如说是数学原理，因为它们的基础分别是电荷数量和电空间度量的守恒性。电流的本质是在单位时间内电荷的进出数量，电压的本质是电的空间。基尔霍夫电流和电压定律体现的是事物的数量逻辑性质，而不是物理性质，不是事物在相互作用中表现的性质。这两个定律都极其简单，但却是电路分析中所必须用到的最基本的定律。这两个定律是基尔霍夫在 1845 年提出的，当时他只是一个 20 岁出头的毛头小伙。

古斯塔夫·罗伯特·基尔霍夫 1824 年出生于德国东普鲁士的柯尼斯堡，整整一百年前出生于柯尼斯堡的还有一位赫赫有名的人物，这就是大哲学家伊曼努尔·康德。柯尼斯堡地方不大，却产生过不少的名人。第二次世界大战中德国战败，这座城市被苏联占领，名字被改为加里宁格勒。基尔霍夫身材瘦小柔弱，性格上缺乏自信心和决断力，在他提出电流和电压定律之后，柏林的物理学会向他提供了一笔赠款，以便他去巴黎学习一年。但是基尔霍夫害怕法国革命的政治形势，没有去巴黎，后来去了柏林大学任教，30 岁时当上了著名的海德堡大学的

古斯塔夫·罗伯特·基尔霍夫

物理学教授。

基尔霍夫还发现，在细的导线中电流以波的形式并以光的速度传导。这一发现对他的学生海因里希·鲁道夫·赫兹后来在无线电波方面的工作来说，是走出了关键性的一步。

基尔霍夫主要在光谱化学分析方面有杰出的贡献。他和另一位著名的德国化学家罗伯特·威廉·本生（Robert Wilhelm Bunsen）利用光谱法发现了铯、铷等新元素，发现了太阳的元素构成。他在1860年至1862年提出的热辐射定律（基尔霍夫定律）和绝对黑体概念成为普朗克量子论研究的先导。

作为守恒定律，基尔霍夫电流和电压定律特别实用，既可以用于直流电路的分析，也可以用于交流电路的分析，还可以用于含有电子元件的非线性电路的分析。尤其在复杂电路的分析中，更显示出其基础性原理的价值。所以，这两个定律虽然简单，但不可小看，这是基尔霍夫对电路学的重大贡献。

第 10 章
光学中的守恒定律

现存对光学现象最早的记载大概是公元前 5 世纪或公元前 4 世纪《墨子》的《经下》和《经说下》，里面描述了小孔成像等八种光学现象，现代科学家称之为"《墨经》光学八条"。人类最早的光学是几何光学，《墨经》所记录的那些光学现象都属于几何光学现象。几何光学的建立是以光的直线传播、光的反射定律和光的折射定律为基础，反射定律和折射定律是几何光学的核心。几何光学实质上就是光线的几何学，对于光现象原因的研究才可以称得上光的物理学，即物理光学。最早研究光反射的科学专著是几何学家欧几里得写的《光学》和《反射光学》，完成时间是公元前 3 世纪。

虽然反射定律、折射定律的表述和应用属于几何学，但是这两个定律的本质、原理仍然属于物理学。下面我们就从反射定律谈起。

1. 定律中的老大哥：欧几里得的反射定律

翻遍整个物理学的所有定律甚至所有的精确科学定律，如果要问谁是第一个诞生的定律老大哥，那么非反射定律莫属了。光的反射定律的发现至少有两千三百年的历史，它比阿基米德的杠杆原理和浮力定律还要早。

古希腊的柏拉图学派讲授过光的直线行进和反射，并且他们已经知道光线在反射时入射角和反射角相等，也就是说，他们已经发现并讲授反射定律了。欧几里得作为柏拉图学派的传人，对柏拉图学派在光学方面的成果有系统的总结。在每个人的印象里，欧几里得这个名字跟《几何原本》是绑在一起的，一说到欧几里得你就会想到《几何原本》，一提起《几何原本》你脑子里马上就出现欧几里得，这就好像很多人傻傻分不清塞万提斯和唐·吉诃德。其实，塞万提斯的作品不是只有《唐·吉诃德》。同样欧几里得的著作也不只有《几何原本》，他还有很多著作，但是大多失传，留下来的除了《几何原本》十三卷外，还有《已知数》《圆形的分割》《反射光学》《现象》《光学》等。其中《反射光学》和《光学》可以说是现存最早的光学著作。《反射光学》特别讲了平面镜和凹面镜的成像问题，《光学》讲到了反射光的入射角等于反射角，以及有关透视问题。

"反射光的入射角等于反射角"反映的是光在反射面的水平方向上的运动量守恒及反射前后的动能守恒，光的反射可视为对光的微粒的完全弹性碰撞。当然古希腊人并没有认识到这一点，他们只懂得光线的几何学，不懂得光的物理学，17 世纪以后欧洲科学家才有了动量和动能的概念。反射定律一开始是作为一个经验定律提出的。

古希腊学者们对于光的本质及视觉问题有很认真的探讨。柏拉图学派包括欧几里得都认为视觉是眼睛发出的光线到达物体的结果，而比他们更早的毕达哥拉斯和德谟克利特则认为视觉是由物体射出的某种微粒到达眼睛形成的。现在看来，毕达哥拉斯和德谟克利特更为正确。不过这些观点只是想象出来的，而不是从实验观测或逻辑推导得到的结果，还算不上科学。

2. 经验定律与理论推导：斯涅耳的折射定律

公元 2 世纪，大天文学家托勒密（Ptolemaeus）写出了五卷本的《光学》，他除了全面系统地讨论了视觉问题、平面镜和曲面镜的反射问题外，还通过实验探索了折射规律，提出折射角与入射角成比例。这个说法在入射角较小的情况下近似正确。需要注意的是，虽然天文学家托勒密住在埃及，但他跟埃及的托勒密王朝没有什么关系，并且这个时候托勒密王朝早就不存在了，埃及在大约公元前30年沦为罗马帝国的一个行省。在托勒密王朝灭亡后的几百年里，埃及还保留着古希腊文化、延续着古希腊的学术传统，直至公元4世纪基督教兴起。

大约在公元1015年前后，阿拉伯有位杰出的数学家、天文学家和光学家，名叫伊本·海赛姆（Ibn Al-Haytham，又译阿勒·哈增），写了一部七卷本的《光学》。海赛姆出生于伊拉克的巴士拉，长期居住在埃及的开罗一直到去世。自从8世纪阿拉伯人发现并翻译古希腊著作，到这时候已有二百多年，阿拉伯文化进入高峰阶段。

海赛姆深受古希腊科学思想的影响，他在其《光学》的一至三卷讨论了视觉问题，他赞成毕达哥拉斯和德谟克利特的观点，认为视觉是眼睛感受到来自物体的光。他在书中研究了眼睛的结构、光的进入及像的形成，所以他对视觉问题的研究是真正进入了科学的阶段。《光学》四至七卷讨论了光的直线传播、反射、折射。他除了指出光在反射中"反射角等于入射角"外，还提出"两者在一个平面内"，从而给出了完整的反射定律。海赛姆还仔细测量了光进入水的入射角和折射角，指出托勒密的"入射角和折射角成比例"是不对的。但是他也没有得出精确的折射定律。由于海赛姆在光学上所取得的重大成就，有不少西方学者把他视为"近代光学之父"。

17世纪初，开普勒对光的折射问题进行了系统的研究，1611年发表《折射光学》一书，书中记述了他所做的两个实验。尽管他得到了更精确的实验数据，但没有能够得出正确的折射定律表达式。不过，通过这些实验数据和逻辑推导，他发现了全反射。

当时已经知道，由于折射的原因，从空气中通过空气与玻璃界面上的某一点O射向玻璃的所有光线一定都进入玻璃中以O为顶点的一个锥形区域，当然反过来从玻璃的这个锥形区域射向 O 点的光线也会穿过界面进入空气。开普勒就设想，如果从玻璃中的这个锥形区域之外有一束光线射向 O 点，也就是玻璃中光线的入射角大于这个锥形区域，它在射向界面时，必然不会穿过界面进入空气，那么它还能到哪里去呢？只能全部被界面反射回玻璃。开普勒利用光的可逆性从反面倒推得出结论，这是一种非常巧妙的论证方法。大科学家的思维洞察力就是不一般！

精确的折射定律在十年后由荷兰数学家和物理学家威里布里德·斯涅耳（Willebrord Snell Van Roijen，1580—1626）通过实验得出，从而使几何光学的精确计算成为可能。

荷兰是近代世界上第一个资本主义国家，在近代科学和近代哲学的发展初期，荷兰人做出了很大的贡献，他们有斯蒂文、斯涅耳、惠更斯、斯宾诺莎这些世界一流的学者，世界上最早的望远镜也是由荷兰的眼镜工匠发明的。这望远镜的发明其实是来源于两个荷兰小孩在玩耍中的偶然发现。1608 年的一天，荷兰米德尔堡的眼镜师汉斯·利伯希（Hans Lippershey）的店铺门前有两个小孩（另一个说法是利伯希的一个学徒）在玩镜片，他们通过前后两块透镜看远处教堂上的风标。利伯希看着两个孩子兴高采烈的劲儿，于是凑上前去学着他们拿起两片透镜一看，远处的风标竟然放大了许多，而且就像在跟前一样清晰。利伯希赶紧回到店里把两片透镜装在一个筒子里，就这样经过多次试验，利伯希发明了改变了人类历史的望远镜。不过要论优先权的话，望远镜的发明首先应归功于那两个没留下姓名的懵懂小孩。

斯涅耳

再说斯涅耳，此人是荷兰莱顿大学的数学教授。1621 年，他做了跟开普勒类似的实验，这次他从实验数据中发现了一个精确的规律，入射角的余割与折射角的余割之比为常数：$\csc\beta/\csc\alpha$ = 常数。余割函数是正弦函数的倒数，也就是入射角的正弦与折射角的正弦之比为常数。这就是沿用至今的光的折射定律，也称**斯涅耳定律**。斯涅耳的折射定律是从实验中得到的，因而是一条经验规律。

对于这一重大成果，斯涅耳一直没有发表。1626 年他去世后又经过了很多年，惠更斯在整理他的遗稿时发现了这些记录。在惠更斯发现斯涅耳的记录之前，1637 年笛卡尔也发现了这个定律并公布于世，而且还运用动量守恒原理给出了证明。所以说，把这个折射定律称作笛卡尔定律也是可以的。不过，这个定律之后还是被称作斯涅耳定律。

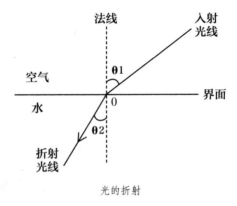

光的折射

笛卡尔试图用微粒说来解释折射定律及其他光学现象。

根据斯涅耳定律，

$$n_1 \cdot \sin\theta_1 = n_2 \cdot \sin\theta_2$$

其中，n_1 和 n_2 分别是两个介质的折射率；θ_1 和 θ_2 分别是入射光和折射光与界面法线的夹角，即入射角和折射角。

笛卡尔认为，光的反射可以看成光的微粒根据力学原理从一个弹性面上被弹射回来。同样，光线在两种介质的界面发生折射类似前行的小球穿过一片薄布，球速垂直于布面的分量因布的阻力而被减弱，球速平行于布面的分量则不发生变化，也就是平行分量守恒，这样球的轨迹就会出现折弯。

斯涅耳提出的定律是经验定律。经验定律是从实验结果的数据中寻找规律而得到的定律，或为了符合实验结果而拼凑出的一个定律。如果没有建立在逻辑基础上的理论支撑的话，很难判断经验公式是否具有普遍适用性。而笛卡尔是个理论家，他从假设入手，运用动力学规律和数学推导而得出了折射定律。他假设光是由很小的微粒组成，把光微粒在不同介质中的运动比作小球在不同的布铺成的平面上运动。通过这种方式推导出入射角的正弦与折射角的正弦之比为常数。在笛卡尔的名著《方法论》中有一篇叫《屈光学》，有关折射定律的推导就记录在这篇文章里。尽管笛卡尔的推导是有问题的，但是歪打正着，他得出并最早公布了正确的折射定律公式。

1662 年，法国数学家皮耶·德·费马（Pierre de Fermat）提出了最短时间原理，根据这一原理，他也推出了斯涅耳定律。

光的反射定律和折射定律的表述是唯象的，是几何学意义上的。现象层面的规律必须从现象背后的本质层面去解释、去理解，这个本质层面是物理学意义上的。从本质层面来讲，光的反射和折射遵从空间逻辑、遵守几何学原理，在平行于界面的分量上光的反射还遵守动量守恒定律。

3. 空间逻辑的必然结果：光度学中的守恒定律

光度学是对可见光的亮度、照度、光通量和发光强度等物理量进行测量和计算的一门实用性科学。

1760 年德国物理学家约翰·海因里希·朗伯（J. H. Lambert）出版了《光度学》一书，书中他确立了光度学的主要概念和一些光度学定律，其中包括两个照度定律。"照度"是"光照强度"的简称。

照度第一定律讲的是：点光源所产生的光照度 E 与其发光强度 I 成正比，与被照物体表面至点光源之间的距离 r 的平方成反比，即 $E = I\cos\theta/r^2$。θ 为光线与

被照物体表面法线的夹角。这是一个典型
的平方反比律，它的提出实际上是基于"光
在传播过程中光的总通量守恒"这一假设，
在这一假设基础上，光照强度以传播距离
的平方反比律衰减。它跟万有引力定律、
库仑定律有着相同的逻辑基础，都遵循守
恒律，都遵循欧几里得空间逻辑。

照度第二定律就更简单了，它说的是：
对于平行光，照度定律由如下公式表达：$E = E_0\cos\theta$。式中 E_0 为光线与被照物体表面

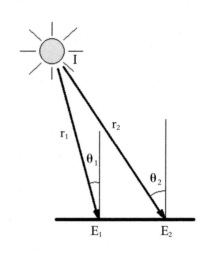

照度第一定律示意图

法线平行时物体表面的光照度。照度第二定律仍然是基于"光在传播过程中光的
总通量守恒"这个假设。跟点光源不同的是，平行光在传播过程中，通过单位面
积的光通量不变。

4. 跨世纪之争：光的波动说和粒子说

光的波动学说是由 17 世纪意大利博洛尼亚（又译波仑亚）大学的耶稣会派
数学教授格里马尔迪（Grimaldi）最早提出的。人家可不是瞎蒙出来的，而是从
观察中分析总结得出的合理结论。第一，格里马尔迪发现物体影子的实际大小比
光走直线应该有的大小稍微大一些；第二，他注意到影子的边缘带有颜色。根据
这两点，他在 1655 年提出设想，认为光是一种能够以极快的速度波浪式运动的流
体，不同的颜色是波动频率不同。英国的胡克根据云母片的薄膜干涉现象判断光是
类似水波的某种快速脉冲。荷兰的惠更斯又发展了格里马尔迪和胡克的思想，进
一步提出光是发光体中微小粒子的振动在弥漫于宇宙空间的以太中的传播过程。
惠更斯（Huygens）是笛卡尔朋友的儿子，他不是一位职业科学家，大学毕

业后他没有出去工作，而是自己做科学研究，就像笛卡尔那样，他年轻时的科学研究也是依靠父亲的资助。惠更斯自幼受到笛卡尔的教诲，但是他有自己独立的思想，年轻时他曾利用笛卡尔的原理论证了笛卡尔的碰撞规则的错误，结果引起了老师的反感。

惠更斯在数学、流体静力学、固体力学、动力学、天文学等各领域都有杰出贡献，并有很多重要发明。不过，直到今天我们还能熟记他的名字，主要是因为光的波动学说。惠更斯的波动学说是把光看成像声波一类的纵波，纵波的理论无法解释光的偏振现象。由于那时还没有建立周期性和位相等概念，因此他的理论也不能解释干涉现象和衍射现象。由于惠更斯在当时科学界的影响特别大，是笛卡尔死后欧洲大陆排名第一的科学大佬，他自然也就成了17世纪光的波动学说的代表人物。

荷兰币上的惠更斯

在牛顿的动力学取得了巨大的成功之后，以符合力学规律的粒子行为来描述光学现象，被普遍接受为唯一合理的理论。所以在接下来的整个18世纪，光的微粒学说牢牢占据着统治地位。

牛顿起初倾向光的波动说，但他在1704年出版的《光学》中采用了微粒说，并指出了波动说的几种不足：第一，波动说不能很好地解释光的直线传播现象，因为波动应该有绕射现象，而光没有这种现象；第二，波动说不能令人满意地解释方解石的双折射现象；第三，波动说依赖于介质的存在，可是没有证据表明天空中有这样的介质，因为从天体的运行看不出受到介质阻力的作用。但是牛顿在学术问题上绝不偏执，他并不完全排斥波动思想，他提出光粒子可能在以太中激起周期性振荡。实际上，正如爱因斯坦在为牛顿《光学》第 N 版写的序言中所说，牛顿对薄膜颜色的观察资料成为一百年后托马斯·杨波动理论的起源。牛顿在对薄膜颜色的解释中所提出的"突发间隔"在一定程度上对应于波动理论中光的波长。可是他的这些思想被后人有意或无意地忘记了，以至于现在的很多人都错误地把牛顿当成了坚持粒子说、反对波动说的"老顽固"。

到了 18 世纪和 19 世纪之交，英国的一位年轻科学家对前辈的光学实验和光学学说重新进行了深入思考和审查，这位年轻人就是托马斯·杨（Thomas Young，1773—1829）。托马斯·杨采用同一束单色光源进行了双缝实验。当同一光源分出的两束光射到一块屏上时，会形成宽度近于相等的若干条暗带。1801年，托马斯·杨用光的波动理论解释了光的干涉现象。在 1809 年光的偏振现象被发现以后，他逐渐领悟到光波不是纵波而是横波。

托马斯·杨

托马斯·杨的双缝干涉实验为波动学说提供了很好的证据，同时也对微粒学说形成了严重挑战，他因此受到了当时一些权威学者的围攻。托马斯·杨反驳他们的论文竟无处发表，他只好将其印成小册子，但这本小册子出版后只卖出了一本。

小时候的托马斯·杨是个神童，4 岁时能把英国诗人的佳作和拉丁文诗歌倒背如流，6 岁前把厚厚的《圣经》从头到尾读了两遍，9 岁学会车工工艺，14 岁就已经掌握了十几门语言。

托马斯·杨是学医出身，他起初研究的是生理光学问题，21 岁时因在眼睛调节机理上的发现而成为英国皇家学会会员——皇家学会的历史上好像没有比他更年轻的会员了。除了双缝干涉实验外，他还第一个测量了七种颜色的光的波长，最早建立了三原色原理。

托马斯·杨是一位百科全书式的学者，他本是一名医学博士，后来在光学领域名闻遐迩，而且在力学、数学、声学、语言学、动物学、考古学领域都有深入的涉猎。在光的波动说理论受到围攻之后，他万分沮丧，对光学研究失去了信心，于是就利用自己最丰富的语言学知识转向了考古学研究。他这一研究不要紧，竟然很快就破译了两千多年来没人能读懂的古埃及象形文字，发现了象形文字符号的读法。他在许多领域都有重要著作出版，在美术、音乐方面也有很深的造诣。他几乎会演奏当时所有的乐器，并且会制造天文器材。他还研究了保险经济问题，擅长骑马，而且还会耍杂技走钢丝！托马斯·杨被称为"世界上最后一个什么都知道的人"。

1818 年，法国科学院为了鼓励人们用微粒理论解释衍射现象，开展了一场有奖征文活动。

然而，应征论文中，一个名叫奥古斯汀-让·菲涅耳（不要跟发现折射定律的斯涅耳搞混了）的年轻人却从横波观点出发，以严密的数学推理，圆满地解释了光的偏振，并用半波带法定量地计算了光线通过圆孔、圆板时所产生的衍射花纹，推出的结果与实验符合得很好。这篇论文差点惊掉了所有评奖委员的下巴。作为评奖委员的数学家泊松在审查菲涅耳的理论时，运用菲涅耳的方程推导圆盘衍射，得到了一个奇怪的结果：在屏幕上的圆盘影子的中间应该出现亮点。泊松指出这个结果是荒谬的，因此菲涅耳的理论是错误的。这时一个叫阿拉果的年轻人出现了，他用实验对泊松的问题进行了检验，在影子的中心竟然真的出

菲涅耳

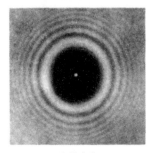

泊松亮点

现了一个亮点。此事一下子轰动了整个法国科学界，这次泊松的下巴真的要被惊掉了。于是菲涅耳荣获了这一届的科学奖。这个亮点从此也有了一个响亮的名字，叫作泊松亮点。数学家泊松的大名因此载入了光学。不知泊松对此是该哭还是该笑？

其实，阿拉果（Arago）和菲涅耳（Fresnel）这两个法国年轻人已在光学上合作研究多年，但是当菲涅耳提出用横向振动建立光的波动理论时，阿拉果表示自己没有勇气发表这类观点，菲涅耳只好以自己一个人的名义提交了应征论文。事实上阿拉果并不是一个怯懦的人，他在光学和电磁学上都做出过重要贡献，而且不顾危险完成过一些复杂地形的测量任务。他在1848年的"二月革命"中，还曾担任过临时政府的海军和陆军部长、执委会主席，签署过不少改革方案。阿拉果之所以不愿意署名发表波动说的论文，大概是因为他曾经是一个微粒说的信仰者，此时受菲涅耳的影响转身研究波动说的时间并不长，还没有完全卸下以前的思想包袱。

光的波动性体现了光的周期不变性，符合守恒律；光的粒子性体现了光的模块性，符合原子论原理，即模块层次律。光的波动学说和粒子学说之争到了20世纪最终由爱因斯坦的光的波粒二象性理论给予彻底解决。

5. 最成功的失败：迈克尔逊的光速不变原理

自从伽利略用天文望远镜观察到木星的卫星之后，科学家们也注意到了木星卫星的食相。从原理上讲，木星卫星的食相跟月球的食相一样都是严格地发生周期变化的。跟牛顿同时代的丹麦天文学家奥·罗迈（O. Roemer）在1676年用了长达六个月的时间在巴黎天文台观测离木星较近的那颗卫星的食相。他注意到观测结果与计算结果相差了22分钟，并认为对这一问题的唯一解释是，这个差值等于光线走过地球围绕太阳的环形轨道直径这样长的距离所需的时间，由此可以测出光速。罗迈计算出的光速是14万英里/秒（22.5万千米/秒），这在科学史上是一个很大的进步。

　　自 17 世纪初伽利略以来，科学家们设计了各种方法对光速进行测量。1728
年，英国天文学家布拉德雷（Bradley）采用恒星的光行差法测得光速是 c=299930
千米 / 秒，这一数值与实际值已比较接近。在托马斯·杨的时代，科学家们已经
确认弱光源发出的光跟强光源发出的光走得同样快。托马斯·杨指出这一事实用
光的波动说比用光的粒子说更容易解释。

　　1881 年，在德国柏林大学亥姆霍兹实验室工作的美国科学家阿尔伯特·亚伯
拉罕·迈克尔逊（Albert Abraham Michelson，1852—1931）发明了高精度的迈克
尔逊干涉仪，进行了著名的以太漂移实验。那时的科学界普遍认为光是在以太这
种介质中传播的。英国著名科学家麦克斯韦曾讨论过如何检测地球通过以太运动
的实验问题。他提出，当光沿相反的两个方向传播时，通过检测光速的差异，就
可以检测到以太。

　　麦克斯韦的提议启发并激励了迈克尔逊。迈克尔逊想，若地球绕太阳公转相
对于以太运动时，其平行于地球运动方向和垂直于地球运动方向上，光通过相等

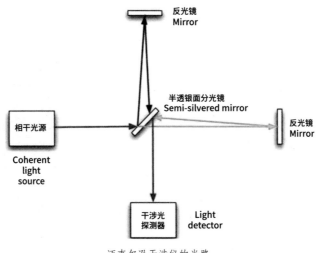

迈克尔逊干涉仪的光路

距离所需时间不同，因此在仪器转动 90° 时，前后两次所产生的干涉必有 0.04 条条纹移动。迈克尔逊用最初建造的干涉仪进行实验，实验得出了否定结果。从 1884 年到 1887 年，迈克尔逊跟美国物理学家和化学家爱德华·莫雷（Edward Morley）一起在美国对实验装置进行多次改进并重复实验，结果都是一样，未发现任何条纹移动。这说明平行于地球运行轨道和垂直于地球运行轨道上的两束光的速度是完全一样的。这就是通过实验发现的光速不变原理。

本来，迈克尔逊做实验的目的是为了检测到光速的差异从而检测到以太，结果他与合作者经过多年的努力和一次次的改进，所有的实验都是以失败告终。这所有的失败只能证明一个结果，即光速不变，当然，以太假说也被打上了问号。这个与实验初衷背道而驰的结果导致了一个伟大的物理学理论——狭义相对论的诞生。从这个意义上讲，迈克尔逊的实验又是极其成功的。所以失败与成功之间常常没有绝对的标准和严格的界限。有人就打趣道："迈克尔逊实验是科学史上最成功的失败，迈克尔逊也因此成为一位因失败而成功的科学家！"

迈克尔逊早年的经历比他的科学成就还要离奇。他出生在普鲁士一个贫穷的犹太人家庭，4 岁时随父母移居美国，但是到了美国之后家里依然贫穷。中学毕业后迈克尔逊上不起大学，他竟突发奇想，跑到首都华盛顿去撞大运，每天在白宫前晃来晃去，期望总统出来散步时能够碰见自己。

神奇的一幕还真的上演了！迈克尔逊不仅见到了总统格兰特（Grant，就是在美国南北战争后期担任联邦军总司令打败南方军的那位赫赫有名的将军），而且他们聊得还不错，总统很欣赏这个年轻人，并且答应免费送他去美国海军学院学习。迈克尔逊在美国海军学院攻读了物理学，十年后他成了一名物理学教授。这大概是美国总统最小的一个决策了，但是这个小小的决策间接地引发了后来的一场物理学革命。

迈克尔逊

　　写到这里，我不由得感叹：历史其实比童话更奇妙、更有趣！不过，对于迈克尔逊的做法，小伙伴们千万不要去模仿，没事发呆的时候憧憬一下就好了。

　　光速的不变性表明光速本身符合守恒规律，但是它违反速度叠加原理。而速度叠加原理是建立在时间度量的不变性和距离度量的不变性上的，因此人们必须对时间度量的不变性和空间度量的不变性进行检讨。这些工作在 20 世纪初由一个名字也叫阿尔伯特的专利局小职员利用业余时间完成，只是他不姓迈克尔逊，而是姓爱因斯坦。后面的故事，将在本书第 17 章讲述。

第 11 章
热力学中的守恒定律

1. 从蒸汽机说起

我们小时候读的励志故事里讲的是：少年瓦特有一天呆呆地看着炉子上烧水的茶壶。水烧开了，壶盖被蒸汽顶起来，一上一下地跳动着。他想，这蒸汽的力量好大啊！如果能制造一个更大的炉子，再用大锅炉烧开水，那产生的蒸汽肯定会比这个大几十倍、几百倍。用它来做各种机械的动力，不是可以代替许多人力吗？于是他经过努力钻研，发明了蒸汽机。

实际上，蒸汽机的发明过程没有这么简单，它是经过一百多年，几代人接力式的辛勤工作才完成的，只是瓦特改进过的蒸汽机进入了大规模推广的实用化阶段。

如果再追溯下去的话，蒸汽机的发明史可以追溯到古希腊末期亚历山大里亚的数学家和工程师希罗（Heron）在公元 1 世纪发明的一种叫作"汽转球"的东西，或许这是历史上的第一台采用蒸汽驱动机械运动的蒸汽机。希罗还描述过多种靠蒸汽驱动的机械装置，甚至还绘制过蒸汽机图。让你想不到的是，现在我们感到颇为先进的自动售货机也是希罗的发明，他曾经用自动售货机向投币者出售圣水。

16 世纪，一些人就开始研究用自动机器给煤矿矿井进行排水的问题。进入 17

世纪，1601 年意大利物理学家达拉·包尔塔设计了一种用蒸汽压力提水的机械装置。到了这个世纪末的 1698 年，一位叫托马斯·塞维利（Thomas Savery）的英国工程师根据包尔塔的原理制造了一个蒸汽泵，并取得标名为"矿工之友"的英国专利。这种蒸汽泵就是在一个封闭的容器里插进三根分别负责进水、排水、排蒸汽的管子，结构很简单，原理也很巧妙，但是这个装置有两个致命的缺陷：一是从容器往高处排水需要锅炉提供巨大的压力，这种压力容易引起锅炉爆炸；二是这

纽科门蒸汽机

个装置必须浸在井下的水里以使容器中的蒸汽得到冷却，这会造成出现故障后难以修复。

1705 年，英国的一位伟大的铁匠托马斯·纽科门（Thomas Newcomen）研制出第一台活塞式蒸汽机并获得专利。1712 年经过改进后可供实用的纽科门蒸汽机问世，这是历史性的突破，它不仅是现代蒸汽机的雏形，也可以说是往复活塞式内燃机的雏形。从 1720 年起，全英国的煤矿都装上了纽科门蒸汽机。但纽科门蒸汽机的热效率太低，只能用在能源供应充足的矿上。

使蒸汽机进入大范围实用阶段的是后来全世界无人不晓的瓦特。

詹姆斯·瓦特（James Watt，1736—1819）出生在苏格兰最大城市格拉斯哥附近的一个港口小镇，这一年，地球另一面的清朝乾隆皇帝登基。瓦特的父亲是一位造船主，母亲出身于贵族家庭。本来瓦特的家境是不错的，母亲还能给他比较好的教育。但是在他 17 岁时，母亲去世了，父亲的生意滑坡，瓦特只好辍学到伦敦的一家仪表修理厂做学徒，还在伦敦接受过机械制造的专门培训。1757 年，瓦特回到苏格兰，在格拉斯哥大学开了一间维修店，而后谋得了一个数学仪器制造师的职位。在这里，瓦特与格拉斯哥大学的医学教授兼化学讲师约瑟夫·布莱克

共同研究解决了纽科门式蒸汽机存在的问题。布莱克提出了比热容理论，创立了测定热量的量热术，他在理论上给了瓦特很多的指导和帮助。他们两人发现，纽科门式蒸汽机浪费掉很大一部分蒸汽是因为汽缸在前一次冷凝中冷却下来，下一次充进蒸汽需要先给汽缸加热。为了减少蒸汽的消耗，瓦特把蒸汽机的主汽缸始终保持在同一高温上，而在一个保持低温的容器里冷却蒸汽，这样就不用重新加热汽缸。

在布莱克的引荐下，瓦特很快找到合伙的商人——煤矿主罗巴克。此时的瓦特因为研究经费不足、债台高筑，几乎完全放弃了改良蒸汽机的研究。罗巴克为瓦特偿付了 1000 英镑的债务，提供了必要的资金资助瓦特进行改良蒸汽机的研究并答应在工业上推广运用蒸汽机，罗巴克则获得利润的三分之二作为报酬。瓦特在性格上有些迟疑、犹豫和不自信，他需要有人鼓励和激励他，热情的罗巴克正好扮演了这个角色。

然而，随着罗巴克经济困难的加剧，罗巴克与瓦特的合作不得不中断。这时，另一位企业家出现了。伯明翰的马修·博尔顿（Matthew Boulton）开办了一家生产小金属制品的工厂叫索霍工厂，他希望借助瓦特的发明来提供动力。博尔顿是罗巴克的朋友，也是债主，他免除了罗巴克欠下的 1200 英镑的债务，从而获得瓦特蒸汽机三分之二的股份。与罗巴克一样，博尔顿成为瓦特的第二任坚定支持者和鼓励者。1768 年，博尔顿邀请瓦特到索霍工厂，两人开始合作。瓦特第一次来的时候，博尔顿恰好外出，他委托自己的好友 E. 达尔文（Erasmus Darwin）带领瓦特参观了索霍工厂，这位 E. 达尔文就是 19 世纪的风云人物查尔斯·达尔文的祖父。博尔顿和 E. 达尔文在伯明翰建了个"月亮"朋友圈（Lunar Circle），每到月圆之夜，大家就聚集在一起讨论最新的工业技术和科学成果，不久瓦特也加入其中。这个朋友圈人数不多，但影响越来越大，后来改名为"月光社"（Lunar Society），各领域的重要学者、实业家加入进来，美国的富兰克林、杰斐逊（美国开国元勋、第三任总统）和法国的拉瓦锡也成了月光社的通信会员。月光社致

英镑上的瓦特（右）和博尔顿（左）

力于把科学发现转化为实际应用，成为英国工业革命最重要的推手。

　　1774 年瓦特的改良方案在索霍工厂试验成功。1776 年第一批新型蒸汽机问世并应用于实际生产。博尔顿并没有比罗巴克走运太多，他远未获得自己所希望的报酬。经过博尔顿的惨淡经营，直到 1781 年博尔顿终于看到了他十几年来所期待的结果：瓦特的发明引起了世人的注目。他写道："伦敦、曼彻斯特和伯明翰的居民对蒸汽机着了迷。"

　　为了进一步提高效率、推广应用，瓦特又改进了设计，把机器由往复的机械

瓦特蒸汽机

动作转换成旋转的机械动作。这样，除了水泵以外，瓦特蒸汽机很快也被用在了车辆上、纺织机上、鼓风机上。从此全面掀开了工业的蒸汽机时代。

由此来看，无论是近代的工业革命还是近代的科学革命都经历了漫长的前奏，并不是像作家们靠童话式的思维所描述的仅靠一个人、一个灵感就一下子掀起来了。

瓦特的实用蒸汽机把人类社会从传统农业和手工业社会一下子推进到大规模工业化社会，使人类社会发生了一场史无前例的巨变。蒸汽机的发明和改进是一场跨越了二百年的伟大实践活动，这场实践活动又引发了热力学理论的建立。下面我们就回顾一下热力学理论的建立过程。

2. 一、二、三、零：热力学的四大定律

没错，就是"一、二、三、零"，不是"一、二、三、四"。

（1）热素说与热动说

在 17 世纪，著名的科学家如培根、波义耳、胡克、牛顿等都认为热是物体微粒的机械运动，温度随运动速度的增大而升高。但是到了 18 世纪，科学界对于热的认识出现了波折或者说倒退，多数科学家特别是化学家把热看作是一种没有重量的物质，他们称之为热素。固体的融化和液体的蒸发都被看作是热素跟固体物质或液体物质的一种化学反应。

按照热素说，摩擦生热是由于摩擦的两个物体放出了和它们结合在一起的热素，这样就会得出热量与摩擦出的物质的量成正比。1798 年，从美国移居欧洲的科学家伦福德伯爵在慕尼黑钻炮筒时，观察到产生的热量跟钻磨量是反相关的：钝钻头比锐利钻头给出更多的热，但切削量反而少。这和热素说恰好相反，因为根据热素说，锐利钻头应该更有效地磨削炮筒的金属，并从中释放出更多的与金属结合的热质。伦福德发现，一只简直不能切削的钝钻头竟能在 2 小时 45 分钟内

使 18 磅（约 8.16 千克）左右的水沸腾起来。伦福德由此得出结论，这样多的热完全是由机械能产生的，热本身是机械运动的一种形式。

1799 年英国化学家戴维在真空中用一只钟表机件使两块冰相互摩擦，整个实验仪器都保持在水的冰点。他发现有一些冰因机械摩擦而融化了，因此戴维设想热是"一种特殊的运动，可能是各个物体的许多粒子的振动"。1807 年，托马斯·杨提出另一种热动说。他根据对赤热物体的辐射热和光谱红外区热效应的研究，设想热或许是像光一样的波动。可是热的唯动说在当时很少有人支持，直到 19 世纪 50 年代多数人依然相信热素说。

19 世纪，法国已经有人开始研究蒸汽机把热变为机械能的各种因素，这些因素在英国人那里并没有进行过充分的研究，尽管那时蒸汽机在英国已经使用了一百多年。这是因为英国的工程师，如瓦特大多是从实践中走出来的，而 19 世纪早期的法国工程师则是在工艺学院跟理论科学家一同接受过理论培养。所以，这些法国的工程师大多能够从事蒸汽机理论和一般机器理论的研究。

法国的理论科学家和实用工程师都研究了热的问题，而且他们几乎都采纳了热素说，把热看作是一种没有重量的流体。

理论物理学派的傅里叶在 1822 年出版的《热的解析理论》一书中处理了热在固体中的流动，这是一种新的数学分析方法。傅里叶主要关心的是热的传导现象，而根本不管热的机械效应。实际上傅里叶注意到了物体受热而膨胀并产生机械力，但他认为在研究热的传播定律时并不需要计算这些膨胀现象，研究热现象是有别于力学的一门科学。

傅里叶

（2）卡诺热机与卡诺循环

法国的工程师主要关心的则是热效应和机械效应的关系。机械效率低是当时工业的一个难题，在对热机效应缺乏理论认识的情况下，工程师们只是从热机的适用性、安全性和燃料这几个方面来改进热机，从某一热机上获得的数据不能套用于另一热机。年轻的法国陆军工程师萨迪·卡诺（Sadi Carnot，1796—1832）采用了截然不同的途径，他不是研究个别热机，而是要寻找一种标准的理想热机。1824 年，卡诺在他的《关于火的动力》一书中分析了决定蒸汽机和一般热机产生机械能的各种因素。卡诺让人们注意到这样一个事实，即蒸汽机里的热是在从高温部分（锅炉）流向低温部分（冷凝器）的过程中通过汽缸和活塞产生了机械功。卡诺因此认为，蒸汽机和另一种动力机器——水车是相似的。卡诺写道：

"我们可以恰当地把热的动力和一个瀑布的动力相比。瀑布的动力依赖于它的高度和水量，热的动力依赖于所用的热素的量和我们可以称之热素的下落高度，即交换热素的物体之间的温度差。"

到了 1830 年，卡诺意识到他的蒸汽机跟水车相似的说法并不确切，因为有一些热在机器运作过程中转变为了机械能，因而就丧失了。因此卡诺放弃了热素说，而采纳热只是各种物体中许多微粒运动的看法。他把这些新的认识写在了笔记里，生前没有发表。

卡诺研究了一种理想热机的效率，这种热机的循环过程被后人叫作"**卡诺循环**"。这是一种特殊的、非常重要的循环，因为采用这种循环的热机效率最大。卡诺循环是由两个绝热过程和两个等温过程构成的循环过程。卡诺假设工作物质只与两个恒温热源交换热量，没有散热、漏气、摩擦等损耗。为使过程是准静态过程，工作物质从高温热源吸收热量应是无温度差的等温膨胀过程。同样，向低温热源释放热量应是等温压缩过程。因限制只与两热源交换热量，所以脱离热源后只能是绝热过程。做卡诺循环的热机叫作**卡诺热机**。

卡诺进一步证明了下述**卡诺定理**：（1）在相同的高温热源 T_1 和相同的低温热源 T_2 之间工作的一切可逆热机的效率都相等，与工作物质无关，其中 T_1、T_2 分别是高温和低温热源的绝对温度。（2）在相同的高温热源和相同的低温热源之间工作的一切不可逆热机的效率不可能大于可逆卡诺热机的效率。可逆和不可逆热机分别经历可逆和不可逆的循环过程。

萨迪·卡诺

卡诺定理阐明了热机效率的限制，指出了提高热机效率的方向（提高 T_1，降低 T_2，减少散热、漏气、摩擦等不可逆损耗，使循环尽量接近卡诺循环），成为热机研究的理论依据。对热力学过程的不可逆性的研究则导致了热力学第二定律的建立。

萨迪·卡诺出生在法国大革命的动荡年代，他的父亲拉扎尔·卡诺既是一位科学家，也是一位革命政治家，先后在罗伯斯庇尔和拿破仑手下担任要职，在法国大革命中担任军备和后勤工作的最高指挥，并立下卓越功勋。1812 年，萨迪·卡诺考入巴黎综合理工大学，在那里受教于泊松、盖-吕萨克、安培和阿拉果这样一批卓有成就的老师。萨迪在大学还没有毕业时，他的父亲就随着拿破仑的失败而被流放国外，1823 年客死他乡。父亲的死给年轻的萨迪和他的弟弟伊波利特带来沉重的打击，尤其是给内向的萨迪造成了巨大的精神创伤。卡诺兄弟都深受父亲的影响，萨迪继承了父亲的科学事业，而伊波利特除了协助哥哥研究热力学问题之外，还继承了父亲的政治特质。伊波利特·卡诺是一位左派议员，他的儿子玛利·弗朗索瓦·萨迪·卡诺在 1887 年当选为法兰西第三共和国的第四任总统。

萨迪·卡诺在 1832 年因感染霍乱而过早地去世，年仅 36 岁。按照当时的防疫条例，霍乱病人的遗物应一律烧掉。卡诺生前所写的大量手稿就这样被付之一炬，留下万分遗憾，幸好他弟弟将他的小部分手稿保留了下来。他弟弟看到遗稿后却不明白卡诺所提出的原理的意义，直到 1878 年，时间过去了将近半个世纪，他的遗稿才得以发表。

卡诺早期根据热素说的研究工作由另一个法国工程师、巴黎桥梁道路学院的教授克拉珀龙（Clapeyron）加以发展。卡诺的工作的重要性通过克拉珀龙才被人知悉，直到 19 世纪 50 年代才被人普遍意识到。

（3）热力学两大定律的提出

在 18 世纪，拉瓦锡曾经证明动物释放的热量跟它呼出的二氧化碳的质量之比大体上等于烛焰产生的热量和二氧化碳质量之比。19 世纪德国化学家李比希（Justus von Liebig）因此设想动物的机械能及它们的体热可能来自它们所吃食物的化学能，不过德国科学家在这个问题上的意见并不一致，不少人主张有机体的活动力是与生物所特有的一种"活力"有关，这就是活力论的观点。究竟这种所谓的活力是个什么东西，他们没有人能说得上来。

德国的一位药剂师、分析化学家莫尔（F. Mohr）则采取一种机械观，据此他推出所有各种不同形式的能都是机械力的表现的见解。莫尔在 1837 年写道：

"除了已知的 54 种化学元素外，自然界还存在着一个动因，它被称为力；在适当的条件下可以表现为运动、凝聚、电、光、热和磁……热因此并不是一种特殊的物质，而是各种物体中许多最小部分的一种振动。"

这个见解在 1842 年又被德国医生迈尔（Mayer）从生理学角度提了出来。

还有一个德国人也是从生物学的现象出发，得出各种不同形式的能可以相互转化和守恒的思想，这个人就是亥姆霍兹。1847 年，为了反对那些活力论者的学说，亥姆霍兹专门写了一篇论文进行了系统的论述，并在德国物理学会发表了讲演，第一次以数学方式提出能量守恒定律。亥姆霍兹论证说，活的机体如果去除掉从饮食取得能量以外，还能从一种特殊的活力获得能量的话，那么它们就会是永动机。永动机是不可能的，这表明动物完全是从食物获得能量的，食物的化学能被转化为等价的热量和机械功。亥姆霍兹进一步论证说，如果热和其他类型的能量本身都是机械运动的各种形式，那么根据 17 世纪和 18 世纪所确立的机械能守恒的定律，就可以得出宇宙总能量是常数的原理。亥姆霍兹的论文题目叫作《论力的守恒》，那时的人们对于"能量"和"力"还没有明确的区分。这篇论文与之前莫尔和迈尔的论文一样，都寄给了当时德国主要的物理学杂志主编波根道夫，并且都被退回了。好在他们的论文最后都在别处发表了。

亥姆霍兹 1821 年出生于德国的
波茨坦。我们都知道亥姆霍兹是 19
世纪著名的物理学家，而实际上他最
初是一位生理学家。亥姆霍兹的父亲
是一位热爱哲学的中学教师，他引导
孩子从康德和费希特哲学的观点出发
去探索自然。亥姆霍兹早年在数学

邮票上的亥姆霍兹

和各门自然学科方面受到了良好的训练。虽然出生在书香门第，但亥姆霍兹中学
毕业后却由于家境困难上不了大学，后来以毕业后需在军队服役八年的条件取得
公费资助进入柏林王家医学科学院，1842 年获得医学博士学位，被任命为波茨坦
驻军军医。1848 年，亥姆霍兹被特许从军队退役，担任哥尼斯堡大学的生理学副
教授。直到 1868 年，亥姆霍兹的研究方向才转向物理学，于 1871 年任柏林大学
物理学教授。有一位数学家讲过，亥姆霍兹是"一位生理学家，他为生物学的需
要研究物理学，又为物理学的需要研究数学，现在在这三个领域里全成为第一流
的"。亥姆霍兹在视觉生理方面著有一部《生理光学》，在听觉生理方面著有一部
《音调的感知》。

接下来我们把镜头转向那个曾经牛气冲天的岛国——近代科学领域的什么事
情它都不曾缺席。

位于英国中西部的曼彻斯特是世界上第一座工业化城市，瓦特制造的蒸汽
机最先在这里得到大规模应用，武装了这里的近百家棉纺织厂。德国的恩格斯
家族在英国的曼彻斯特也开设了一家棉纺织厂，弗里德里希·恩格斯（Friedrich
Engels，1820—1895）被父亲派到这里经营自家的工厂，他业余时间研究政治、
经济、哲学及军事问题，为人类社会的未来寻找出路。同一时期比恩格斯大两岁
的焦耳在曼彻斯特经营着自家的啤酒厂，业余时间研究科学问题，为能量统一与
转化的理论寻找依据。焦耳深信能量是不灭的，并且能够表现为各种形式。但是

焦耳跟德国科学家不同，他想从实验上证明他的观点。他系统地测量了可以转化为一定热量的各种形式的能量。

焦耳首先研究的是电。电的研究在当时进展很快，但是跟其他的著名电学家戴维和法拉第等人不同，法拉第研究的是电的动力学效应，而焦耳主要研究电流的热效应。1840 年，焦耳提出了我们所熟知的**焦耳定律**，它的数学表达式是 $Q=I^2Rt$。其中 Q 指热量，单位是焦耳（J）；I 指电流，单位是安培（A）；R 指电阻，单位是欧姆（Ω）；t 指时间，单位是秒（s），以上单位全部用的是国际单位制。不久之后，俄国物理学家楞次（Lenz）也独立发现了同样的定律，该定律也称为焦耳—楞次定律。

1843 年，焦耳用实验否定了热素的说法，同年他又测出了热功当量。

焦耳的研究没有立刻引起人们的注意，英国皇家学会拒绝发表他的两篇论文。焦耳明白，皇家学会那些绅士科学家跟工业城市的科学家之间，在兴趣、价值观和世界观方面是不同的。直到 1847 年，23 岁的威廉·汤姆森（William Thomson）即后来的开尔文爵士（Lord Kelvin）注意到了焦耳工作的重要性。

九十年后爱因斯坦在他的《物理学的进化》这本书中感叹道："令人惊奇的是：几乎所有关于热的本性的基本工作都是非专职的物理学家做出来的，他们只不过是把物理学看作是自己的最大嗜好而已。这里有多才多艺的苏格兰人布莱克、德国的医生迈尔、美国的冒险家伦福德，还有一个英国的啤酒酿造师焦耳，他在工作之暇做出了有关能量守恒的几个最重要的实验。"

19 世纪中叶，英国科学家威廉·汤姆森和德国科学家鲁道夫·克劳修斯（Rudolf Clausius）都注意到，当气体和蒸汽反抗外力膨胀并完成机械功时，它们损失了热，有些热转化为机械能并在蒸汽机的工作中损失掉，因此，不同形态的能量可以做到相互转化从而保持总量的守恒。1851 年，克劳修斯和汤姆森把这条定律作为一个普遍的原理提了出来，这就是**能量守恒定律**，也被称为**热力学第一定律**。

当卡诺的理想热机在工作循环中热量减少时，可以看出有一个量在整个循环中保持为常数：热机得到的热量除以热源的温度，和热机给出的热量除以散热装置的温度，两者具有同样的数值，克劳修斯在1865年称这个量为熵。克劳修斯指出，卡诺的热机只是一种抽象的东西，因为在日常经验中热的物体倾向于自发冷却，而冷的东西则会自发地热起来。在现实的热力学过程中，例如热量沿着一根金属棒传导，热量保持不变而温度却降低了，热量除以温度，即熵，在自然过程中倾向于增加，而不是像理想的热机里那样保持不变。这就是**热力学第二定律**。

鲁道夫·克劳修斯

1850年，克劳修斯发表了《论热的动力及由此推出的关于热本性的定律》一文，对卡诺定理做了详尽的分析。

1851年，威廉·汤姆森发表了论文《热的动力理论》，文中提出，热的动力的全部理论是建立在分别由焦耳、卡诺和克劳修斯所提出的下列两个命题的基础之上的：

命题 I（焦耳）：不管用什么方法从纯粹的热源产生出或者以纯粹的热效应损失掉等量的机械效应，都会有等量的热消失或产生出来。

命题 II（卡诺与克劳修斯）：如果有一台机器，当它逆向工作时，它每一部分物理的和机械的作用也全部逆向，则它从一定量的热产生的机械效应和任何具有相同温度的热源与冷凝器的热动力机一样。

为了证明命题 II，汤姆森又提出了一条公理，"利用无生命的物质机构，把物质的任何部分冷到比周围最冷的物体还要低的温度以产生机械效应，是不可能的"。汤姆森还指出自己提出的公理和克劳修斯在证明中所用的公理是相通的。

汤姆森把热力学第二定律的研究引向了深入，不过他也非常绅士地写道："我提出这些说法并无意于争优先权，因为首先发表用正确的原理建立命题的是克劳修斯，……我只求补充一句：恰好在我知道克劳修斯宣布证明了这个命题之前，我也给出了证明。"

1854 年，克劳修斯发表了《热的机械论中第二个基本理论的另一形式》，在这篇论文中他完整地阐述了热力学第二定律："热永远不能从冷的物体传向热的物体。如果没有与之联系的、同时发生的其他变化的话，关于两个不同温度的物体间热交换的种种已知事实证明了这一点：因为热处处都显示企图使温度的差别均衡之趋势，所以只能沿相反的方向，即从热的物体传向冷的物体。因此，不必再做解释，这一原理的正确性也是不证自明的。"不过他也解释道："如果同时有沿相反方向并至少是等量的热转移，还是可能发生热量从冷的物体传到热的物体这种情况的。"幸好有后面这句话，我们可以放心地使用冰箱和空调了。

从克劳修斯的论文中我们可以看到，热力学第二定律是建立在"热量既不会增加，也不会减少"这个热力学第一定律基础上的，实际上，更早的卡诺的热机理论也是依据"热质守恒"这一假设，因此（严格的）热力学第二定律的发现只能是在热力学第一定律的发现之后。在第一定律没有出世之前，第二定律是无法降生的。

在 19 世纪 40 至 50 年代，焦耳、亥姆霍兹、汤姆森、克劳修斯这些热力学的建立者们全是 20 多岁或 30 岁出头的年轻人。

克劳修斯的"熵"至今还是很时髦的概念。他在 1854 年发表的《热的机械论中第二个基本理论的另一形式》一文中提出了"变换的等价性"，用符号 N 表示系统中的变换。这个 N 就是熵 S 的前身。他把由功转变为热或热从高温转移到低温称为正变换，反之为负变换。变换的等价值为 Q/t，这时 Q 是热量，t 是温度。克劳修斯用 N 代表一个循环中变换的总值，即 $N=Q_1/T_1+Q_2/T_2+\cdots=\sum Q/T$。对于连续变换，$N=\int dQ/T$。对于可逆循环过程，$N=0$；而对于不可逆过程，克劳修斯指出，所有变换的代数和只能是正数，即 $N>0$。

1865 年，克劳修斯在论文《热的动力理论的基本方程的几种方便形式》中明确用 T 表示绝对温度，原来的 N 也改用 S 来表示，规定 dS=dQ/T，那么就有 S=S$_0$+∫dQ/T。这里 S$_0$ 是 S 在初态的值。克劳修斯把 S 称作是"物体的转变含量"，他根据希腊的"ητροπη"（转变）一词，把 S 称作物体的 Entropie，汉语里译作熵。他说他"故意把 Entropie 构造得尽可能与 Energie（能）相似，因为这两个量在物理意义上彼此如此相近"。

特别值得一提的是，克劳修斯在 1865 年的这篇论文中以结论的形式简洁地表述了热力学的两条基本原理：

（1）宇宙的能量是常数。

（2）宇宙的熵趋于一个极大值。

这两条基本原理实际上是把热力学第一定律和第二定律推广到了宇宙的范围。两年后克劳修斯又进一步指出："宇宙越接近于其熵为最大值的极限状态，它继续发生变化的机会也越少，如果最后完全达到了这个状态，也就不会再出现进一步的变化，处于死寂的永远状态。"这就是宇宙的"热寂说"。宇宙热寂说立刻引起了整个学界的轩然大波。

反对者基本上都是认为这是不恰当地把局部物质世界的部分变化过程的规律推广到整个宇宙的发展过程，是不顾这些定律的适用范围和条件，把孤立系统的规律推广到无限的、开放的宇宙，因而得出了荒谬的结论。反对者的这种说法是缺乏说服力的，因为没有任何根据能够说明我们的宇宙是一个无限的、开放的宇宙，后来爱因斯坦就提出宇宙是有限且无界的。恩格斯认为："放射到太空中去的热一定有可能通过某种途径（指明这一途径，将是以后自然科学的课题）转变为另一种形式，在这种运动形式中，它能够重新集结和活动起来。"恩格斯虽然不是科学家，但他的看法是有道理的。亥姆霍兹提出宇宙可能是有边界的，这个边界可能使散失的能量重新集结，但是他讲不出这个边界是如何而来的。英国物理学家、格拉斯哥大学教授 W. J. M. 兰金（1820—1872）提出当光和辐射热穿过星际空间的以太时，以太可能就起到边界的作用，这个边界会把到达边界的辐射热反射回来。这个说法同样是无根无据。

他们都没有想到**这种使热重新集结起来的途径其实就是宇宙中物质的关联性，就是引力**。现代比较广为接受的宇宙模型是一个膨胀与收缩交替变化的宇宙。在膨胀过程中热力学第二定律占主导地位，在收缩过程中万有引力占据主导地位。

热力学第一定律和第二定律的提出都经过了多年的过程，并且都不是运用数学推理导出，而是作为热力学公理而提出的。

实际上，热力学第一定律，即能量守恒定律并不是一条孤立的规律，它是众多守恒律中的一个，有着简单的数学基础。

热力学第二定律有着更深层次的数学基础。19世纪60年代，麦克斯韦建立起基于分子运动的统计理论的气体理论，并且对热力学第二定律给出了分子的统计学解释。他注意到，各个分子都在持续不断地发生自发涨落。正是分子随机运动的涨落才使热量从较热物体传递到较冷物体。热力学第二定律在本质上是一个统计规律，只适用于大量分子的系统，不适用于个别分子的行为。

1866年，22岁的奥地利物理学家玻尔兹曼试图为热力学第二定律找出一个普遍的证明，并希望发现与热力学第二定律相应的一个力学定理——初生牛犊确实是不怕虎的。不过已经成熟的麦克斯韦认为这项工作基本上是难以置信的，热力学第二定律是一个不可约的统计规律。到了19世纪70年代初，玻尔兹曼自觉地采纳了这样的看法：热力学第二定律是一个统计定理，它不可能作为严格的动力学定律被推导出来，只能用概率统计的方法推导出来。概率统计的本质是，数量越大，分布的结果就越接近一个固定不变的值。所以，热力学第二定律的基础仍然是守恒律。

玻尔兹曼研究了热力学第二定律与几率的关系，他证明熵与几率 Ω 的对数成正比。后来普朗克把这个关系式写成 $S = K \ln \Omega$，他称 K 为玻尔兹曼常数。有了这一关系式，其他的热力学量都可以推导出来。特别是，这样就可以明确地对热力学第二定律进行统计解释：在孤立系统中，熵的增加实际上就是分子运动状态的几率向最大值（即最可几分布）的方向变化。

玻尔兹曼为分子运动论建立了完整的理论体系，同时也为分子运动论和热力学的理论综合打下了基础。这些杰出贡献理应让他在 20 世纪初荣获诺贝尔奖，但是当时人们并没有认识到玻尔兹曼工作的重大意义。

从 17 世纪到 19 世纪，物理学相继发展出了动力学理论、电磁学理论和热力学理论。这三种物理学理论对应的数学模型分别是动力学形式、动力学解析形式和分子运动的统计模型。三种物理学及其数学模型引发了三种不同的世界观的哲学争论。在哲学家们看来，每一种物理模型都是一种哲学的体现：力学模型是机械论哲学的体现，解析模型似乎更符合辩证法，而建立在概率统计模型之上的热力学的熵理论则是悲观宿命论哲学的体现。还有一种就是在 19 世纪末和 20 世纪初的物理学界流行一时的"唯能论"思想，它是试图用"能量"来解释物质世界的一切，来解释所有的物理现象，它在哲学上符合了唯心论的世界观。

（4）热力学第三定律和第零定律

1906 年，德国物理学家、化学家能斯特（W. Nernst，1864—1941）在为化学平衡和化学的自发性（Chemicalspontancity）寻求数学判据时，作出了一个基本假设，并提出了相应的理论——他称之为"热学新理论"。当时，能斯特并没有利用熵的概念，他认为这个概念不明确。但普朗克则相反，把熵当作热力学最基本的概念之一，所以当普朗克了解到能斯特的工作后，立即尝试用熵来表述这个理论，"在接近绝对零度时，所有过程都没有熵的变化"。能斯特于 1912 年在他的著作《热力学与比热》一书中将"热学新理论"表述成："不可能通过有限的循环过程，使物体冷到绝对零度。"这就是**热力学第三定律**最常用的表述，也称"绝对零度不可能达到"定律。通常认为，这两种表述是等价的。

尽管热力学第三定律直到 20 世纪才提出，但绝对零度的概念由来已久。在牛顿时代的 1699 年，法国科学家阿蒙顿（Amontons）在著作中提到，他观测到空气的温度每下降一等量份额，气压也下降等量份额。继续降低温度，总会得到气

英镑上的威廉·汤姆森（开尔文）

压为零的时候，所以温度降低必有一限度。他认为任何物体都不能冷却到这一温度以下，并预言：达到这个温度时所有运动都将趋于静止。1787 年和 1809 年法国科学家雅克·查理和盖–吕萨克先后发现了气体膨胀定律，盖–吕萨克根据他测得的气体压缩系数 a=1/267 得到温度的最低极限值为－267℃。

绝对温标的正式提出者是威廉·汤姆森即开尔文（Kelvin）男爵，绝对温标单位 K 就是 Kelvin 的首字母。

1824 年威廉·汤姆森出生于爱尔兰贝尔法斯特皇家学院的一个数学教授家庭。汤姆森 8 岁时全家迁往苏格兰的格拉斯哥，父亲任教于格拉斯哥大学。汤姆森 10 岁便入读格拉斯哥大学，14 岁开始学习大学课程，后来又进入剑桥大学。自剑桥毕业后来到巴黎，在法国著名实验物理学家雷尼奥（Regnault）的实验室里工作了一年。1846 年，汤姆森回到格拉斯哥大学担任自然哲学（即现在的物理学）教授。后来因其在科学上的成就和对大西洋电缆工程的贡献，威廉·汤姆森被英国女王封为开尔文男爵。他的经历跟早他一百年的伟大学者亚当·斯密有些相似。关于亚当·斯密，本书在后面的第 23 章介绍"价值规律"时还会谈及。

汤姆森在接触到卡诺的热动力理论之后，首先想到可以通过卡诺的热机来确定温度。1848 年，汤姆森在题为《基于卡诺的热动力理论和由雷尼奥观测结果计算所得的一种温标》的论文中提出了绝对温标的概念，他认为"按照卡诺所建立的热和动力之间的关系，热量和温度间隔是计算从热获得机械效率的表达中唯一需要的要素，既然我们已经有了独立测量热量的一个确定体系，我们就能够测量温度间隔，据此对绝对温度做出估计"。之所以称其为绝对温标，是因为"它的特性与任何特殊物质的物理性质是完全无关的"。

1849 年，威廉·汤姆森在《卡诺的热动力理论的说明及由雷尼奥蒸汽实验推算的数据结果》这篇论文中推算出卡诺系数 μ、热功当量 J、气体膨胀系数 E 和摄氏温度 t 之间的关系式：$\mu = J \cdot [1/(1/E+t)]$。1854 年，汤姆森和焦耳联合发表了论文《运动中流体的热效应》，文中专门有一节题为"根据热的机械作用建立的绝对温标"，他们在这里把绝对温度定义为 $T=J/\mu$，从而得出 $T=t+1/E$。当时测得的气体膨胀系数 $E=1/272.85$，他们又考虑到物质的密度随压强增大的效应，最后得到修正结果为 $T=273.3+t$。1948 年后公认的绝对零度为 $-273.15℃$，或者说摄氏零度为 273.15K。

绝对温标的建立对热力学的发展有着根本性的意义，它使热力学找到了重要的原点，汤姆森的建议很快就被科学界接受。1887 年，绝对温标得到了国际公认。热力学第三定律在本质上还是一个守恒定律：从能量上讲，绝对零度是物质系统中分子动能的零点；从温度上讲，它是任何物质系统在没有内部运动的情况下的一个固定不变的温度值。

在热力学中还有一条不被人注意的热力学定律，它是第四个被提出的热力学定律，但是它不叫"热力学第四定律"，而是被称作**热力学第零定律**。它讲的是：如果两个热力学系统中的每一个都与第三个热力学系统处于热平衡（温度相同），则它们彼此也必定处于热平衡。这个定律又称**热平衡定律**。它类似数学中的"如果 A=C，且 B=C，则 A=B"，在直观上完全符合逻辑上的同一律。前面说过，同一律也是守恒律的基础。在本质上，热力学第零定律是同一律在热力学系统中的体现。由于它过于直观，很多人没有把它当作一条热力学定律，但实际上，第零定律比起其他任何热力学定律更为基本。

热力学第零定律是由英国物理学家拉尔夫·福勒（Ralph Fowler）在 1939 年正式提出的，福勒是著名物理学家卢瑟福的女婿。热力学第零定律的提出比第一定律和第二定律晚了八十多年，比第三定律的正式提出也晚了二十七年，但是第零定律是这三个定律的基础，所以叫作热力学第零定律。

第 12 章
微观世界中的守恒原理

1. 守恒性：揭示微观世界奥秘的唯一抓手

有人说"守恒的实质在于对称性"，这是不对的。守恒的实质是同一性、不变性。"对称性"是物理学家的一个习惯用语，但是这个词不具有普遍适用性。现代物理学中所讲的"对称性"大都是指"不变性"，或者说"守恒性"。小伙伴们注意到这一点，对于物理学中的一些说法就容易理解了。20 世纪前期德国女数学家艾米·诺特（Emmy Noether）证明过一个数学定理：动力学体系的每一种连续对称性都对应于一个物理守恒量。这里的对称性就是不变性。

在现代物理学中，物理学家们很喜欢讲"对称性"，这是因为如果没有"对称性"，要想弄明白亚原子世界如何运作，是一件几乎不可能的事情。到目前为止的所有有关基本相互作用力的理论中，"对称性"始终都是理论的基石和支柱。现代物理学兴起于 20 世纪，早在现代物理学诞生很久之前，19 世纪上半叶数学领域就已经建立了关于对称的理论——群论。群论最初是由法国年轻的天才数学家伽罗华在 20 周岁离世之前建立的，他的这一伟大理论被埋没了十四年之久。

伽罗华

在物理系统中，"对称"意味着一类操作，这种操作作用于系统后，系统的状态同初态完全一样。相应地，在系统中也存在一类性质，在受到作用后这类性质不发生改变。这些不发生改变的性质，用这种操作的不变性进行描述，"对称性"就是指相应的不变性。在实际的物理应用中，不变量的存在，意味着某一物理量的守恒。离开了守恒性质，物理学家们是无法理解和描述物理世界的，对于微观的物理世界，尤其如此。这是因为，我们后面的第24章还会讲到，微观世界里不适用"两体作用逆反律"，守恒性质是物理学家们在研究、探索、描述微观世界时唯一可以抓得住的"稻草"。除此之外，也只有"几率"这个工具可以用上一用了。

在量子系统中，质能守恒定律、动量守恒定律、角动量守恒定律、电荷守恒定律都是适用的。除此之外，微观量子领域常见的守恒定律还有很多：规范变换不变性、奇异数守恒、重子数守恒、轻子数守恒、同位旋守恒、宇称守恒、CP联合变换守恒、CPT联合变换守恒、色量子数守恒、味量子数守恒、超荷守恒、J/Ψ粒子桨数守恒等，这里就不一一做详细解释了。

物理学家讲：时间的平移对称性对应于能量守恒定律，空间的平移对称性对应于动量守恒定律。所谓"时间的平移对称性"就是在时间的前后保持不变，能量守恒定律正是说明了能量的这一特点。所谓"空间的平移对称性"就是在空间的某一方向上保持不变，这是动量守恒的特点。当然，动量守恒不仅对应空间的平移不变性，也对应着时间的平移不变性，因为动量在时间的前后也保持不变。转动下的对称性对应的是角动量的守恒。

在粒子物理学中，不同的群被用来描述不同的作用力及其相应的粒子。与平面内的简单转动具有同样效果的群是U(1)群，只有一个参数，它是与量子电动力学（QED）相关的对称群，用于描述由光子传递的电磁相互作用。另外一种群叫SU(2)群，它有3个独立参数。U(1)群和SU(2)群一起可以描述弱相互作用的对称性。在弱相互作用中有3种传递作用力的粒子：W+、W– 及Z玻色子。SU(2)

群有个老兄叫 SU(3) 群，它拥有 8 个参数。SU(3) 群可以在量子色动力学（QCD）中描述强相互作用的对称性。SU(3) 群有 8 个参数，这就意味着在 QCD 理论中要有 8 种携带强作用力的粒子，这 8 种粒子都叫胶子，就像在 QED 领域中光子携带电磁相互作用一样。

在电磁相互作用中，光子是不带电荷的。而在强相互作用中，胶子带有色荷（color charge），这就是为什么描述强相互作用的分支学科叫作量子色动力学。当然这种"色"并不是我们平时所讲的颜色，不过是用颜色所做的类比——现代的物理学家浑身都是文艺细胞，他们特别喜欢用类比的方法来进行命名。

2. 微观世界里的异类：宇称不守恒的发现

一般来说，在复杂系统中，对称性总是较少，在简单系统中对称性比较普遍。有一种对称性在物理领域具有一定的普遍性，这种对称就是镜像对称。我们知道，在平面图形中有轴对称，相应地，在三维立体世界存在着"面对称"，镜子里面的虚像跟镜子外面的现实世界就是面对称，所以"面对称"被形象地称作"镜像对称"。在 20 世纪中叶之前，物理学家们已经发现宇宙中的物理规律都符合镜像对称，他们把物理规律的这种对称性叫**"宇称"**。牛顿运动定律具有严格的宇称不变性，也就是说按照牛顿运动定律发生的过程是宇称守恒的。

在微观世界里，基本粒子有三个基本的对称方式：一个是粒子和反粒子互相对称，即对于粒子和反粒子，定律是相同的，这被称为电荷 (C) 对称；一个是空间反射对称，即同一种粒子之间互为镜像，它们的运动规律是相同的，这就是上面所说的宇称 (P)；一个是时间反演对称，即如果我们颠倒粒子的运动方向，粒子的运动是相同的，这被称为时间 (T) 对称。

在四大基本相互作用力里，电磁力、万有引力（质量引力）、强力的物理规律都具有宇称不变性，由它们支配的过程都是宇称守恒的。于是大家猜想，宇称守恒具有绝对的普遍性。但是在 1955 年之前，还有一种力没有被确定是否符合宇称守恒性，这种力就是弱相互作用力。

1956 年，在美国工作的两位年轻的中国科学家，30 岁的李政道和 34 岁的杨振宁在深入细致地研究了各种因素之后，大胆地断言：τ 和 θ 是完全相同的同一种粒子（后来被称为 K 介子），但在弱相互作用的环境中，它们的运动规律却不一定完全相同，通俗地说，这两个相同的粒子如果互相照镜子的话，它们的衰变方式在镜子里和镜子外居然不一样！用物理学语言来说，"$\theta - \tau$"粒子在弱相互作用下是宇称不守恒的。此后不久，华裔女科学家吴健雄用一个巧妙的实验验证了在弱相互作用中宇称不守恒，从而否定了宇称守恒性的绝对普遍性。为此，李政道和杨振宁共同获得 1957 年的诺贝尔物理学奖，成为最早的华人诺贝尔奖得主。

李政道（左）和杨振宁（右）

发现宇称不守恒，其实还不是杨振宁人生中最高的成就。早在 1954 年，32 岁的杨振宁就和他的学生提出了杨—米尔斯理论，这个当时没有被物理学界看重的理论，通过许多物理学家接力式的努力，发展出一系列的物理学前沿理论，特别是建立起后来的标准模型。标准模型被人们称为基本粒子的"元素周期律"。

第三部分

精确规律的家族之二
——作用逆反律族
（两体系统的规律）

天之道，其犹张弓与？高者抑之，下者举之，有余者损之，不足者补之。天之道，损有余而补不足。

——老子《道德经·七十七章》

第 13 章
两体作用逆反律
——力与变化量的精确规律

通俗地说，"两体作用逆反律"就是"一个物体在受到另一个物体的作用时会产生逆反"。千万不要小看这么一个简单的道理，它在科学中实在是大有用场！

1. 受控实验与两体作用系统

通常认为近代科学革命有两大要素，一个是实验观测，一个是逻辑推理。从文艺复兴时期，一些工匠开始涉足理论问题，如达·芬奇就对当时的冲力说感兴趣；一些学者也开始做实验，西班牙的人文主义者玖恩·维夫斯（Juan Luis Vives）就很注重观察和实验，他广泛采用归纳的科学方法，比弗朗西斯·培根早了将近一个世纪。如果再往前追溯一千七百年的话，我们会发现希腊化时代的阿基米德在理论上是一位数学家，在实践上又是一位高超的工匠。比阿基米德更早的中国的墨子也是一位理论家兼工匠，但是遗憾的是，他的工作和方法没有得到很好的继承，最后墨学成了绝学。

文艺复兴之后，弗朗西斯·培根看到了实验对于揭示自然奥秘的效用，他在《新工具》中把实验和归纳看作相辅相成的科学发现工具。现在我们每个人都知道实验对于科学发现的重要性，但是并不是所有的实验都能够帮助我们发现科学规律，有的实验甚至会让人归纳出错误的见解。亚里士多德不是不重视实验和观察，他亲自动手做了许多动物解剖实验，也观察了物体运动的实际现象，但是在他的著作中，无论是在物理学方面还是在动物学方面都有大量的错误见解。培根本人也亲自做了大量的实验，但是这位"整个现代实验科学的真正始祖"却没有发现科学上的任何定律。所以就有人讲，从常识观察的意义来看，实验在经典科学的诞生过程中并没有发挥任何作用，如果有作用，那也只会是一种阻碍作用。这种说法并没有说到点子上。

近代通过实验来发现物理学精确规律的第一人是伽利略，伽利略的实验开辟了物理学定量化研究的光明大道。那么**伽利略的实验跟前人的有什么不同？**这是值得我们去探究的关键问题！

伽利略的实验方法确实跟前人的方法有本质的区别，我说的"前人"也包括比他大3岁的培根。前人的实验可以称作"胡子眉毛一把抓"，对实验中的各种自然因素不加区分、不加限制，一概包含在内，科学家们包括最早的亚里士多德，追求的是去发现没有人为干预的、纯客观的自然真相。而伽利略在做实验时只考虑测量一个量或两个量的变化情况，他对实验条件加以严格限制，把各种来自自然的干扰因素控制在可以忽略的范围内，尽可能减少或消除那些干扰因素的影响。这就是**受控实验**，人们也称之为**理想实验**，不过"理想实验"这个叫法并不准确。在伽利略之后，所有探索精确规律的实验基本上都是受控实验。近现代的科学实验都讲究实验的设计，实验设计最基本的目的就是达到有效实验所要求的条件。所以伽利略的实验方法直接开启了17世纪的科学革命，并且对以后几个世纪的科学发展产生了深远的影响。

受控实验之所以能够成功，是因为事物的规律性都是有条件的，如果不满足规律所需要的限制性条件的话，事物的规律性是不会显现的。具体来说，只有单因素系统和两因素系统中才有精确规律可循，只有在**一体系统**或**两体相互作用的系统**中才可以找到定量的精确定律。在多因素系统或者说多体系统中是没有精确规律的，就连三体系统也是科学上无法解决的难题。

物理学的所有领域都涉及物质的相互作用问题。所谓"相互作用"实际上就是指"力"，也称"作用力"。在物理学中，电磁力也称作电磁相互作用，核子间强核力（胶子的交换）也称作强相互作用，弱核力（W 及 Z 玻色子的交换）也称作弱相互作用。

物质间的作用与物质的惯性形成对抗关系。事物变化就是来自事物各要素因惯性状态的不同而形成的相对运动、各要素之间的相互作用及作用与惯性的对抗。

两个相互作用的物质体（可以是固体，也可以是液体或气体）构成**两体作用系统**（这里简称两体系统）。两体系统中物体的状态变化跟作用量的关系遵守作用逆反律。

作用逆反律：外因的作用会使事物产生状态变化，这种状态变化又会产生对抗外因的逆反作用，并且逆反作用随着状态变化量的增大而增大，最终内部逆反作用与外部作用会达成平衡。

这个规律也可以称为**作用逆反互补律**或**作用逆反互补平衡律**。

这种逆反作用力正是牛顿《自然哲学的数学原理》中的"定义 3"所定义的"物质的固有的力"，即惯性力。

定义 3：物质的固有的力（vis insita）是一种抵抗的能力，它存在于每一个物体之中，并使物体尽可能地保持它现有的状态，即静止的或者匀速直线运动的状态。

本书所讲的"逆反作用"相比于牛顿的这个定义，含义更广。本书所讲的"外因的作用"则相当于牛顿的"定义 4"所定义的"外加的力"，但"外因的作用"比牛顿的"外加的力"含义更广。

在绝大多数的两体系统中，作用逆反律是线性规律，即状态变化量与作用量呈线性变化关系（或正比关系）。整个经典物理学的大多数定律基本上分属于两大规律族：一个是作用逆反律族，另一个就是我们前面讲过的守恒规律族。

2. 正比逆反律（线性逆反律）

在标准的两体系统中，作用逆反律蕴含着精确的定量关系，状态变化量与逆反作用量成正比。在电磁系统中，增加的电流与导致的逆反磁通成正比，增加的磁通与导致的逆反电流成正比。在动力系统中，反抗力与速度的变化率即加速度成正比。在流体力学中，浮力与排出的水量成正比。在固体力学中，弹簧的反抗力与弹簧的形变量成正比。

正比逆反律，也可称为线性逆反律。**正比逆反律**的数学表达式为：

$$L_1 = k \cdot x \ \text{或} \ x = \frac{1}{k} \cdot L_1$$

式中，L_1 为状态变化量，x 为逆反量（抵抗力），抵抗力与外力大小相等（方向相反），k 为逆反系数。

其微分形式为：

$$dL_1 = k \cdot dx \ \text{或} \ dx = \frac{1}{k} \cdot dL_1$$

线性逆反律的数学表达式为：

$$L = k \cdot x + L_0$$

式中，L 为状态量，L_0 为初始状态量。

把上式写成函数表达式，就是：

$$L(x) = k \cdot x + L_0$$

这就是标准的两体作用系统中状态变化量与作用量（力）的关系的通用精确表达式，我们所列举的浮力定律、胡克定律、牛顿第二定律、欧姆定律、电磁感应定律都可以直接套用两体规律的通用关系式。

这是一个线性函数式，是最简单的函数，描述的是两体系统在变化过程中 $L(x) - L_0$ 与 x 之比不变的关系。

牛顿第二定律：当物体受到外力时，它的动力学状态就发生变化，状态的变化量是以自身的质量和加速度来度量的；当外力撤掉之后，物体又会恢复到自在的惯性状态。在牛顿体系中，物体的质量被认为是不变的，加速度与外力成正比。在相对论体系中，处在一个惯性系中的一个受力的物体，物体的质量会随着速度的增加而增加，状态的变化量 a·m（加速度与质量的乘积）仍然与物体所受外力成正比，仍然符合线性作用逆反律。

线性逆反律只适用于这样的两体作用，即受到作用的物体的内部结构比较稳定，外部力量没有对受力物体产生根本性的改变，在外力撤除之后受力物体还能够恢复到原状态，也就是说受力物体处于"弹性"状态。这种两体系统可视为标准的两体作用系统。如果受力者不能恢复到原状态，那么所产生的逆反就不是线性逆反。在复杂系统中，由于多种因素的介入，很难再呈现这种精确的正比关系。对于不符合线性逆反律的逆反情形，借用物理学的一个术语，我们把它称为线性逆反律破缺。

逆反互补律中的线性逆反互补律只适用于平衡状态，平衡状态既可以是一种静态平衡，也可以是一种动态平衡。浮力定律适用于平衡态流体，胡克定律适用于平衡态固体。在流体动力学中，线性逆反互补律就不适用，因为持续流动的流体是平衡态受到了破坏的状态。

第14章
流体的作用逆反律
——阿基米德浮力定律

1."尤里卡时刻"：浮力定律和流体静力学

　　关于阿基米德发现浮力定律，有一个流传甚广的故事：古希腊叙拉古城邦的希龙国王让金匠打造了一顶黄金王冠，但是他怀疑金匠在王冠中掺了假，于是请阿基米德鉴定他的新王冠是不是纯金的，要求鉴定工作不能对王冠造成破坏。阿基米德苦苦思索，一直没想到好的方法。有一天，他进入浴盆洗澡，这一次仆人把水加得太满了，他一躺进浴盆许多水就溢了出来。这使他突然想到溢出的水的体积正好应该等于他自身的体积，如果他把王冠浸在水中，根据水面的上升情况可以知道王冠的体积，再拿与王冠等重的金子放在水里浸一下，就可以知道它的体积是否与王冠的体积相等。如果王冠的体积大，就说明王冠中掺了比重较轻的金属。想到这里，阿基米德激动得从浴盆里跳了出来，边跑边喊："尤里卡（发现了），尤里卡。"于是后人就用"尤里卡时刻"来表示灵感突现的那一瞬间。

　　上述传说的最早出处是公元前1世纪晚期罗马工程师维特鲁威（Vitruvius）的《建筑十书》，比阿基米德晚了二百多年。

　　这个故事听起来感觉有些"小儿科"。因为四百年后，中国的东汉三国时期，魏国曹操的小儿子曹冲就用类似的方法给大象称了一下体重。据《三国志》记载，东吴的孙权给曹操送来一头巨象，曹操很想知道这头象的重量，于是就询问他手下的那些谋士和高官。可是面对这么一个庞然大物，大家全都束手无策。正当人们一筹莫展之际，小曹冲开口了："把象放到大船上，在水面所达到的地方做上记号，再让船装载其他东西，称一下这些东西的重量，那么比较一下就能知道大象的体重了。"曹操听了很高兴，马上照这个办法做了。当时曹冲只有五六岁，放到现在幼儿园还没毕业呢。可惜的是曹冲只活了 12 岁就夭折了。尽管"曹冲称象"的故事在中国家喻户晓，但是终究没有人提出浮力定律，也没有发展出以规律为核心的系统化的科学，这是值得我们思考的问题。

我们现在看到的浮力定律非常简单。其实阿基米德在两千两百多年前对浮力问题的研究和表述远比我们在中学教科书里学到的深入得多、丰富得多。他在《论浮体 I》和《论浮体 II》中一共提出了 2 个公设、19 个命题。对每一个命题他都作了严格的证明，他的证明过程即便让今天理工科的大学生去阅读，也是很"烧脑"的。我们今天所学的浮力定律主要在他的《论浮体 I》的命题 3、命题 5和命题 7 中。

命题 3 讲的是：对于那些与流体在相同体积下具有相同重量的固体来说，如果被放入流体中，将会沉在流体中既不浮出也不会沉得更低。

命题 5 讲的是：如果把比流体轻的任何固体放入流体中，它将刚好沉入到固体重量与它排开流体的重量相等这样一种状态。

命题 7 讲的是：如果把一个比流体重的固体放入流体中，它将沉至流体底部，若在流体中称固体，其重量等于其真实重量与排开流体重量的差。

这三个命题中都没有"浮力"的概念，但是有重量和重量差的概念，他的目的是研究固体在流体中的状态平衡问题。在接下来的公设 2 中，就出现了浮力的概念。

公设 2 讲的是：当物体在流体中受到向上的作用力时，这种向上的作用力是沿着垂直于流体表面的方向并且通过它们的重心。

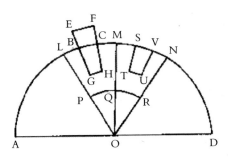

阿基米德的球面流体中的浮体示意图

　　阿基米德对于流体静力学所有命题的论证都是把流体的表面当作球面，而不是欧几里得平面。显然，他这样做是为了追求严谨，因为地球是球体。

　　阿基米德的推导都是基于静力系统中的受力平衡，或者说是基于力的守恒律。就固体作为作用对象而言，在平衡系统中它所受到各个力必然是相互抵消的，即各个力的总和一定是 0。

　　如果我们做动态的研究，把流体作为作用对象，来研究固体对流体的作用力变化给流体状态带来的影响的话，浮力定律则清晰地体现了**对流体的作用力**跟**流体状态变化量**之间的**线性关系**（线性作用逆反律），即固体对流体的作用力越大，流体状态的变化量（排开流体的体积）就越大，作用量与变化量成正比：$F = \rho V_{排}$，这个比值 ρ 是流体的密度。

　　所以，浮力定律既是一个静力守恒定律，也是一个线性作用逆反定律，就看你是把系统中的固体当作作用对象，还是把流体当作作用对象。当然，阿基米德本人并没有意识到这一点，他只是把固体当作作用对象，从静力守恒的原则出发来研究和提出浮力定律。

　　阿基米德的浮力定律是流体静力学中的重要定律。流体不仅包括液体，也包括气体，所以浮力定律同样适用于气体。

　　流体静力学不仅研究浮力问题，也研究流体密度、流体中的压力、压力分布等问题，后面这些问题都是在近代得到了解决。流体静力学的发展历程跟固体静力学的发展历程非常相似：都是在古希腊由阿基米德提出了其中的重要定律，一千八百年后再由近代科学家接力式地逐步发展和完善，形成完整的学科体系。跟固体静力学一样，流体静力学中的所有定律也都是基于守恒律。我之所以把浮力定律放在作用逆反律族中来讲，就是因为当把重力场中的流体看作作用对象时，浮力定律也是一个作用逆反律。

通过排除空气来吸水是古人早就使用的方法，亚里士多德把它的原理解释为"自然界厌恶真空"。亚里士多德关于自然界"爱"的作用和"憎"的作用思想是来自古希腊的自然哲学家恩培多克勒，这种思想有悖于"以简单解释复杂"这一科学原则。从 16 世纪开始，开矿工程师就观察到用吸水泵吸水最高只能达到 30 英尺（约 9.14 米），伽利略就觉得奇怪：为什么自然界厌恶真空只厌恶到一定的限度为止呢？伽利略设想，如果这个限度是固定的话，别的液体也只能吸到一定高度，而且其高度决定于液体的密度。伽利略去世以后，他的学生托里拆利和维维安尼在 1643 年用水银证实了伽利略的设想，他们发现，将装满水银的试管倒插在水银盆里水银最大高度总是 29 英寸（约 0.74 米）。年轻的维维安尼猜想，这个高度是由于外部空气对盆中水银的压力所致。于是气压计就这样发明出来了，当然这是后话。1648 年，维维安尼的猜想被法国科学家帕斯卡证实。

法国法郎上的帕斯卡

布莱士·帕斯卡（Blaise Pascal，1623—1662）比维维安尼小一岁，他有一个超强的大脑，16 岁就发现了六边形定理，完成了《圆锥曲线论》，连当时大名鼎鼎的笛卡尔都觉得难以置信。19 岁时帕斯卡设计并制作了一台能自动进位的加减法计算装置，被称为是世界上第一台数字计算器。但是托起这个超强大脑的却是一个虚弱的身体，最后他 39 岁英年早逝。帕斯卡的身体太差，不能登山，他就让自己的姐夫皮埃尔（Perier）带着两个水银气压计登上法国南部的多姆山去测量气压并记录数据。帕斯卡发现随着位置升高，水银柱的高度是下降的。

1648 年帕斯卡表演了一个著名的实验：他准备了一个密闭的装满水的木桶，在桶盖上插入一根细长的管子，从楼房的阳台上向细管子里灌水。结果只用了几杯水，就把桶压裂了，桶里的水从裂缝中流了出来。原来，由于细管子的截面积很小，几杯水灌进去，管子中的水柱就升到很高，造成桶内压强很大。这就是历史上有名的帕斯卡桶裂实验。

帕斯卡在 1653 年提出了著名的帕斯卡定律，它指出：不可压缩静止流体中任一点受外力产生增值后，此压力增值瞬间传至静止流体各处。或者说，封闭容器中的静止流体的某一部分发生的压强变化，将大小不变地向各个方向传递。压强等于作用压力除以受力面积。

用公式表示为：$P_1 = P_2$，即 $F_1/S_1 = F_2/S_2$

式中，P 为压强；F 为压力；S 为受压面积。

帕斯卡定律实际上就是静止流体压强守恒定律，或者说是压强同一性原理。根据帕斯卡原理，人们制造出各种各样的液压机。

从阿基米德到帕斯卡，研究的主要是流体的静力学。流体的动力学需要等牛顿动力学理论建立之后，由 18 世纪的丹尼尔·伯努利等科学家来系统地建立。

2. 群星闪亮的科学家族：伯努利与流体动力学

运动过程中的流体不是独立、封闭、固定的物体，因此运动中的流体不能形成一体系统或两体系统，两体作用逆反律不适用于流体动力学，流体动力学规律只能是基于守恒律。流体力学所用到的守恒律有质量守恒、动量守恒和能量守恒。在牛顿的经典力学建立之后，动量守恒定律已经确立，质量守恒和能量守恒的思想也在逐步形成。

1726 年，即牛顿去世的前一年，26 岁的瑞士数学家、物理学家丹尼尔·伯努利提出了"伯努利原理"。这是在流体力学的连续介质理论方程建立之前，水力学所采用的基本原理，其实质是流体的机械能守恒，即：压力势能 + 动能 + 重力势能 = 常数。其最为著名的推论为：等高流动时，流速大，压力就小。伯努利原理往往被表述为：

$$p+\frac{1}{2}\rho v^2+\rho gh=C$$

式中，p 为流体中某点的压强；v 为流体在该点的流速；ρ 为流体密度；g 为重力加速度；h 为该点所在高度；C 是一个常量。

伯努利方程说明了什么呢？它告诉我们：在水流或气流里，如果速度慢，压强就大；如果速度快，压强就小。这实在太重要了！正是基于这个原理，飞机的机翼才被做成流线型，圆头尖尾，上面是弯曲的，下面是平的，上面的气流速度快，下面的气流速度慢，于是机翼下面受到的压力大，上面受到的压力小，气流就会把飞机向上托起。

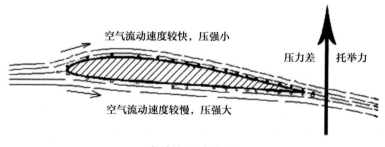

机翼剖面及气流图

伯努利方程是由机械能守恒推导出的，它仅适用于黏度可以忽略、不可被压缩的理想流体。能量守恒定律的最后确立是在 19 世纪中期完成的，伯努利在 18

世纪上半叶就以能量守恒原理为基础推导出流体力学的基本方程，他的工作可以说是非常超前的。

　　伯努利家族是 17 至 18 世纪瑞士一个出过许多数理科学家的家族。这个家族原籍是比利时，1583 年遭天主教迫害而迁往德国法兰克福，最后定居瑞士巴塞尔。它本来是一个商人家庭，但是从雅各布·伯努利开始发生了一次家族事业的"科学转向"，连续几代出了十几位数学家和力学家。伯努利家族中有三个人在科学上成就最大：雅各布·伯努利，雅各布的弟弟约翰·伯努利，还有约翰的儿子丹尼尔·伯努利。

　　雅各布·伯努利（Jakob Bernoulli）生活在牛顿—莱布尼茨时代。他分别于 1671 年和 1676 年获得艺术硕士和神学硕士学位，但是在 17 世纪科学革命热潮的影响下，他无师自通地成了一位数学家和物理学家，这完全违反了他父亲的意愿。雅各布曾到欧洲各地旅行，期间结识了惠更斯、莱布尼茨等人，后来还跟莱布尼茨通信讨论微积分的有关问题。雅各布对数学最重大的贡献是概率论。他从 1685 年起发表关于赌博游戏中输赢次数问题的论文，后来写成巨著《猜度术》，这本书在他死后八年，即 1713 年才得以出版。雅各布在 1705 年研究过细杆在轴向力作用下的弹性曲线问题。

　　约翰·伯努利（Johann Bernoulli）的父亲在他青少年时期像要求哥哥雅各布一样，试图要他去学经商，但是他认为自己不适宜从事商业，拒绝了父亲的劝告。1683 年他进入巴塞尔大学学习，1685 年获得艺术硕士学位。接着他攻读医学，1690 年获医学硕士学位，1694 年又获博士学位。约翰在巴塞尔大学学习期间，怀着对数学的热情，跟其哥哥雅各布秘密学习和研究数学。

　　约翰也跟莱布尼茨建立了通信联系，并成为莱布尼茨的忠实拥护者，之后还卷入了莱布尼茨与牛顿关于微积分的优先权之争。约翰在攻读博士期间写了世界上第一本微积分教科书，五十年后出版了积分部分，微分学部分直到二百多年后才出版。约翰对微积分的发展做出了很大的贡献，并把微积分应用到物理学特别

丹尼尔·伯努利

是力学和天体力学方面。

丹尼尔·伯努利（Daniel Bernoulli，1700—1782）是约翰·伯努利的儿子，他从小就受到了数学家庭的熏陶。奇怪的是，数学家父亲一开始也试图让丹尼尔去谋一个经商的职位，但是这个想法失败了，于是又让他学医。丹尼尔走的是与父辈相同的道路，但是青出于蓝胜于蓝，丹尼尔成为伯努利家族中最杰出的一位。丹尼尔·伯努利的研究领域极为广泛，他的工作几乎对当时的数学和物理学的前沿问题都有所涉及。在天文学、地球引力、潮汐、磁学、洋流、船体航行和振动理论等领域都取得成果。他的全部数学和力学著作、论文超过 80 种。

1724 年在意大利威尼斯旅行期间，丹尼尔在哥德巴赫（Goldbach，就是提出最著名"猜想"的那个人）的协助下发表了第一部著作《数学练习》，立即引起了学术界的关注。该书的第二部分就是关于流体力学的。1738 年丹尼尔出版了一生中最重要的经典著作《流体动力学》。

1725 年至 1757 年的三十多年间，丹尼尔获得了巴黎科学院的十次以上的奖赏。丹尼尔获奖的次数可以和著名的数学家欧拉相比，因而他受到了欧洲学者们的高度推崇。欧拉曾受到丹尼尔的父亲约翰·伯努利的精心指导。后来丹尼尔和欧拉先后受邀到俄国圣彼得堡科学院工作，起初欧拉做丹尼尔的助手，1731 年欧拉接替了丹尼尔数学院士和数学所所长的职位。欧拉的成长跟伯努利父子的栽培和帮助是分不开的。

关于伯努利家族曾有许多传奇和轶事。据说年轻的丹尼尔有一次在旅途中跟一个风趣的陌生人闲谈，他谦虚地自我介绍说："我是丹尼尔·伯努利。"陌生人立即带着讥讽的神情回答道："那我就是艾萨克·牛顿。"但丹尼尔认为对他来说这是最诚恳的赞扬，这件事让他在心里偷着乐了一辈子。

第 15 章
气体的作用逆反律
——波义耳定律

1. 抽气机带来的发现：波义耳定律与气体力学

伽利略具有非凡的洞察力，他能透过事物的表象看到藏在表象背后的真实关系、真实性质。例如，从古代起人们就相信空气具有"轻"的属性，即倾向上升；水和土具有"重"的属性，倾向下降。人们从看到的表象认定这就是事物的属性。而伽利略则认为这没有道理，空气也应该具有重量。但是仅靠洞察力是说服不了别人的，伽利略还有高超的制作和实验技能，为了证明他的"空气具有重量"这个猜测，他取一个玻璃泡，用注射器注入空气，然后仔细称量这个充满压缩空气的玻璃泡。当秤精确平衡时，他打开玻璃泡让空气逸出一些，观察到这个玻璃泡的重量明显减轻。这证明了空气具有"重"的性质，也就是具有重量。伽利略还测出了空气的比重大约是水的比重的四百分之一。现在我们知道二者的比值是773。虽然误差很大，但在当时那种条件下足以评个"国家自然科学奖一等奖"之类的。

英国科学家波义耳对伽利略推崇备至，他仔细研究了伽利略所做的工作，用抽气机做了许多实验。17 世纪中期，波义耳观察到，在用抽气机把空气抽空的容器中，一束羽毛像石头一样向下自由坠落。

1627 年，罗伯特·波义耳出生在爱尔兰的一个
贵族家庭，父亲是爱尔兰富翁柯克伯爵，那时整个
爱尔兰都在英国国王的治下。波义耳是家里 14 个
兄弟姐妹中最小的一个。在他 3 岁的时候，母亲不
幸去世；他 17 岁那年，父亲在战役中牺牲，之后
他随姐姐迁居伦敦。波义耳从小体弱多病。有一次
患病时，医生开错了药，幸亏他的胃不吸收将药吐
了出来，才免于一死。经过这次遭遇，他怕医生超

罗伯特·波义耳

过怕疾病，于是开始自修医学为自己治病。当时的医生都是自己配制药物，所以
研究医学也必须研制药物和做实验，这就使波义耳对化学实验产生了浓厚的兴趣。

波义耳年轻时曾游历欧洲。在意大利，他阅读了伽利略的著作《关于两大世
界体系的对话》。这本书给波义耳留下了深刻的印象，二十年后他的名著《怀疑
派化学家》就是模仿这本书的格式写的。

波义耳的成就中最为后人所熟悉的就是发现了在定量定温下，理想气体的体
积与气体的压强成反比，即**波义耳定律**，它的表达式是 $P=C/V$，式中 P 为压强，
C 为常数，V 为体积。就是说，气体被压得越严重，它的反抗力，也就是它对挤
压的反抗作用就越大。所以，波义耳定律中蕴含着两体作用逆反律。在波义耳定
律中，气体压强的大小与气体体积的变化量（V_0-V）成正相关关系，不是正比
关系。

阿基米德浮力定律和波义耳定律都适用于气体，并且都属于作用逆反律。那
么作为作用逆反律，这两个定律有什么不同呢？二者的区别是显而易见的：在浮
力定律中，外力对流体施加作用后，发生变化的是流体的形状，流体的总体积不
发生变化，只考虑被排开的那一部分体积的大小；在波义耳定律中，发生变化的
是气体的总体积，不考虑形状的变化，只考虑总体积的变化。另外，在浮力定律
中外力跟形变量成正比，在波义耳定律中外力跟体积变化量不成正比。

波义耳的抽气机

波义耳对空气压力的研究始于德国科学家、马德堡市市长格里克（Guericke）在 1657 年发明的抽气机（也叫空气泵）。波义耳在了解到这一发明之后，他和助手胡克也制造了一台抽气机，此后几年波义耳用它做了大量实验，证实了托里拆利和帕斯卡的大气压力理论。波义耳在 1660 年出版的《关于空气弹性及其效果的物理力学新实验》一书中描述了这些实验，在这里也讨论了当时常讲的空气弹性问题。不过这本著作里并没有谈及对空气弹性的定量处理，因为这时波义耳还没有想到空气的体积与压力是否存在某种关系。波义耳的助手理查德·汤利（Richard Townley）在看过波义耳的《物理力学新实验》后提出了这个问题，并猜测空气的体积与压力可能成反比。于是波义耳就着手用 U 形管中的空气来做这个实验。波义耳根据汤利的猜测，首先针对各种情况计算了 U 形管实验中的水银面高度差及气压计的读数必须是多少，然后再把这些数值跟实验值进行比较，发现汤利的猜测是正确的。波义耳把这些实验写到了《对空气弹性和重量学说的辩护》这部著作中。在其中一个实验中，波义耳提到在加热时密闭空气的压力会增加，但是他没有对这种现象做进一步的研究，当然更谈不上定量处理，于是这个问题就给了一百多年后法国人查理一次青史留名的机会。

　　波义耳定律是从实验中总结出来的经验规律，它是对气体弹性的一个比较精确的描述。波义耳不满足于对现象的描述，他试图对现象给予解释。波义耳曾经提出过两种微粒模型。第一种模型是每个气体粒子都像羊毛团一样具有弹性，它们相互靠在一起，粒子的体积随着挤压力变化而变化。第二种模型是，气体的粒子并不改变自己的大小，也不紧挨着，而是都处于剧烈的运动之中。牛顿曾比较倾向于第一种模型。

　　1738 年，瑞士数学家、物理学家丹尼尔·伯努利给予上述第二种模型一个更为精确的说明。他设想气体的微粒极其微小，数量特别庞大，它们以极高的速度相互冲撞，做完全弹性碰撞，容器壁所受到的压力是大量气体微粒冲撞的结果。伯努利提出了更为精确的体积与压强的关系式，在这个关系式中，如果把分子的体积忽略不计，就得出波义耳定律。伯努利第一次提出了气体压强的碰撞理论，但是，他的这一工作被忽视了一百多年，主要原因是热的唯动说在当时没有市场。到了 19 世纪，热力学得到了很大的发展，热的唯动说受到了人们的重视，伯努利的理论才被再一次提出。

　　从第二种模型来看，气体对外部作用力的反抗是来自分子运动的冲撞，而不是像第一种模型那样来自持续的弹性力，所以气体与外部作用不构成标准的两体作用系统，气体体积的变化量与外部压力只是正相关，而不是正比例。

　　1787 年，法国科学家雅克·查理（Jacques Charles）发现了气体的体积随着气体温度升高而膨胀的定律，后人称之为**查理定律**。波义耳曾与这个定律擦肩而过，可是查理发现了之后却没有发表，当然也未引起人们的注意。1802 年，法国化学家和物理学家盖-吕萨克在实验中又发现了这个气体膨胀定律，即压强不变时，一定质量气体的体积跟热力学温度成正比。即 $V_1/T_1 = V_2/T_2 = \cdots = C$（恒量）。他还测得气体的膨胀系数为 100/26666（现公认为 1/273.15）。这个定律也被称为"**盖-吕萨克定律**"。

　　1803 年，英国的威廉·亨利（William Henry）发现了溶解度与气压关系的气体定律——**亨利定律**：在一定温度的密封容器内，气体在稀溶液中的溶解度与气压成正比。

　　上面这两条定律都属于两体作用逆反律。在查理定律中，温度是外部（加热）作用的体现，体积的变化体现的是状态的变化量，两者成正比例关系。在亨利定律中，气压是外部（压力）作用的体现，溶解度是不同物质混合状态的混合程度变化量，外部作用量与状态变化量成正比例关系。

2. 分子运动论和气体状态方程

近现代科学的多数领域都是发端于 17 世纪，分子运动论也是如此。17 世纪中期，法国科学家伽桑狄受古希腊原子论的启发，提出物质是由分子构成的，他假设分子能向各个方向运动，并由此出发解释气体、液体、固体三种物质状态。英国科学家波义耳提出了关于空气弹性的定性理论，设想了气体的弹性微粒模型和运动微粒模型来解释气体的压缩和膨胀，从而定性地说明了气体的性质。特别是，波义耳引入压强的概念，并在 1662 年从实验中得到气体的压强体积定律。

1716 年，瑞士科学家赫尔曼（J. Hermann）提出一个理论：成分相同的物体中的热是热体的密度和它所含粒子的乱运动的平方以复杂的比例关系组成的，这里所谓的热实际上是压强。他虽然没有给出一个数学公式，但实际上这句话就是一个公式：$P = K\rho v^2$，其中 P 为压强，ρ 为密度，v 为分子的平均速度，即"乱运动"，K 为比例常数。

1729 年，瑞士著名数学家、物理学家莱昂哈德·欧拉（Leonhard Euler）根据笛卡尔学说，把空气想象成由堆集在一起的旋转球形分子构成。他假设在任一给定温度下，所有空气的粒子旋转运动的线速率都相同，由此推出状态方程：$P \approx \frac{1}{3} \cdot \rho v^2$。这里面 P 与 ρ 的正比关系解释了波义耳定律。欧拉曾经是世界上最高产的数学家，也是最伟大的数学家之一，他一生写下 886 本书和论文，全集达到 80 多卷，这个纪录直到二百年后才被一位叫保罗·埃尔德什的数学家打破。欧拉一生有 13 个孩子，还有 30 多个孙子孙女，他常常把孩子抱在膝上，在一群孩子的喧闹声中挥就一篇篇的论文。欧拉的两只眼睛先后失明，但是这丝毫没有阻滞他的研究工作，在失明后的十七年间，他还口述了几本书和 400 篇论文。欧拉的成就当中有 28% 属于物理学领域。

1738 年，欧拉的师兄和好友丹尼尔·伯努利根据气体微粒的高速运动冲撞模型提出了更为精确的体积与压强的关系式。然后在八十多年的漫长时间里，这一

瑞士法郎上的欧拉

领域没再有什么进展，就这样平平淡淡地跨入了 19 世纪。

1820 年，英国一家铁道杂志的编辑赫拉派斯（Herapath）独立提出了丹尼尔·伯努利曾经提出的气体理论。他除了提出气体压强是气体粒子碰撞的结果，还进一步提出了气体的温度决定于分子速度的思想。

1834 年，克拉珀龙根据卡诺的思想，把图解法引入热力学中，提出 P-V 坐标系，导出理想气体的状态方程。

1848 年，焦耳在赫拉派斯理论的基础上，测量了许多气体分子的速度。在他的推动下，气体分子运动论引起了越来越多人的重视。

1847 年，法国化学家和物理学家雷尼奥（Regnault）做了大量实验，证明除了氢以外，没有一种气体严格遵守波义耳定律，这些气体的膨胀系数都会随压强的增大而变大。

1852 年，焦耳和威廉·汤姆森通过实验证明分子之间存在着作用力。

1856 年，德国物理学家克里尼希（Kronig）发表《气体理论概要》，对气体分子运动论的发展起到了重要的推动作用。克劳修斯读到这篇文章之后，于 1857 年发表论文《论我们称之为热的那种运动》。克劳修斯创造性地引入了统计概念，把宏观的热现象跟大量微观粒子运动的统计效应联系起来。

1858 年，克劳修斯发表《关于气体分子的平均自由程》，定量地研究了气体分子运动论，并导出了波义耳定律。

1859 年，英国科学家麦克斯韦发表《气体分子运动论的阐明》一文，修正了克劳修斯关于给定气体分子中所有分子的速度均相等的概念，用平均动能作为温度的标志。之后，麦克斯韦建立起基于分子运动统计的气体理论，并且对热力学第二定律给出了分子运动的统计学解释。

1873 年，荷兰物理学家范·德·瓦耳斯（Van Der Waals）在其博士论文《论气态和液态的连续性》中考虑了分子体积及分子间作用力的影响，在理想气体状态方程的基础上推导出半经验的修正方程，又称范·德·瓦耳斯方程：（$P+a/V^2$）（$V-b$）=RT；其中，P、V 和 T 分别代表气体的压强、体积和温度，R 是气体常数，a 代表分子之间的相互吸引，b 为分子的体积，且 a、b 对于不同的气体有不同的值。1910 年范·德·瓦耳斯因这项成就获得诺贝尔物理学奖。范·德·瓦耳斯不是最早获得诺贝尔物理学奖的科学家（第一个获得诺贝尔物理学奖的是发现 X 射线的伦琴），但他获奖的工作成果是所有获得诺贝尔物理学奖的工作成果中最早的。

第 16 章
固体的作用逆反律
——胡克定律

固体的作用逆反律是由曾给波义耳做过助手的英国科学家胡克发现的。1662 年英国皇家学会甫一成立，胡克就在学会工作，1663 年当选为学会会员，并且一直担任英国皇家学会实验室管理员。晚年他曾担任英国皇家学会秘书，主持学会的工作。胡克大半辈子都是在英国皇家学会度过的，他的科学贡献主要是在英国皇家学会做出的。所以，说到胡克，就不能不说说英国皇家学会。

1. 乌托邦梦想成真：英国皇家学会

弗朗西斯·培根在晚年写了一部乌托邦作品——《新大西岛》，他在书中虚构了一个科学技术高度发达的国度。贤明的国王兴建了一座"所罗门宫"，探讨事物的本源和其运行的秘密。所罗门宫聚集了大批的科学研究人才，分别从事天文、气象、地质、矿藏、动物、植物、物理、化学、机械、情报等学科的研究工作。全国上下，人人热爱科学，通过科学的发明创造去发展生产，增加财富，为民谋利，建设理想社会。《新大西岛》在培根死后第二年，即 1627 年出版。这本书出版后不到二十年，在英国的学术界便自发出现了"所罗门宫"的一个雏形。

约翰·威尔金斯（John Wilkins）在 17 世纪中叶是英国科学活动的带头大哥，

英国皇家学会

从 1644 年起，一批年轻的科学家经常跟着威尔金斯在伦敦集会，他们自称是"哲学学院"。到 1646 年，19 岁的波义耳和 23 岁的威廉·配第（William Petty）也加入了进来。波义耳后来成为"近代化学之父"，配第则成为"政治经济学之父"和"近代统计学之父"，而且配第还做过牛津大学的天文学教授。威尔金斯本人呢？他在 1641 年写了一本书叫《墨丘利神，秘密而快捷的信使》，书中讨论了作为文字构成单元的字母如何用具有差异的二元、三元、五元编码进行表示的问题，讨论了信息的传输问题，所以此书是信息论的先驱之作（比美国数学家克劳德·香农发表的论文《通信的数学理论》早了三百零七年），只是鲜为后人所知。1646 年，英王查理一世在牛津被克伦威尔击败，两年后英国议会在牛津大学驱逐皇党，"哲学学院"这些人多数都被调到牛津填补空缺。在威尔金斯的感召下牛津又吸引了一批新人，他们在牛津成立了一个"哲学学会"。

1660 年查理二世复辟以后，科学家又纷纷回到了伦敦，并酝酿成立一个促进物理—数学实验

约翰·威尔金斯

知识的学院，威尔金斯被推选为主席。两年后，英王查理二世批准成立"以促进自然知识为宗旨的皇家学会"，学会的第一任会长是国王的近臣布隆克尔勋爵。作为学术核心人物的威尔金斯成为学会的秘书，还有一位秘书是一个跟欧洲大陆有广泛联系的商人。商人对于英国皇家学会的成立和发展起到了很大的作用。当今的商人基本上都缺少那时的商人对求知的兴趣。

其实商人的贡献不仅仅在于金钱上的资助。胡克曾谈到商人在促进科学发展方面有一个独特的优势，他说："有一个特殊的长处是别人所没有的，那就是他们里面有许多人都交游广泛而且有自己经营的事业，这是一个很好的预兆，说明他们的努力将使哲学由空言转为行动。"我觉得**这句话对于当今的商人如何真正实现自己的个人价值是极为重要的启示**。

英国皇家学会的早期成员主要受弗朗西斯·培根的影响，到了 17 世纪 70 年代这种影响就逐渐被"伽利略式"的倾向所代替，这尤其体现在牛顿的著作中。所谓"伽利略式"的倾向，是运用数学工具来描述、论证和检验自然规律，而培根却只是通过实验来归纳出结论，没有认识到数学方法在科学中的重要性。伽利略开创了受控实验，而培根没有做受控实验，只有通过受控实验才容易发现量化的规律。

在 17 世纪欧洲新成立的研究机构中，第一个是 1657 年在意大利佛罗伦萨成立的西芒托学院，第二个就是 1662 年在伦敦成立的英国皇家学会，然后是 1666 年在法国成立的巴黎科学院。这些研究机构都在某种程度上得到了政府的支持。

英国皇家学会在近代科学史上可以说具有无与伦比的地位，它一开始就聚集了一批世界上最杰出的人才，包括上面讲的威尔金斯、波义耳、配第，还有我们刚刚提到的胡克，特别是后来巨人肩上的巨人——牛顿。牛顿的故事我们后面再讲，这里先说说胡克的贡献。

2. 胡克定律与胡克其人

据说早在 1660 年，英国科学家罗伯特·胡克（Robert Hooke，1635—1703）就在实验中发现螺旋弹簧伸长量和所受拉伸力成正比。直到 1676 年他才在《关于太阳仪和其他仪器的描述》一文中用字谜的形式发表这一结果，谜面是 ceiiinosssttuv。这样做在当时已是惯例：如果还不能确认自己的发现，则先把对这个发现的描述的拼写打乱，按字母排列顺序发表，确认后再恢复正常顺序。这是既有趣又巧妙的一个办法，既保密了发现的内容，又确保了发现的优先权。两年后胡克公布了谜底 ut tensio sic vis，意思是"力如伸长（那样变化）"，即应力与伸长量成正比的胡克定律。胡克发现的固体弹性定律是一个经验定律。

胡克定律说的是，在弹性限度内，物体的形变跟引起形变的外力成正比。胡克定律的数学表达式为：$F=k \cdot x$ 或 $\Delta F=k \cdot \Delta x$，其中 k 是弹簧的弹性系数，x 是变化的长度，F 是作用力。物体对外力的反作用力与外力大小相等，方向相反。这是作用逆反律在固体力学中的体现。

胡克定律也可以表示成标准的线性表达式。如果弹簧的初始长度为 X_0，那么弹簧在受到力 F 的作用时，其长度为：

$$X= \frac{1}{k} \times F+X_0$$

式中，$\frac{1}{k} \times F$ 为弹簧长度的变化量。

胡克定律完全符合两体作用逆反律的标准形式，它的数学表达式跟正比逆反律的数学表达式完全一致。我们不难发现，胡克定律是最直观、最典型的两体作用逆反律。

对于胡克定律，人们都很熟悉。实际上大多数人对于胡克的了解也仅

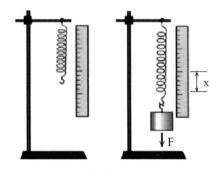

胡克定律示意图

限于这一点。但胡克的创造性贡献，可远不止胡克定律。胡克是一个全才式的人物，他在光学、生物学、力学、天文学等领域都有开创性的贡献，在机械制造领域的发明不计其数，在艺术、音乐和建筑方面也颇有建树，因此胡克被誉为英国的达·芬奇和"最后一个文艺复兴人"。

1635 年 7 月 18 日罗伯特·胡克生于英国南部的怀特岛，父亲是当地教区的牧师。胡克小时候体弱多病、性格怪僻，但是他心灵手巧，10 岁时对机械发生了强烈的兴趣，自制过木钟、小战舰等。13 岁时他父亲上吊自杀，家里没有了收入来源，胡克被送到伦敦一个油画匠家里当学徒，期间还做过唱诗班的领唱，当过有钱人的侍从。不过胡克的运气还不错，受到威斯敏斯特学校校长的关注，校长觉得这个孩子的智慧和才能远不止做一个画匠。于是，在校长的帮助下，胡克修完了中学课程。1653 年，18 岁的胡克进入牛津大学里奥尔学院勤工俭学，在这里他结识了一些有地位的科学界人士。1655 年胡克成为牛津大学医学家威利斯的助手，后来又被推荐到著名科学家波义耳的实验室工作。由于他出色的实验才能，1662 年 27 岁的胡克担任了英国皇家学会的实验主持人。

胡克跟牛顿的成长经历有许多相似之处，尽管家境不同，但早年都经历过不幸，都喜爱摆弄机械。中学时都得到校长的帮助，然后一个入读牛津，一个考入剑桥，而且都是勤工俭学。都在二十六七岁时担任了重要的学术职务，都在二十八九岁时成为英国皇家学会会员。但是两个人的性格却截然相反，牛顿内向敏感，而胡克却张扬不羁。

1655 年，年仅 20 岁的胡克提出了光波学说，他认为光的传播与水波的传播相似，1672 年他又进一步提出了光波是横波的观点，可以说，这个思想是相当超前的。在光学研究中，胡克更主要的工作是致力于光学仪器的创制。他制作发明了显微镜、望远镜等多种光学仪器。这些光学仪器使人类打开了微观世界和宇宙太空世界。胡克通过亲自制作的望远镜，首次观测到了火星的旋转和木星大红斑，月球上的环形山和双星系统。这是了不起的贡献。

1660 年胡克发现了弹性体形变与力成正比的定律，即胡克定律。他还同惠更斯各自独立发现了螺旋弹簧的振动周期的等时性，他们建议这种弹簧丝可以用来制作计时器，于是就有了近代游丝怀表和手表。在研究开普勒学说方面他也做了很多重要工作。在研究引力可以提供约束行星沿闭合轨道运动的向心力问题上，胡克做过大量实验工作。

胡克在 1679 年给牛顿的信中正式提出了引力与距离平方成反比的观点。但他并没有将自己的引力思想像牛顿所做的那样用数学方式表示出来，只是用太阳、地球、月亮、行星和地球上物体的运动实例来加以验证。其实，这就是万有引力定律的定性描述。

胡克在制作仪器上具有杰出的创造能力和高超的技艺，当时英国皇家学会的精巧仪器大多由胡克设计和制作。1663 年他用自制的复式显微镜观察一块软木薄片的结构，发现木片结构看上去像一间间长方形的小房间，就把它命名为 cell（小房间），中文译为"细胞"。Cell 这个名字沿用至今。

奠定胡克科学天才声望的是他 30 岁那年出版的《显微制图》一书。胡克出生之前很久显微镜就被发明和制造出来，但是显微镜发明后半个多世纪过去了，却没有像望远镜那样给人

胡克的显微镜

们带来科学上的重大发现。直到胡克出版了《显微制图》一书，科学界才发现显微镜给人们带来的微观世界与望远镜带来的宏观世界一样丰富多彩。在《显微制图》一书中，胡克的绘画天分也得到了充分展现。

3. 固体力学的童年

固体力学是力学中研究固体机械性质的学科，主要研究可变形固体在外力、

温度作用下的表现，固体力学基本上是沿着研究弹性规律和研究塑性规律这样两条平行的道路发展的。弹性固体指的是能够产生可逆的弹性变形的固体，即在受到外力时发生形变，撤销外力后则完全恢复原来的形状。塑性固体指的是在受力时发生形变、在撤销外力后形状不能完全恢复的固体。人们对弹性固体受力变化规律的研究早于对塑性固体的研究。正是 17 世纪胡克定律的发现开创了弹性固体力学发展的道路。

在 1678 年胡克公布了物体的形变量与所受外载荷成正比的弹性定律（胡克定律）之后，瑞士的雅各布·伯努利在 17 世纪末提出关于弹性杆的挠度曲线的概念。雅各布的侄子丹尼尔·伯努利于 18 世纪中期首先导出棱柱杆侧向振动的微分方程。丹尼尔的师弟和朋友欧拉于 1744 年建立了受压柱体失稳临界值的公式，又于 1757 年建立了柱体受压的微分方程。法国的库仑在 1773 年提出了材料强度理论，他还在 1784 年研究了扭转问题并提出剪切的概念。这些研究成果为深入研究弹性固体的力学理论奠定了基础。法国的纳维于 1820 年研究了薄板弯曲问题并于次年发表了弹性力学的基本方程。法国数学家柯西于 1822 年给出应力和应变的严格定义并于次年导出矩形六面体微元的平衡微分方程。柯西提出的应力和应变对后来数学弹性理论乃至整个固体力学的发展产生了深远的影响。

1773 年库仑还提出了土的屈服条件，这是人类定量研究塑性固体问题的开端。

只要说到库仑，我们一开口肯定是"库仑定律"，就像一提到胡克我们张口就是"胡克定律"一样。其实工程力学才是库仑的老本行，库仑在固体力学上的上述研究成果都是在他提出第一个电学定量定律——库仑定律之前完成的。库仑正是在工程材料力学的研究中，根据胡克定律这一原理发明了扭秤；正是扭秤的发明使他发现了电学上的库仑定律——电学的库仑定律倒像是库仑在固体材料力学研究中的一个副产品。

第 17 章
动力学中的作用逆反律
——牛顿第二定律与狭义相对论

　　牛顿第二定律描述的是外力与受力物体的动力学状态之间的作用和逆反关系，它是牛顿力学中最基础、最核心的一条定律。既然要谈牛顿力学，那么我们还是先从认识牛顿开始。作为人类科学史上的第一大牛，牛顿一生中那些孤闷无趣的和多彩壮阔的经历当然可以算作是科学史的一个重要组成部分。

1. 孤独辉煌：牛顿这辈子

　　艾萨克·牛顿被称为世界上最伟大的科学家，就其无与伦比的科学贡献来讲，这一称号是当之无愧的。牛顿对科学的贡献和影响之大，不仅前无古人，而且可以肯定地说——后无来者。微积分的发明是数学史上一个重要

艾萨克·牛顿

的里程碑，《自然哲学的数学原理》这部巨著全面、系统、严密地建立起了经典力学体系，它和《光学》一起构成整个物理学大厦的基础和骨架。除了知识体系之

外，在科学的研究方法上，这两部著作也为后世科学家提供了光辉典范。这样一位伟大的人物，尽管一辈子衣食无忧，但是在他还没有降临到这个世上之前，就已开始遭受悲戚的命运。

（1）孤独少年

1642 年的 12 月 25 日（那时英国还在使用儒略历，按当时欧洲大陆已通行的更精确的格里历，牛顿的生日是 1643 年 1 月 4 日），艾萨克·牛顿出生在英国中部一个叫伍尔索普（Woolsthorpe，羊毛村）的小村庄。虽然这天是圣诞节，但家里没有丝毫节日气氛，因为在牛顿出生前两个月，他的父亲离开了人世。牛顿的祖上都没有文化，不过父亲离世后给他留下了还算不少的财产，庄园、房舍、牛羊、粮食加在一起不少于 500 英镑——要知道过去的 1 英镑就是 1 磅重的白银。

牛顿是一个早产儿，生下来很小，被放在一个 1 升容量的小锅里（不要问我为什么，我跟你一样莫名其妙），估算下来，他大概只有两斤多重。这么孱弱的小婴儿竟然能够活下来，可以说是牛顿一生中创造的第一个奇迹，如果没有这个奇迹发生的话，后面发生的所有奇迹也就谈不上了。

等到他好不容易长到 3 岁的时候，妈妈改嫁给了一个比她大三十三岁的老牧师，而且最悲催的是，3 岁的小牛顿不能跟着相依为命的妈妈一起走。这样，从

伍尔索普的牛顿旧宅（苹果树已不是当年的那棵）

来没有尝到过父爱的孩子突然之间又失去了母爱。之后牛顿就由他的外祖父母来照看。现在回看外祖父母对小艾萨克并不怎么疼爱，因为牛顿一辈子都不愿提及这两位老人，尽管他跟他们相处了整整八年。八年对于幼小的牛顿来讲可是一段漫长的时光，并且也应该有着深刻的记忆，但是这八年的时光在牛顿的传记里却成了一段空白。

八年之后，年迈的继父去世，牛顿的母亲带着她跟第二任丈夫所生的三个孩子又回到了牛顿的庄园，但 11 岁的牛顿跟母亲早已产生了无法弥补的隔阂。

跟母亲一起生活了一年之后，牛顿去了十公里以外格兰瑟姆镇上的国王中学读书。在这里主要是学习希腊文和拉丁文的古典语文及《圣经》教义。真正让牛顿着迷的是一本课外读物，名叫《自然与工艺的神秘》，牛顿还特地花了两个半便士买了一个厚本子把书上的重要部分抄录下来。这本书里面全是奇妙的机械和器具，以及它们的制造方法和详细说明。少年牛顿按照书中的说明，设计并制作了能够实际操作的模型机械。这件事使本来默默无闻的牛顿开始小有名气。

在格兰瑟姆上中学期间牛顿租住在房东的家里。这位房东是个药剂师，他家的药房对牛顿来说是一个神奇的地方，药剂师用那些瓶瓶罐罐里的东西配制出的各种药物对牛顿充满了诱惑，也给了牛顿最早的化学概念。后来牛顿迷上炼金术跟这里的启蒙有关。最让牛顿感到幸运的是，房东的哥哥在房东家里遗留下一批宝贵的藏书，包括物理、解剖、植物、哲学、数学等各个方面，房东准许牛顿每个星期六躲在药房后面的小房间里静静地阅读。在这里牛顿首次接触到柏拉图、亚里士多德、培根、笛卡尔等伟大人物的学说，他们的思想开启了这位与众不同的少年的心智。

牛顿在学校的突出表现引起了校长的注意。这位校长毕业于剑桥大学，他是牛顿一生中遇到的第一位贵人（当然房东对牛顿的成长也有重要的影响），他认定牛顿是个难得的天才，于是他向牛顿的母亲提出应当让牛顿接受大学教育。牛顿的母亲虽然出生于没落的贵族家庭，但自己没有多少文化，下嫁到土财主家之后更是目光短浅，眼里只有那一片庄园。校长的劝说反而使得她急忙让牛顿辍学回家学习农活，以便日后好好经营自家的庄园。极不情愿的牛顿不得不顺从母亲的意愿，回到庄园开始了一段痛苦的日子。由于带着强烈的抵触情绪，牛顿在庄园的表现让母亲非常失望。

第二年校长为了牛顿上大学的事又来劝说牛顿的母亲，劝说不成他又找到牛顿的舅舅。牛顿的舅舅是剑桥大学三一学院的毕业生，他自然是支持牛顿入读大学的，最终牛顿的母亲有所动摇。1660 年的秋天，牛顿返回格兰瑟姆为进入剑桥做准备。当年年底，牛顿通过入学考试，如愿以偿地走进了那个后来让他扬名世界、名垂青史的地方。

（2）象牙之塔

不过，牛顿是以减费生的身份注册进剑桥大学三一学院。所谓减费生大概相当于现在勤工俭学的学生，是社会地位最低的学生，只比仆人好一点点，他们要为特权学生收拾房间、清洗便器来补贴学费。牛顿家里每年收入有几百英镑，不至于拿不出钱来供牛顿上学，显然是母亲有意让牛顿在大学里过苦日子，迫使他自愿放弃学业回家务农。但是牛顿极其好强，他决心依靠自己的努力在这里站稳脚跟，而且要在学术上超越别人。好在牛顿的工作是为巴宾顿教授服务，工作轻松，还能时常受到教授的关照。巴宾顿教授是牛顿一生中的第二位贵人，他是牛顿在中学时房东的亲戚，跟中学校长也很熟悉，他为牛顿进入剑桥大学起了很大的作用，为之后牛顿的留校和升迁也给予了很大帮助。

接下来牛顿将会遇到他的第三位贵人——剑桥大学第一任卢卡斯数学讲座教授、跟牛顿同名不同姓的艾萨克·巴罗（Isaac Barrow）。在上大一之前，牛顿几乎没有什么数学基础，也就学过一些算术。但是牛顿有着超强的自学能力，大二开始他攻读笛卡尔的《几何学》，欧几里得几何学、代数和三角。1664 年开始听巴罗教授的数学课程。实际上这时候巴罗的年纪也不大，只有 34 岁。到 1665 年，牛顿不仅学完了当时的所有的数学，读完了学士学位的课程，而且还独自发展出了微积分学，成为那个时代最领先的数学家。他之所以发展出微积分，是因为他在研究运动学和力学问题时感觉当时的数学工具不够用，才自创了一门数学工具。他把这个数学工具叫作"流数术"。

1665 年，一场黑死病大瘟疫在伦敦开始流行，距离伦敦不到一百公里的剑桥也受到波及。为躲避瘟疫，牛顿回到伍尔索普庄园住了两年。这两年正是他完成学业后，开始对各种问题全面探索的两年，后来发表的那些伟大定律，大都来源于这期间的灵感。

英国剑桥大学剑河上的数学桥（牛顿桥）

当然那个被后人传颂的苹果的故事也是发生在这个时候。这个故事经由法国思想家、作家和社会活动家伏尔泰的著作而得到广泛传播，伏尔泰是从牛顿外甥女那里听来的。

在为躲避瘟疫而回伍尔索普的庄园居住期间，牛顿已经开始对笛卡尔的理论不满了，他深感笛卡尔的理论模糊不清，而且根本不能验证。牛顿开始确立了自己做研究的原则：我不杜撰假说。笛卡尔的一些理论比较倾向于哲学的风格，而牛顿的做法是科学研究的准则。我们可以看到，古代的欧几里得、阿基米德及近代的伽利略都属于后者。哲学的风格不是不能获得有意义的发现，只是不如科学的方法来得严谨。

1667 年，牛顿回到了剑桥，不久在资深研究员巴宾顿的帮助下，牛顿获得研究员资格。第二年牛顿取得硕士学位，并成为正研究员。1669 年，38 岁的巴罗推荐 26 岁的牛顿继任自己担任的卢卡斯数学讲座教授。卢卡斯教授这个职位有最丰厚的待遇和最轻松的教学任务，年薪达 100 英镑，而正研究员一个月全部津贴加在一起还不到 4 英镑。此时的牛顿从乡下来到剑桥才不过八年的时间，而在这八年里，他研究了光学问题，研究了力学问题（特别是万有引力），在这几个领域都有最了不起的发现，而且他还没有间断对神学的研究。

巴罗这么年轻就放弃卢卡斯讲座教授的职位，当然不完全是为了牛顿，更重要的原因是他盯上了三一学院院长的宝座。令巴罗到死也想不到的是，后来牛顿在科学史上的巨无霸地位使得卢卡斯讲座教授职位成为学界的巅峰。巴罗不是因担任三一学院院长，而是因担任第一任卢卡斯讲座教授而享誉史册。

现在我们都知道卢卡斯讲座教授的荣誉在学术界几乎是至高无上的，但是在巴罗、牛顿的时代，由于课堂内容艰深，听他们课的学生寥寥无几。巴罗的讲课还算生动，每堂课还会有几个学生来听。而牛顿性格内向、不善表达，他第二堂课的教室就空无一人，之后的十七年里，大多是这样。牛顿毫不在乎学生对他的课程敬而远之的态度，他还是尽自己的教学责任，只是在没有学生的时候，会把30 分钟的课程压缩至 15 分钟，对着一排排空荡荡的桌椅讲完（这应该是"对牛弹琴"的升级版），然后匆匆赶回自己的房间去做研究。这期间他所讲的内容，有很多是他多年后在《光学》中提出的创见，也有他后来在《自然哲学的数学原理》中提出的原理、定律。假如现在牛顿再出来讲课的话，会怎么样呢？不光整个教室会被挤爆，恐怕整个校园也会水泄不通，因为——他的名气。

在担任卢卡斯讲座教授之前牛顿已经做了大量的光学实验，在光学上获得了许多重大发现。虽然牛顿的课几乎没有学生听，但他所讲的内容都是真知灼见。得益于中学时对于动手制作的热爱和锻炼，牛顿在剑桥的所用仪器都是亲手制作。在光学上他的一个重大贡献是发明了反射式天文望远镜。

（3）初露锋芒

牛顿那架反射式天文望远镜可不像我们现在 DIY 那样买来一堆零部件组装起来的，他是自己一个人从零件开始制作，用自己的配方做合金，自己做模具，做镜筒，自己打磨反光镜面，自己打磨玻璃镜片……连制作用的工具都是自己动手做的，真是彻头彻尾的 Do It Yourself。牛顿做的这架望远镜小巧玲珑，凹面反射镜的直径只有 2.5 厘米，但是可以把物体放大 38 倍，而一架比它大得多的 2 英尺长（约 60 厘米）的透镜望远镜只能放大 13 至 14 倍。几年之后，伦敦一流的工艺师们试图仿制一架可用来观测的反射式天文望远镜，结果都失败了。

　　牛顿的反射式望远镜是科学史上第三种光学天文望远镜，前两种是伽利略和开普勒先后发明的。伽利略望远镜和开普勒望远镜都是折射式望远镜，二者的物镜都是凸透镜，区别在于伽利略望远镜的目镜是凹透镜，开普勒望远镜的目镜是凸透镜。开普勒望远镜看到的像是反向的，加上棱镜转像系统或透镜转像系统即可看到正像，它的效果好于伽利略望远镜。目前的小型天文望远镜和军用望远镜等专业级常用望远镜大多采用开普勒望远镜的结构。牛顿通过三棱镜色散实验发现了白光是由各种不同颜色的单色光混合而成的，各种单色光有着不同的折射率，这一发现促使他发明了反射式望远镜，因为他知道折射式的透镜望远镜存在着无法克服的色差问题，而反射式望远镜则有效地消除了色差。另外，大口径透镜在制造和操作上都有技术上的困难，所以大型天文望远镜都不采用折射式结构，而是采用牛顿开创的反射式结构。

牛顿的反射式天文望远镜

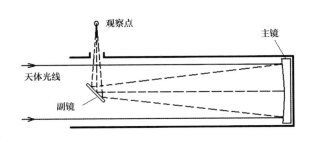

牛顿反射式望远镜的原理

1671 年，在巴罗的一再坚持下，牛顿才勉强同意让巴罗将这架望远镜带往英国皇家学会。结果第一次展示就引起了轰动，牛顿从此在英国学术界扬名，第二年 1 月就当选为英国皇家学会会员。不过牛顿从不自称是第一个设计反射式天文望远镜的人。它的原理当时已经存在了很久，公开发表的最早设计是在苏格兰数学家詹姆斯·格雷果里 1663 年出版的《提升光学》一书中。

尽管在当时剑桥的小圈子里牛顿的学问和才能已得到公认，但实际上他的许多研究成果并没有公开发表，而是小心翼翼地藏着掖着，因为牛顿这个人对别人抱着深深的怀疑态度，唯恐他的新发现被别人窃取。他相信只有在研究取得充分的发展之后才能公布结果。就他不小心"漏"出来的那一点才干已经让人们佩服得五体投地了。他发表的第一篇论文是在他因反射式天文望远镜而当选英国皇家学会会员之后，为了说明他的望远镜跟光学理论之间的关系而写给英国皇家学会的一封信。此时的牛顿开始有一点点膨胀，准备进入一个更大的科学天地，但是没承想，迎接他的却是他一生的最大对头、一个事事都跟他对着干的胡克。

胡克比牛顿大七岁，清朝第一位皇帝顺治帝的年龄正好介于他俩之间。顺治帝做的事不多，20 多岁早逝，康熙帝继位，牛顿活动的年代恰逢清朝的"康熙盛世"时期。尽管顺治、康熙二帝对西方传来的科学技术很感兴趣，但除了借鉴西方历法外，并没有对其科学加以提倡、引进和发展。康熙帝亲政前专权擅政的鳌拜和康熙帝死后的继任者雍正帝都是对西方科学技术大加排斥的。而此时的欧洲则爆发着一场空前伟大的科学革命，每个人都应该记住这个时代，它就是后来被英国数学家和哲学家怀特海（Whitehead）称作"天才的世纪"的 17 世纪。

胡克在当时的学术界已是全才型的风云人物，他在光学、生物学、力学、天文学等领域都有开创性的贡献。他这个人才华横溢，贡献无数，但牛皮也经常吹得很大。

牛顿的第一篇论文是以《光与色的理论》为标题发表的，文中通过自己的三棱镜折射实验说明了白光是由各种颜色的单色光组成的，不同颜色的光折射能力不同，并提出光的粒子说。文中还通过自己的光学理论来说明自己制作反射式天文望远镜的初衷是为了消除透镜对光线的折射所带来的色差。胡克偏偏说他通过实验证明光是一种脉冲，而且还说他早就做过一架更小的类似的望远镜，只是因为大瘟疫和伦敦大火没能保存下来。特别是胡克专门抓住牛顿文章里语言的不严谨之处大肆攻击。人说"不打不成交"，这两个天才级的人物一开始的交往就是从冲突开始的。他们不仅"成交"了，而且还交恶了一辈子，成了彼此一生中最放不下的人。

在这件事上胡克并没有做什么实验，他只是草率地审阅了一遍牛顿的论文。胡克完全用自己的主观观念来评判别人的学术成果，而不是用客观事实进行评判，这是学术的大忌，也是一代又一代学术权威们常演的保留节目。

虽然大家都知道胡克这个人爱满嘴跑火车，但是也了解他确实有两把刷子，人们对他的话都是半疑半信，不全当真，但也不会全当假。后来在重物的下落点和下落轨迹问题上，由于牛顿缺乏深入思考，给出了"下落轨迹是螺旋线"的错误答复，结果让胡克抓住把柄，把牛顿的私人回信在英国皇家学会的例会上兴奋地大声宣读，搞得牛顿好不难堪。

当然坏事也会变成好事，在提出万有引力定律若干年之后，牛顿在给哈雷的信中承认："胡克纠正我的螺旋路径，引发我重新探讨椭圆形，才使我发现这个理论。"或许牛顿明白了胡克天生就是自己的克星，只要胡克还活着，牛顿就会埋下头去做事、夹起尾巴做人，在学术上特别谨小慎微。即使在《自然哲学的数学原理》为牛顿赢得崇高的荣誉之后，他仍然避免跟胡克正面交锋。直到胡克去世，牛顿才把自己三十年前写下的《光学》手稿重新整理并发表。

在他们冲突之后的岁月中，为了学术研究，两人还是有不少书信交往，表面上双方都显示出英国绅士的风度，但是话语中却时常是绵里藏针，其中就有牛顿的那句名言："假如说我看得比较远，那是因为我站在你们这些巨人的肩膀上。"这句话显露出了牛顿骂人的本领，因为胡克是个驼背的矮子。

自从牛顿在胡克那里受挫以后,他基本上就是把自己藏在剑桥大学的实验室里。在对光学进行研究之后,牛顿又迷上了炼金术,不过他必须偷偷摸摸地做他的炼金术实验,因为那个时代炼金术被统治者视为重罪。牛顿搞炼金术并不是为了得到黄金,他是在做科学的探索。实际上波义耳等人早就进行炼金术的研究了,要不他也不会成为"近代化学之父"。

牛顿没有从炼金实验中得到黄金,不过他从中得到的收获可能远远大于黄金的价值。据说他从中得到启发,开始寻求宇宙间各种规律的统一理论,并且从炼金术中所谓"发气原理"的观念中悟出物体间有超距引力,从而彻底摒弃了笛卡尔对星系旋涡吸引力的机械解释。后来终于有一个偶然的机会,使牛顿写出了那部改变了世界的伟大著作——《自然哲学的数学原理》。

(4)卷入赌约

这部著作的内容虽然都是在牛顿一人的脑袋里酝酿出来的,但它却是经过别人不断地催促才来到这个世界的,扮演这个"助产婆"角色的是一个 28 岁的小伙子,他就是那个最著名的彗星的确定者埃德蒙多·哈雷(Edmond Halley,1656—1742)。故事的开始要追溯到当年伦敦的一间咖啡馆里。

1684 年 1 月的一天,伦敦的一间咖啡馆迎来了三位不同寻常的客人——胡克和雷恩(Wren)爵士接受哈雷之约在此小聚。这位雷恩爵士是英国近代史上的一位大人物,他曾担任牛津大学天文学教授,做过两年英国皇家学会会长,还是一位建筑大师,他最辉煌的成就是主持了伦敦大火后的重建工作,重建的 86 座教堂中有 51 座是出自他之手,此外他还设计和监造了天文台、图书馆、医院、宫殿、议会大楼等许多著名建筑,因功绩卓著他在 1673 年被授予爵位。在伦敦的重建工作中,胡克曾做过雷恩的助手。这时候雷恩和胡克的年龄已在 50 岁上下,而哈雷只有 28 岁。

哈雷请两位前辈出来,当然不是像我们这些俗人那样喝喝咖啡、打发时光。他向两位学者讨教了一个问题:行星环绕太阳旋转的作用力是否与其跟太阳距离的平方成反比？雷恩认为用假说去获得这个结果并不困难，但要证明这个关系就是另外一回事了。胡克说他几年前做过证明，但是他要藏一段时间，等别人试过并且失败之后他再公开。尽管另外两人猜测胡克又在吹牛，但雷恩还是宣布愿意给出两个月的时间，到时候谁能拿出证明，他就酬谢得胜者一本价值 40 先令的书。尽管赌注不算很高，但这却是人类科学史上最有意义的一次打赌——它导致了人类历史上最伟大科学成就的横空出世。

两个月过去了，不出所料，胡克没有拿出证明，雷恩和哈雷也没有解决这个难题。时间很快到了夏天，哈雷还是不想放弃，他想到了剑桥大学有个牛顿，两年前他和牛顿见过一次面，也读过牛顿的论文，对牛顿的才能有所了解。开始他打算给牛顿写封信进行讨教，最后他觉得还是前往剑桥面见为好。伦敦距离剑桥九十多公里，虽然现在乘火车只需 1 小时，但那时只能乘马车，单程就要整整一天。

埃德蒙多·哈雷比牛顿小十三岁，出生于富贵之家，20 岁从牛津大学毕业后，不等着拿学位就跑到南大西洋的一个荒岛上建了个临时天文台观测天象。两年后哈雷在英国发布了世界上第一个南天星表，年纪轻轻就成了受人尊敬的天文学家。哈雷

1687 年哈雷的画像

虽然年轻，却是个无所不干、无所不能的人物，在很多方面都有一些成就。在这些成就当中，唯独那个永远让他载入史册的哈雷彗星不是他的发现，但是他认定了人们在 1682 年见到的那颗彗星就是前人分别在 1456 年、1531 年和 1607 年见到的同一颗彗星，因为他发现它们的轨道极其相似。哈雷还预言这颗彗星将会在 1758 年或 1759 年再度出现。后来彗星果然如约而至，而哈雷却遗憾地爽了约，因为他没能幸运地活到 103 岁。

哈雷不仅在科学上积极进取，收获甚丰，而且他还是一位仪表英俊、谦让有

礼的绅士，自然是获得了牛顿的好感。但牛顿以其一贯的作风，跟外面的世界打交道时还是保持了一份警觉。所以当哈雷提出这个问题的时候，牛顿的回答简直跟胡克如出一辙："我证明过，但现在找不到了。"还好，没等哈雷哭晕在厕所，牛顿就答应重新计算，等三个月后会将结果寄给他。牛顿的目的是出于慎重，再做一番周密的思考和推导，千万不要有什么错误给胡克那种人留下耻笑的把柄。哈雷虽然心里是急不可待，但是也只能再等三个月了。

跟胡克不同，牛顿是讲信用的，三个月后，牛顿托人把 9 页的论文稿送到了哈雷的手上。如果没有哈雷的催促，被胡克伤害了的牛顿或许不会在胡克离世之前发表自己的力学理论。假如再赶巧胡克长命百岁的话，那么这位最伟大的天才只有抱憾终生了。好在牛顿的时代同行者中不只有胡克，还有哈雷。

哈雷看完牛顿的论文之后，马上动身前往剑桥去见牛顿，要求牛顿允许自己向英国皇家学会报告这些新的发现。得到允许后他又匆匆赶回伦敦（没有电话真是麻烦），像跟时间赛跑似的赶在次日的学会例会上宣读牛顿的论文。牛顿只是委托哈雷在宣读之后把论文在学会登记注册，没有准备发表，此时他已经开始构思比较完整的长篇论文了。

（5）厚积薄发

在 1685 年的大部分时间里，牛顿与外界隔绝，几乎不跟任何人通信，在这段不停工作的日子里，与他日常相处的只有一个助手。说是助手，其实是他的室友，天天被牛顿拉来干义工。

据他的助手后来回忆，牛顿"对自己的研究是如此专注和认真，以致他吃得很少，时常忘记了要吃东西……他难得上床睡觉，直到凌晨两三点、甚至五六点才就寝，仅睡四五个小时而已。他经常把自己留在实验室里，有一回长达六星期之久……曾有很少几次他打算上大餐厅吃饭，他出门之后立即向左转往大街走去，在街上停下来发觉自己走错了，就匆匆回头，可是往往不是走去餐厅，而是回自己的书房去了……有时候他会到自己的花园绕一两圈，突然站着不动，转过身来

剑桥大学三一学院门口的这棵小苹果树据说是牛顿苹果树的后代，苹果树的旁边就是牛顿在剑桥住过的宿舍。

又跑上楼去，像阿基米德一样大叫'我找到了！'然后就站在书桌前写起来，连拉出椅子坐下来的时间都省了"。

到 1686 年的春天，《自然哲学的数学原理》（简称《原理》）一书的内容大致成形，它是由三册独立而互有关联的单元和一篇引言组成。牛顿著名的三大定律在引言中作为公理来陈述，第一册和第二册讲各种力和运动。第一册的主要部分以原来的论文为基础，牛顿在这里说明了向心力和机械阻力等概念。第三册解释第一册和第二册中所列举的那些理论观念及应用，包括牛顿的重力理论。在第三册里，牛顿用万有引力的观念将伽利略的地面上的力学（自由落体定律）和开普勒的天上的运动定律综合起来了。

在写《原理》不到两年的时间里，牛顿可以说进入了痴迷的状态。人要打算在某一个方面做出一流的成就，不进入痴迷状态几乎是不可能的。

牛顿写这部书的方式在今天的人看来是非常奇怪的。今天的人写书总是希望阅读的人越多越好，而牛顿却故意把书写得只有精英人士才能看懂。他用古典的拉丁文写作，并且禁止别人将其翻译成通俗的英文版。全书结构严谨，前后逻辑关联性极强，采用了将材料浓缩成一条条命题的数学形式，读者只有把前面的原理彻底理解之后才能研读后面的内容。多年以后，牛顿告诉一位朋友："之所以故意把《原理》弄得尽可能艰涩难读，是避免受到对数学一知半解的人的打扰。"大概其中就包括胡克，因为数学是胡克的短板。

不出所料，当书稿全部交到哈雷手中之后，那个名叫罗伯特·胡克的"讨债鬼"又出来搅局了。这回倒不是挑出书中的什么毛病，而是说书中的重力与距离的平方成反比的定律是从他那里得来的。之前就重力问题胡克与牛顿确实在书信中有过讨论，但是平方反比律是不是胡克告诉牛顿的，却很难说。即便是胡克很早就讲过平方反比律，那也还有比他更早的：法国天文学家布里阿德在 1645 年就提出了"开普勒力与太阳的距离的平方成反比"这一假设。胡克这一搅和不要紧，牛顿干脆把文中提到的胡克的名字统统删掉了。可以想象，胡克的鼻子都被气歪了。

书的出版还是遇到了波折。尽管在哈雷的努力下英国皇家学会同意印行，但到最后关头英国皇家学会却掉了链子——没钱！哈雷只好自掏腰包，尽管他手头也不宽裕。1687 年 7 月 5 日，《自然哲学的数学原理》出版，哈雷以不具名的方式在英国皇家学会的《通报》上发表了第一篇书评，随后的一年中，全欧洲的学术刊物都陆续出现了书评，这些评论确立了牛顿的国际声誉。当然也曾出现过一篇匿名恶评（人们根据文风猜测是胡克所为），但已

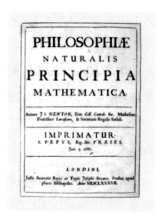

《自然哲学的数学原理》

掀不起任何风浪。牛顿能够获得如此高的国际声誉，你可能会猜想当时《原理》的发行量一定很大。其实不然，在发行后的十年间，销售量不过数百套而已。但是到现在，它已经重印了不止 100 版，译本几乎涵盖全世界每一种文字。

虽然前半生挫折很多，但牛顿还是非常幸运，他凭借自己高超的才能，既遇

到了培养他、提携他的几位热心贵人，也遇到了鼓动他、帮助他的一位重要友人。

在当时的欧洲大陆有两位著名的学者，一位是荷兰的惠更斯，一位是德国的莱布尼茨。牛顿向他们各寄去了一本《原理》，但是他们两人都将这本书的主要概念斥为荒谬。惠更斯所怀疑的只是牛顿的物理学，而不是他的数学。尽管如此，不久之后牛顿的物理学仍然在欧洲大陆得到了广泛的传播和普及。

《原理》是牛顿在极为专注的状态下花了一年多的时间写出的一部鸿篇巨著，以欧几里得式的严谨出名。牛顿这个人非常地顾及面子，但是他偏偏因为自己的不谨慎在胡克那里丢了两次面子，所以这一次为了写《原理》，他投入了很大的精力，遵循"公理—逻辑"方法，严密论证，就连那个专门对他找碴的胡克也无法从中挑出任何毛病。

（6）转战金融

在《自然哲学的数学原理》出版后的第二年，英国发生了一件大事，这就是著名的"光荣革命"。这个事件不仅改变了英国的历史进程，也影响了全世界的历史进程。当时，执政不久的英国国王詹姆士二世开始推出他忠于罗马教廷、反对基督教新教运动的政治行动，插手学校事务，干涉学术自由。最后詹姆士二世被赶下王位，仓皇逃走，英国议会与国王近半个世纪的斗争以议会的胜利而告终，从此开启了君主立宪制的现代政治制度。这场革命没有发生流血冲突，因而被称为"光荣革命"。

牛顿是一位辉格党（后改称自由党）党员，始终站在国王的对立面。在反对国王干涉学校事务和宗教信仰的运动中，牛顿表现积极，显示了自己善辩的才能和领导能力，这使他感觉到自己可以在科学领域之外找到发挥才能的地方。很快，牛顿被剑桥大学派往国会作为常驻代表，担任了国会议员，从此开始了他的政治和官僚生涯。牛顿在后半生没有重要的科学发现，不是因为他去研究神学（他一直在研究神学），而是因为他走出了象牙之塔，踏上了社会舞台。

1690年牛顿回到剑桥待了几年，但是在品味到了多姿多彩的社会生活之后，他已很难再适应剑桥大学里那种孤单寂寞的生活。这期间他的一些朋友也在为他寻找新的职位。1694 年牛顿的一位朋友被任命为财政大臣，于是机会降临。1696年 3 月，牛顿被任命为皇家造币厂的厂长，从此他离开居住了三十五年的剑桥这座小城，定居伦敦。

造币厂厂长这个职位早已被人看成一个肥差，不用做什么事就可以坐享高薪。但牛顿天生就是一个做事的人，他在这个位置上又立了大功。在当时的经济社会中，"劣币驱逐良币"的现象极其严重，这是真正的"劣币驱逐良币"，后来引申出的比喻恰恰来自当时英国的市场现象：使用贱价的金属或剪钱拼凑的方法制作伪币在那时已成为一个利润丰厚的行当，好币都被人们藏在家里或遭到剪割的命运，市面充斥的全是劣币。于是币制的信用已完全破坏，全国市场和银行的混乱到了生死存亡的关头，物价飞涨，暴乱几乎天天发生。牛顿可以说是受命于危难之际，他上任时重铸新币的工作虽然已经启动，但谁也不确定能否成功。

牛顿是一位在任何工作中都能以勤奋、技巧和智慧力挽狂澜的人。他是造币厂所有人当中最勤快的一个，每天早晨 4 点钟，当钱币压制机开始启动时，牛顿就在厂房了。他有一段时间就住在工厂旁边一处狭小的宿舍里。这期间他制定新的工作流程、新的管理制度，大大提升了生产效率，提高了新币的质量。把工厂管得有条有理之后，牛顿开始搜寻制造伪币的罪犯，直到那些扰乱市场的坏人被送往铁牢或判处死刑。为了防止硬币被人剪割，牛顿在新币的边缘轧上了有规则的刻痕，这就是通行至今的硬币边齿。通过发行新币和市场治理双管齐下，"劣币驱逐良币"所造成的市场混乱终于得到有效遏制，乌烟瘴气的社会秩序开始变得风清气正。

"劣币驱逐良币"的现象也被称为"格雷欣规律（Gresham's law）"，它是英国的金融家托马斯·格雷欣（Thomas Gresham）爵士在 1560 年提出的。这是缺乏规则的社会中的一个普遍现象，也算是一个社会规律。规律的存在是有条件的，这个规律的条件是钱币技术含量不足、易于仿制，以及损毁和伪造货币者得不到应有的惩罚。牛顿改变了这两个条件，从而在英国社会中消灭了长期以来的"劣币驱逐良币"的现象，也就是消除了这一规律。

牛顿在经济和金融领域的另一个重大贡献是他最早提出和建立了金本位制度。在金本位制下，每单位货币

邮票上的牛顿

的价值等同于规定重量的黄金。金本位制消除了价格混乱和货币流通不稳的弊病。

（7）执掌学会

在牛顿一天天地好起来的同时，他的对手却在一天一天地"烂"下去。胡克活着时候没有人去把他扳倒，他在晚年担任英国皇家学会的秘书，基本上是掌控着这个最负盛名的学术团体，因为学会的主席都是上层官员兼任，很少到英国皇家学会主持会议。那个自命不凡的眼中钉牛顿也早已躲得远远的，改行做金融去了。最后打败胡克的是疾病。1700 年，胡克开始双目失明，两腿肿胀，现在看来大概是糖尿病的症状。1703 年 3 月胡克在落寞中去世了。此时的英国皇家学会也因经营不善走向了破产的边缘，昔日辉煌时期的 200 位成员如今只剩下一半，17世纪那些学术大咖们绝大多数已经离世。此时学会主席的位子正好空缺，牛顿显然成了主席的最佳人选。过去的绊脚石已经不在，善于收拾烂摊子的牛顿欣然接受了这一职位。可以说，牛顿又一次受任于败军之际，奉命于危难之间，重振英国皇家学会辉煌的重任历史性地落在了牛顿的肩上。如果当时不是牛顿来接任主席，皇家学会很可能挨不过几年就"树倒猢狲散"了。

牛顿的一些朋友知道他还有很多研究成果，特别是光学方面的研究成果压了几十年没有发表。在朋友们的催促下，牛顿开始着手整理自己的研究资料。此时书的出版既没有资金上的困难，也没有了人为的障碍。1704 年，牛顿的《光学》一书出版，这可以说是牛顿接手英国皇家学会之后的第一件大事，这部书在《原理》

之后也对近代科学的发展产生了深远的影响。不同于《原理》的是，《光学》一书是用通俗的英文而不是拉丁文写成的，而且书中极少使用令人望而生畏的数学。

在《光学》的后面，牛顿以附录的形式，列举了一些当时他还不能论证的科学猜想，美其名曰"疑问"，第一版列出了 16 个"疑问"，最后他增加到 31 个。在第 1 个疑问中牛顿猜测万有引力能够使光线弯曲，看到这里你肯定马上会想到这不是广义相对论吗？在第 5 个疑问中，牛顿提出"物体和光是否彼此相互作用，即是否物体作用于光者为发射、反射、折射和拐折它，而光作用于物体者为使它们发热并使其各个部分处于一种热所致的振动者之中"？这会让人稍稍联想到普朗克的黑体辐射理论和爱因斯坦的光电效应理论。在第 30 个疑问中，他说"物体变成光，光变成物体，是适合于自然界的过程的，自然界看来是喜欢转化的"。这不正是爱因斯坦的质能转化理论的粗糙形式吗？

还有比这更不可思议的：在最后一个疑问中，牛顿猜测除了引力、磁力、电力之外，"可能还有其他的吸引力，它只达到这样小的距离以致迄今为止逃过观察……物质的最小粒子可以由于最强大的吸引而粘聚在一起……"，20 世纪的科学家们果然发现了这样的短程力，即强相互作用力。在这里，牛顿更是试图猜测各种自然力的统一性，统一场论也成为爱因斯坦等现代物理学家孜孜以求的科学图景。

可以说，爱因斯坦的多项重大贡献都可以在牛顿那里找到源头。爱因斯坦是否从牛顿的猜想中得到过启发，我们不得而知。但可以肯定的是，爱因斯坦早就读过牛顿的《光学》。尽管牛顿的猜测是不成熟的，也难免有一些错误，不会列入教科书供学生学习，但是这些金光闪耀的思想对于后世的科学家的科学探索来说，可是最为珍贵的传世之宝。

牛顿爵士

1705 年，牛顿被安妮女王封为爵士。平民科学家取得在当时并不具有实际用途的科学成果，就可以被封为爵士，晋升为贵族，可见近代欧洲各国对科学的重视程度。而在中国的历史上，如果不是皇族，那么就只有为帝王攻城略地的将军才有可能封爵，科学技术在当时东方大国统治者的眼里只不过是奇技淫巧，仅供猎奇、取乐之用。

很快，英国皇家学会不仅恢复了元气，而且走上了巅峰，牛顿所起的作用是不言而喻的。如果牛顿一直在剑桥待着，就算是他当了英国皇家学会会长，也难以施展拳脚使英国皇家学会翻身。所以他在造币厂这七年当真不是白干的，一是积累了财富，二是历练了管理的本领，三是建立了自己在政府和社会的人脉关系。所有这些再加上《原理》给他带来的个人声望对于他挽救半死不活的英国皇家学会并使之成为近代科学的一面旗帜，都是至关重要的。

牛顿在拯救英国皇家学会的同时，也在极力树立个人的权威，收紧学会主席的权力，打压不够顺从的人，对眼中钉的排挤程度远超老对手胡克，毕竟胡克不曾拥有牛顿现在的权势。权力可以改变一个人，连牛顿这样谨慎、内敛的天才人物在获得权力后也会变得膨胀跋扈起来。毫无悬念的是，牛顿一上台，就让胡克在英国皇家学会留下的所有痕迹，包括他的工作成果、他的画像都消失得无影无踪，以至于之后好几百年胡克都没能拥有他在科学史上应有的地位。

清理完胡克就该收拾不顺从的人了，英国的首任皇家天文学家、格林威治天文台的创建人约翰·弗拉姆斯蒂德（John Flamsteed）逐渐成了牛顿的眼中钉。如果说胡克死后遭清理还算情有可原，这是他生前打压牛顿时所埋下的祸根造成的，而弗拉姆斯蒂德确实是很冤。牛顿为了验证自己的引力理论，曾从弗拉姆斯蒂德那里索要过不少的月球观测资料。但是当上英国皇家学会主席之后，牛顿在索要资料时为了树立自己的权威，经常对弗拉姆斯蒂德指指点点，有时甚至无情地羞辱，这就激怒了弗拉姆斯蒂德，导致弗拉姆斯蒂德不再那么顺从，毕竟老弗也是六十多岁、一大把年纪的人了。之后牛顿为了自己的需要，未经老弗允许私自出版了他的《观测星图》，最后把人家逼得郁愤而死。

虽然学会复兴了，气场强大了，但18世纪的英国皇家学会没有再涌现出像17世纪的那样一批大牛。学会只剩下了牛顿这么一个超级大牛，而且是一头只吃老本、不再产奶的老牛。

晚年的牛顿除了打压英国国内的眼中钉之外，另一项重要工作就是因微积分的发明权之争跟海峡对岸的莱布尼茨打"嘴炮"。

莱布尼茨1646年生于德国莱比锡的教授家庭，比牛顿小三岁多。他是和牛顿比肩的伟大学者，实际上他早年的时候比牛顿还要牛。莱布尼茨未满20岁就在莱比锡大学通过了法学博士的资格鉴定，但是因为他太年轻，按学校的规定不能授予他博士学位。于是莱布尼茨一气之下离开莱比锡去了充满着自由气息的纽伦堡大学，在这里他又完成了一篇博士论文，这次不仅获得博士学位，而且还被聘请做教授。不过莱布尼茨婉拒了教授职位。这时的牛顿才刚刚大学毕业，两年后才拿到硕士学位，当上研究员。莱布尼茨兴趣广泛，学识比牛顿更渊博，见识比牛顿更广阔，数学和手工艺水平也不输牛顿，但是在物理学的贡献上无法跟牛顿相提并论。

莱布尼茨对牛顿的评价还是相当高的。在1701年一次宫廷宴会上，普鲁士国王腓特烈问莱布尼茨对牛顿的看法，莱布尼茨答道："在从世界开始到牛顿生活的时代的全部数学中，牛顿的工作超过了一半。"当然，在"嘴炮"之前，牛顿也曾在书中吹捧莱布尼茨为"最杰出的几何学家"。这说明这两大天才也曾经惺惺相惜。把牛顿和莱布尼茨比较一下可以发现两个人的人生经历也多有类似：都是早年丧父（牛顿连父亲长得什么样都不知道）；牛顿靠发明反射天文望远镜当选为英国皇家学会会员，莱布尼茨靠发明实用计算器当选为英国皇家学会会员，相对于他们一生的成就来讲这些不过是雕虫小技；两人都发明了微积分；进入18世纪后莱布尼茨当上了柏林科学院的院长，牛顿当上了英国皇家学会的主席。

（8）万世辉煌

牛顿是科学史上的天才人物，而跟他矛盾最深的也都是那个时代及整个科学史上的天才：胡克和莱布尼茨。他跟莱布尼茨的交恶不仅限于他们两人的关系，而是波及英国学术界与欧洲大陆学术界的关系，甚至滞缓了英国数学发展达一个世纪之久。牛顿是一个不够豁达的人，这在一定程度上有损于他在历史上的声誉。但是他活得比他的对手都要长久，这使他在所有的交战中最终都占据上风。纵观历史，"活下去"才是最重要的制胜法宝！

　　不能不说，牛顿的这种内心坚韧，跟他的基督教信仰和基督情结有关。有人说牛顿的信仰妨碍了他后半生在科学上的发展，要知道，牛顿的宗教信仰是从小就培养起来的，为什么他的宗教信仰没有妨碍他前半生的科学探索和发现？实际上，他的信仰在一些方面反而帮助了他的研究，这是因为他所信仰的上帝不仅是一个万能的上帝，而且是一个理性的上帝，它做事合乎逻辑、合乎道理，不是那种任性胡来的大神。牛顿出生在圣诞节那一天，跟救世主耶稣是同一天生日，这不仅加深了牛顿对基督教坚定的信仰，同时也让他天生就有了圣人情结和救世的责任感，他孤傲的外在表现恰恰来自其内心的自命不凡。他年轻时的孤僻、封闭、敏感、坚韧，以及他后期的雷厉风行和飞扬跋扈，其实都跟他内心深处的这种自命不凡有着密不可分的联系。

　　1727年3月31日，84岁的牛顿离开了这个被他用智慧照亮了的世界。他的墓位于伦敦威斯敏斯特大教堂正面大厅的中央。牛顿的一生是孤独的，但死后却

1镑英钞上的牛顿

有一众名人依偎在他的身旁。能够永远陪伴在牛顿的身边，成了后世英国杰出科学家死后的最大荣耀，这些人包括但不限于：达尔文、开尔文、汤姆逊、卢瑟福、霍金。

牛顿的《原理》为近现代物理学的发展奠定了基础，也为古老天文学的争论画上了句号。牛顿在《光学》中留下的一些猜想甚至在二百年后的 20 世纪仍然能给予一流的科学家一些重要的启示。

牛顿一生中最大的一项成就是研究出了万有引力，但是，几乎人人都摆脱不了的"性吸引力"却对他不起作用。他终生未娶，没有留下自己的生物基因，但是他留下的文化基因实在是太强大了！伏尔泰说，牛顿是最伟大的人，因为"他用真理的力量统治我们的头脑，而不是用武力奴役我们"。

法国法郎上的伏尔泰

作为 18 世纪法国启蒙运动领军人物的法国杰出思想家伏尔泰（Voltaire），对牛顿的推崇几乎达到了极致，他在《哲学通信》中写道："当讨论谁是最伟大的人物时，有人回答说，一定是牛顿。这个人说得有道理，因为倘若伟大是指得天独厚、才智超群、明理诲人的话，像牛顿先生这样十个世纪里只涌现一个的杰出的人物，才真正是伟大的。"为了将牛顿的理论、思想、方法及其所代表的近代科学文化带进千家万户，使近代科学成为人们文化生活的一部分，伏尔泰写了《牛顿哲学原理》《牛顿的形而上学》等书。他以通俗的方式，以与笛卡尔的旋涡体系相比较的手法，向法国公众介绍了牛顿的宇宙体系；通过说故事的形式来阐发牛顿思想、描绘牛顿所遵循的科学方法与科学原则。

18世纪的英国伟大诗人亚历山大·蒲柏（Alexander Pope，黑格尔的名言"现实的都是合理的"就是从他那里抄来的）在诗中写道：

自然和自然界的规律，

隐藏在黑暗里。

上帝说：让牛顿去吧！

于是，一切成为光明。

这段话就是最广为传颂、但是却没有刻到牛顿墓碑上的"墓志铭"。

2. 经典动力学的基础：牛顿第二定律

牛顿的《自然哲学的数学原理》是仿照欧几里得的《几何原本》写成的"公理—逻辑"化的著作，书中一开头以精练的语言提出一系列基本的定义，其中包括"物质的量"（质量）、"运动的量"（动量）、"物质固有的力"（惯性）、"外加的力"等。接着以公理的形式提出三大运动定律，即惯性定律、动力学定律、作用反作用定律。也就是我们所说的牛顿第一定律、牛顿第二定律、牛顿第三定律。

在牛顿之前已经有很多人对惯性定律做过表述，所以惯性定律在当时已经成为一条公理。作用反作用定律极其简单直观，而且牛顿也通过他的研究给出了充分的理由，所以把它作为一条公理也没有什么问题。

牛顿第二定律主要来自伽利略的自由落体定律。伽利略已经通过实验证明自由落体运动是匀加速运动，即加速度不变。只要物体在自由下落时它的重量（所受到的重力）保持不变，就说明物体在匀加速运动中受到的作用力是恒定不变的。如果说一个物体在地面上的重量跟它在距地面10英尺（约3米）高处的重量是一样的或基本一样，质量（物质的量）也是不变的，这在当时是不会有任何争议的。

所以，牛顿第二定律是从自由落体定律延伸出来的。另外，托里拆利已经运用过一个等式：Ft＝Δmv，即恒力与作用时间的乘积和动量的变化相等。这就是我们现在熟知的动量定理。如果这个等式两边同时除以时间 t，那么就可以得出 F=m·Δv/t。Δv/t 就是速度变化率，即加速度。实际上托里拆利已经认识到力与加速度之间的比例关系。不过，对于托里拆利的工作，可能牛顿并不了解，因为托里拆利的讲稿直到 18 世纪还没有出版。不管怎么说，第二定律在当时的学术界已有了一定的思想基础。当时牛顿是把这条定律作为一个公理提出来的。

书中对**第二定律**是这样叙述的：

定律 2：运动的改变与外加的引起运动的力成比例，并且发生在沿着那个力被施加的直线上。

牛顿第二定律是牛顿动力学两个核心定律之一，另一个核心定律是万有引力定律。这两个定律都涉及三个要素：质量、力、空间。万有引力定律讲的是力的质量来源，或者说质量在空间中产生的力效应。牛顿第二定律讲的是力对质量产生的空间效应，即加速度。万有引力定律中的空间是引力场，牛顿第二定律中的空间是加速度，如果把这两个定律合在一起的话，约化掉质量和力这两个因素，那么就会出现"引力场空间与加速度是等价的"这样一个结果。这个结果就是著名的**等效原理**，它是爱因斯坦广义相对论得以建立的一个基本原理。

惯性定律（第一定律）和作用反作用定律（第三定律）都可以从第二定律推导出来：在第二定律中，如果外力为零，那么物体就遵循惯性定律做匀速直线运动；在第二定律中，如果质量为零，也就是说物体是一个没有质量的点或面，那么这个点或面所受的外力之和一定为零，否则它的运动速度瞬间就被加速到无穷大。如果一个点或面受到了两个外力，那么这两个外力一定是大小相等、方向相反。这个点或面可以是两个互相作用的物体的作用点或作用面。由此来看，第一定律和第三定律可以看作是第二定律的两个特例。由于牛顿三大定律在《自然哲学的数学原理》中是作为公理提出来的，所以牛顿第二定律可以说是牛顿动力学的基础定律。第一定律和第三定律在当时作为已被广泛接受的、具有明证性的公理，反过来又可以验证第二定律的正确性。总之，牛顿把这三个定律同时作为公理提出，在当时可以说是水到渠成，不会有太大的争议。

在这三个定律之后，牛顿又导出了 6 个推论。推论 1 和推论 2 是力的合成与分解及运动的叠加原理；在推论 3 和推论 4 中得出了动量守恒定律；在推论 5 和推论 6 中包含了伽利略相对性原理。这样，牛顿就把前人的零碎成果综合成了有逻辑关系的统一整体。

尽管牛顿努力使其论证做到了严谨，但是他在这部书中提出的绝对时空观是缺乏坚实基础的，他对那个著名的水桶实验的分析就存在着问题，后来德国哲学家和物理学家马赫对牛顿的分析进行了批判，但是马赫的观点也不那么正确。再往后爱因斯坦的狭义相对论和广义相对论对这些问题给予了彻底解决。

牛顿第二定律的数学表达式为：$F=a \cdot m$，其中 m 是物体的质量，F 是物体所受外力，a 是物体在外力 F 作用下的运动加速度。牛顿第三定律指的是，在动力学中，物体受到外力时会产生对抗此外力的反作用，外力有多大，反作用力就有多大。

把牛顿第二定律与牛顿第三定律合在一起，就得出了动力学中反作用力的表达式：$-F=-a \cdot m$。物体的加速度实际上是物体的运动变化量（或者说，动力学状态的变化量，惯性状态的变化量）。当加速度为 0 时，物体做匀速直线运动，物体的运动是不变的。上述反作用力的表达式显示了物体运动的变化能够对使之产生变化的外部作用产生逆反作用，这个逆反作用的大小与运动的变化量成正比，是典型的线性关系。由于牛顿第三定律可以看作是牛顿第二定律的一个推论，所以牛顿第二定律本身就是一个物体的动力学状态的作用逆反律，而且可以用标准的正比表达式来描述。在本书第 6 章讲过，惯性定律（牛顿第一定律）是状态的守恒定律。

3. 爱因斯坦和他的奇迹年：狭义相对论

20 世纪，更为普适的狭义相对论取代了牛顿动力学。狭义相对论揭示了另一种逆反互补效应：物体在被外力加速时，其质量也在增大，这又导致其加速的难度增大，以至于任何一个物体都不可能被加速到光速。在狭义相对论中，$-F=-a \cdot m$ 这个正比表达式仍然适用，只不过这里的 m 在加速过程中发生变化。

关于狭义相对论的问题要追溯到 19 世纪迈克尔逊的干涉仪实验。

1881 年，在德国工作的美国科学家迈克尔逊发明了一种用以测定微小长度、折射率和光波波长的干涉仪（被人称作"迈克尔逊干涉仪"）。从 1881 年到 1887 年，迈克尔逊和美国化学家、物理学家莫雷在不断改进中多次重复进行了迈克尔逊干涉仪实验，证实了观测到的光的速度不因光源速度的变化和观测参照系的变化而发生改变，这就是光速不变性原理。也就是说，光的速度不遵从速度叠加原理。

为了解释光速不变的现象，爱尔兰物理学家菲茨杰拉德（FitzGerald）第一个提出收缩假说，发表在 1889 年英国的《科学》杂志上，但是这家《科学》杂志不久就停刊了，连菲茨杰拉德本人都不知道他的假说是否发表。菲茨杰拉德去世后，他的一个学生翻查各种文献，终于在英国出版的《科学》杂志倒闭前的倒数第二期上查到了菲茨杰拉德讨论这一收缩假说的论文。

1892 年荷兰物理学家洛伦兹（Lorentz）独立提出了收缩假说，他提出迈克尔逊干涉仪随地球在以太运动的方向上的那一臂缩短了。1895 年，他发表了长度收缩的准确公式，即在运动方向上，长度收缩因子为 $\sqrt{1-v^2/c^2}$。1904 年，洛伦兹证明，当把麦克斯韦的电磁场方程组用伽利略变换从一个参考系变换到另一个参考系时，真空中的光速将不是一个不变的量，从而导致对不同惯性系的观察者来说，麦克斯韦方程及各种电磁效应可能是不同的。为了解决这个问题，洛伦兹提出了一种变换公式，即洛伦兹变换。通过洛伦兹变换产生的收缩，人们称之为洛伦兹收缩。但是很多人并不知道，收缩假说不是洛伦兹第一个提出来的。不管怎么说，以太理论似乎最终由洛伦兹完成了。但是，这样一个历经两千多年终于得以完成的理论，一年之后就被爱因斯坦给推翻了。

大学毕业后的爱因斯坦在他的朋友贝索（Besso）那里讨论迈克尔逊实验和洛伦兹方程时，忽然领悟到需要重新分析时间概念，不可能绝对地确定时间，在不同的惯性系中去观察同一个时钟，它指示的时间是有差别的，在时间和信号速度之间有着不可分割的联系。

阿尔伯特·爱因斯坦

在 1905 年发表的《论动体的电动力学》这篇论文中，爱因斯坦以光速不变原理和相对性原理这两个公设为出发点，推导出时空变换关系。这样物体在高速运动中所显现出来的"长度收缩""时钟变慢"，以及速度的合成法则都可以推导出来了，于是形成了一套新的时空观，这一套理论就是狭义相对论。虽然爱因斯坦推导出的时空变换关系跟洛伦兹变换完全一样，但是两者的逻辑起点及物理意义截然不同。

爱因斯坦的这篇论文发表在 1905 年 9 月的德文杂志《物理学年鉴》上。这份杂志的主编是普朗克。应该说爱因斯坦是幸运的，正是普朗克认识到这篇论文的重要价值，才使得论文得以及时发表。如果编辑是一位稍微平庸一点或传统一点或不太敏锐的物理学家，就会把这个专利局小职员的狂言乱语扔进废纸篓里了，就像七十多年前十八九岁的天才数学家伽罗华所遭遇的那样。

一个人要顺利地获得成功，除了自己的天资和努力外，大概需要两个人的帮助，一个是贵人的发现和提携，一个是友人的宣传与鼓励。这位贵人应该是有较高地位、有较大影响力、掌握一定资源的，思想开明且欣赏你的学界大牛或高官。这位友人是一位志同道合的、有社会活动能力的，思想开放且钦佩你的朋友、同事或学生。对于牛顿而言那位贵人就是巴罗，友人是哈雷。对于爱因斯坦而言，贵人是普朗克，友人是爱丁顿。对于达尔文而言，贵人是亨斯洛、莱尔，友人是赫胥黎。伽罗华和孟德尔在生前都没有遇上重要的贵人和友人，好在去世多年以后其成果还能被发现，在天堂里也可以瞑目了。当然，成功者的贵人或友人很可能不止一个，在人生的不同阶段会得到不同人的帮助，爱因斯坦就是如此。

爱因斯坦年轻时的日子曾经过得满眼尽是辛酸泪。1879年阿尔伯特·爱因斯坦出生于德意志符腾堡王国（后来德国的巴登—符腾堡州，三百年前这里诞生过一位伟大人物，他叫开普勒）的乌尔姆市的一个犹太人家庭。1900年他在瑞士苏黎世联邦理工学院毕业并加入瑞士籍。爱因斯坦虽然是名牌大学物理科班出身，毕业后却找不到工作，生活陷入极端困顿，女朋友怀了孕，自己却没有能力去娶她，心里的愧疚无法言表。这期间他曾自责自己是父母的负担，或许自己死了会好一些。当然，可能连他自己也没有想到，如果他这时候死了，对物理学来说可不是一件好事。

1902年爱因斯坦终于稍稍摆脱了厄运，他的同班同学、数学才子格罗斯曼（Grossman）通过父亲的关系托人让爱因斯坦进入伯尔尼专利局打工。大学时爱因斯坦依靠格罗斯曼的听课笔记得以通过数学考试，也是这位格罗斯曼，后来在

花园城市——瑞士伯尔尼

数学方面帮助爱因斯坦完成了广义相对论。
打工两年后爱因斯坦转为正式的三级技术员。
在养家糊口之余爱因斯坦继续研究物理，跟
他的好友贝索讨论物理问题，并攻读博士学
位。在这几年的讨论中，敏锐慎思的贝索给
了爱因斯坦很多的启发。

　　1905 年，26 岁的爱因斯坦接连发表了四
篇论文，一篇是关于统计力学的，用基于原
子论的分子运动解释了布朗运动现象，使原
子论最激烈的反对者信服了原子论；一篇是
解释光电效应的，提出了光量子说，这篇论
文使他在十六年后获得诺贝尔物理学奖；还

爱因斯坦故居（伯尔尼克拉姆大街 49 号
3011，狭义相对论诞生的地方）

有一篇是《论动体的电动力学》，提出了狭义相对论；几个月后，爱因斯坦又发
表了第四篇论文《物体的惯性同它所含的能量有关吗？》，根据狭义相对论推导
出了著名的质能方程式 $E=mc^2$。他指出：物体质量是它所包含的能量的量度。这
一年，在后来被称为"爱因斯坦奇迹年"。第二年，爱因斯坦又完成了固体比热
论文，这是关于固体的量子论的第一篇论文。

　　爱因斯坦的业余时间可谓收获颇丰，但是除了拿到了博士学位之外，并没有
得到什么实惠，"奇迹年"的爱因斯坦在"名"与"利"上没有任何奇迹出现。毕
竟，一个专利局职员发表的东西不会引起几个人的注意。倒是他的本职工作一点
也没有耽搁，并且得到了领导的肯定：1906 年，爱因斯坦晋升为专利局二级技术
员；1907 年，他又晋升为专利局一级技术员，要是在现在，大概每年都能评个技
术标兵或先进个人什么的。其实，爱因斯坦并非心甘情愿地扎根基层，内心还是
时常掀起点小波澜。"奇迹年"之后他开始申请大学讲师的职位，被拒。然后退而
求其次，申请中学教师职位，总该行了吧，可是又被拒。直到 1908 年 10 月，爱

以色列币上的爱因斯坦

因斯坦的命运才开始小有转折，他当上了伯尔尼大学的编外讲师——当然只是一份兼职。1909 年 10 月，经过了一番曲折之后，爱因斯坦终于离开工作了七年的专利局，当上了苏黎世大学物理学副教授，从业余科学家转为正式的职业科学家。

在《论动体的电动力学》中，爱因斯坦推导出了电子质量承受速度变化的关系和电子的动能公式，并根据"电子的速度等于光速 c 时动能将为无穷大"的结果，预言电子的速度不可能大于光速。

现在我们来了解一下狭义相对论据以建立的两大基础——相对性原理和光速不变原理。

相对性原理：物理体系的状态据以变化的定律，同描述这些状态变化时所参照的坐标系究竟是两个相互匀速移动着的坐标系中的哪一个并无关系。

光速不变原理：任何光线在静止的坐标系中都是以确定的速度运动着，不管这束光线是由静止的还是运动的物体发射出来的。

光速不变原理是在 19 世纪后期被阿尔伯特·迈克尔逊发现的，我在前面的第 10 章已经做了介绍。相对性原理的提出时间则要早得多，它是在 17 世纪前期由伽利略提出的。伽利略认为，一切彼此做匀速运动的惯性系，对于描述机械运动的力学规律来说是完全等价的，并不存在一个比其他惯性系更为优越的惯性系。在一个惯性系内部所做的任何力学实验都不能够确定这一惯性系本身是在静止状态，还是在做匀速直线运动。

　　伽利略在《关于托勒密和哥白尼两大世界体系的对话》中写道："当你在密闭的运动着的船舱里观察力学过程时，'只要运动是匀速的，决不忽左忽右摆动，你将发现，所有上述现象丝毫没有变化，你也无法从其中任何一个现象来确定，船是在运动还是停着不动。即使船运动得相当快，在跳跃时，你将和以前一样，在船底板上跳过相同的距离，你跳向船尾也不会比跳向船头来得远，虽然你跳到空中时，脚下的船底板向着你跳的相反方向移动'。"

　　相对性原理是伽利略为了答复地心说对哥白尼体系的责难而提出的。这个原理的意义远不止此，它第一次提出惯性参照系的概念。这一原理被爱因斯坦称为伽利略相对性原理，它在整个牛顿力学中都是适用的，然后又成了狭义相对论的一个先导。

　　在不同的惯性系中去观察同一个事物，看到的是不同的现象，得到的是不同的结果。中国古代对星象的观测不是以观测者为基准，而是以北极星为基准。北极星基本上正对着地球自转的地轴，在地球上看起来它的位置几乎是不变的，其他恒星相对于北极的位置也几乎是不变的，这样人们观测到的就是一个有着固定极点的天球。**要想把握住变化不定的事物，首先是把握住变化着的事物中不变的要素，我们寻找事物的规律就是想去做到这一点**。中国古代的天文学家显然是深谙此道。

第18章
基本作用力（1）
——万有引力定律

牛顿在 1687 年提出的万有引力定律是人类提出的第一个关于基本作用力的定律。一百年后的 1789 年，法国物理学家库仑提出了另一个基本作用力定律，即关于电磁力的定律。这两个定律本身不是两体逆反规律，但是这两种力都能够形成具有逆反作用的两体系统，由万有引力和电磁引力形成的两体作用旋转系统都遵循两体作用逆反规律。我们知道，地球绕太阳的旋转运动从矢量上讲是变速运动，这意味着地球在太阳的引力下产生了状态变化。地球的速度变化率就是地球的时空状态变化量，这个状态变化量与地球受到的引力的大小呈线性关系。另外，地球旋转运动的投影是简谐振动，跟胡克定律所支配的"弹簧—质点系统"的简谐振动遵循同样的运动规律。

万有引力理论是一个普适的理论，它适用于宇宙万物，既适用于天上的星体，也适用于地上的物体。从其科学本质来讲，它必须有两个来源：一个是天上的天体运动理论，一个是地上的物体运动理论。万有引力理论在科学史上也正是走过了这样的两条发展轨迹：一条是天文学上从地心说，到日心说，再到开普勒行星运行三定律的轨迹；一条是从亚里士多德物理学，到中世纪后期的冲力说，到伽利略自由落体定律，再到牛顿力学三定律的轨迹。

回顾人类的整个科学发展史，可以看到，万有引力的发现是最重要的一个事件，它不仅是物理学史上最重要的事件，也是天文学史上最重要的事件；它的发现史历经了两千年的漫长过程，这部超长连续剧的主角都是古代和近代西方最著名的科学家。万有引力定律的发现，为发展并争论了两千多年的天文学确立了最终的基本格局。万有引力定律和牛顿第二定律的发现为近现代物理学奠定了基础，也确立了牛顿在科学史上"第一牛人"的学术地位。

现在我们就从两千多年前的希腊化时代说起。

1. 日心说：从阿里斯塔克到哥白尼

公元前 4 世纪，亚里士多德在他的著作《论天》里提出，大地实际上是一个球体，一部分是陆地，一部分是水域，球体的外面被空气包裹着。他的这一观点不是靠凭空猜测得到的，而是给出了科学合理的解释。他说，当一艘船消失在地平线时，总是船身先离开视线，桅杆还露在水面上，这说明海洋的表面是弯曲的。还有，当时已经知道月食是大地的阴影投在月球上产生的，既然这个阴影是圆的，那么大地本身也应该是圆的。亚里士多德的这一思想无疑是很超前的，因为当时绝大多数人，甚至一千多年后的绝大多数人都不相信他的话——人们无法理解，住在球体另一面的人怎么会头朝下走路呢？难道他们不会掉下去吗？

尽管亚里士多德提出了正确的大地球体学说，但是他在宇宙观上坚持地心说，认为地球是宇宙的中心，太阳、月亮、行星、恒星这些天体都在各自的天层上围绕地球运行。由于亚里士多德在学术界的巨大影响，地心说在之后一千八百多年里占据着统治地位。不过，在希腊化时代也出现了不同的声音。

阿里斯塔克

公元前 3 世纪，在欧几里得和阿基米德之间的这段时期，埃及港城亚历山大里亚活跃着一位杰出的天文学家，他就是第一个提出日心说的阿里斯塔克（Aristarchus，公元前 315 年—前 230 年），此人来自希腊的萨摩斯岛，他曾在雅典就读于亚里士多德留下的吕克昂学园，是时任校长斯特拉托的学生。萨摩斯岛位于爱琴海的东部，靠近小亚细亚半岛，当时是伊奥尼亚文化的中心，曾诞生过毕达哥拉斯这样的厉害人物。阿里斯塔克认为地球和行星以太阳为中心做圆周运动，地球每年绕太阳公转一周，同时每日自转一周。他自己的关于日心说的著作（如果有的话）没有流传下来。对于他的这套理论，后人是从阿基米德的记载中了解到的。阿里斯塔克有一本著作《论日月的大小和距离》流传至今，这本书中记述了他对太阳、月亮与地球距离之比，以及太阳、月亮、地球三者大小之比的测量。他求得日地距离为月地距离的 19 倍，太阳直径为月球直径的 19 倍，地球直径为月球直径的 3 倍，太阳直径为地球直径的 6 至 7 倍。尽管这些结果与实际值相差甚远，但他的这些工作无疑是一项创举，他是第一个认识到太阳远比地球大得多的人。

公元前 2 世纪，亚历山大里亚又培养出来一位伟大的天文学家叫希帕克斯（Hipparchus），他在希腊的罗德岛上通过自己制造的观测仪器和自己创建的球面三角这个数学工具建立起了定量的天文学体系，他计算出月球到地球的距离为地球直径的 30.2 倍，这是非常了不起的成就了。希帕克斯求得一年为 365 天零 1/4 日再减去 1/300 日。这个数值的误差只有 6 分钟，240 年才差一天。希帕克斯在把自己对恒星的观测结果跟前人的记录相对照时发现恒星不"恒"，而是运动的。希帕克斯还把星星的亮度分了六等，这种方法沿用至今。"岁差"现象也是希帕克斯最早发现的，他计算出回归年（太阳年）比恒星年短，岁差值为 36 弧秒（比实际少了 14 弧秒）。遗憾的是，阿里斯塔克的日心说思想没有为希帕克斯所接受。

在公元 2 世纪的古希腊后期，亚历山大里亚的天文学家托勒密在希帕克斯的天文学基础上建立起了宏大的地心说宇宙体系。由于当时古希腊人观察到行星到地球的距离时远时近，并不是沿着以地球为中心的圆周轨道匀速运行，所以在希帕克斯和托勒密的地心说宇宙体系中采用了复杂的本轮—均轮模型。在这个模型中，天体并不是一直位于以地球为圆心的轨道上，而是在其称为本轮的轨道上匀速转动。本轮的中心则是在以地球为中心的圆周轨道上匀速运转，这个以地球为中心的圆周轨道叫作均轮，均轮也就是本轮的中心所在的轨道。所以天体的运动就是在本轮与均轮上运动的组合，由此造成天体到地球的距离是变化的。这样就维持了古希腊人以圆形、球形、匀速、和谐为准则的美学观点。

托勒密的本轮和均轮天文学体系最早是来自柏拉图学园里的数学家欧多克索的假设。欧多克索的年龄介于柏拉图和亚里士多德之间，他假定了地球是一组 8 个同心球体的系统的中心，其中有一个是推动整个天空做每日运转的圆球，它的轴跟宇宙本身的轴是同一个。其余 7 个球的轴都是不同的。不过这还不足以解释当时观察到的一切天体运动。然后他又以同样的方式根据他的需要构造出许多补充的球体，最后总共凑出来 27 个球体，这就足够用来表示出他当时所观察到的天体运动了。

15、16 世纪的欧洲文艺复兴实际上是对古希腊文化的复兴，天文学的复兴运动也是整个文艺复兴运动的重要组成部分。15 世纪的天文学复兴运动是从维也纳大学的普尔巴赫（Purbach）开始的。普尔巴赫编译过《托勒密至大论纲要》，他留下的《蚀表》中包括对日食、月食发生时间的推算，他还在 1456 年 6 月观察过哈雷彗星并写下天文学报告。普尔巴赫的学生约翰·缪勒（Johannes Müller）曾到纽伦堡和自己的富商朋友瓦尔特（Walther）一起在瓦尔特的私人天文台进行天文观测，还编印了航海历书，他们的航海历书给西班牙和葡萄牙的航海家（如哥伦布等）提供了极大的帮助。

接下来我们要重点介绍的就是哥白尼了。尼古拉·哥白尼（Nikolaj Kopernik，1473—1543）不是一位职业天文学家，他是一位伟大的业余天文爱好者。能把业余爱好修炼到"伟大"的程度，你是不是觉得不可思议？但是在人类

波兰币上的哥白尼

文明史上却屡见不鲜。

哥白尼比中国明代的思想家王阳明只小几个月。1473 年，哥白尼出生在波兰一个殷实的商人之家，但是在他 10 岁的时候父亲就去世了，之后由做主教的舅父把他抚养长大。哥白尼先是在波兰的克拉克夫大学学习医学，23 岁来到文艺复兴的发祥地意大利，在欧洲当时最著名的文化中心博洛尼亚大学和帕多瓦大学攻读法律、医学和神学，此外他还从博洛尼亚大学的天文学家德·诺瓦拉那里学到了天文观测技术和古希腊的天文学理论。在意大利待了十年，哥白尼打下了深厚的学术基础，成为一名博学多才的学者。也正是这个时期，在他的头脑里埋下了一个世界新体系的种子。回到波兰后他在波罗的海海边的佛劳恩堡担任教士兼医生，由于医术高明而被人们誉为"神医"。不过使哥白尼名垂青史的不是"神医"这个名号，而是他的《天体运行论》（准确的译名应该是《论天球的旋转》）及这部书所阐述的"日心说"。

哥白尼并不是只写了《天体运行论》这一本书，他还曾写过一本叫《短论》的小册子来阐述他的学说。这本《短论》并没有正式出版，从 1530 年起它以手抄本的形式在朋友圈里传阅。正是有了这本小册子，在哥白尼生前就有许多人知道了他的学说。不过《短论》毕竟只是短论，人们对哥白尼学说的详细论证是在哥白尼死后从《天体运行论》中读到的。在去世前哥白尼决定将《天体运行论》这部著作付印出版，1543 年 5 月 24 日垂危的哥白尼收到了出版商从纽伦堡寄来的样书，他只是摸了摸书的封面，便离开了人世。

帮助出版《天体运行论》的牧师安德莱斯·奥席安德认为哥白尼的学说不一定是对的，但是在直观地解释天体运动和预言天体的未来方位上不失为一种方便的数学方法。可是哥白尼认为自己的学说是对世界的真实描述，而不是一个苟且的工具。不过哥白尼的理由是基于毕达哥拉斯关于天体运动是圆周的和均匀的论断，哥白尼认为托勒密违反了毕达哥拉斯论断的严格意义。为了解释某些天体的运动，托勒密假定这些天体的圆周运动的角速度对它们的圆周的中心而言是不均匀的，而只是对这些中心以外的那些点来说是均匀的。哥白尼认为这种解释方式是整个托勒密体系的一个严重缺陷，特别是托勒密们毫无必要地使他们的宇宙体系变得复杂。

在哥白尼的书出版之后，人们对于他的假说究竟是对地球和行星实际运行的描述，或者仅仅是一种便于编制行星表的计算工具有很大的争论。这大概是最早的实在论和工具论之争。奥席安德出于善意在书中添加了一篇以本书作者的名义写的短序，声明这全部学说仅仅是一种计算工具，并不冒犯《圣经》或者自然的真理。当然这不是作者的本意。多年以后，开普勒揭露了这篇短序是一篇伪作。

对于哥白尼的日心说，天主教起初是容忍的，而路德和他的宗教改革派给予了激烈的反对。后来，天主教也是越来越反对，1616年后就准备禁止讲授哥白尼的天文学。在信仰新教的英国，科学家大都推崇日心说，而弗朗西斯·培根却是一个最大的例外，他是反对日心说的。这一定出乎多数人的意料。

在宣传和发展日心说方面最重要的人物要数意大利思想家乔尔丹诺·布鲁诺（Giordano Bruno）了。布鲁诺开始是天主教多明我会的僧侣，他因在云游欧洲时宣传异教思想而在1600年被宗教法庭绑在火刑柱上烧死，他的死跟日心说没有太大关系。布鲁诺是一个泛神论者，是斯宾诺莎泛神论思想的先驱。布鲁诺比哥白尼更进了一步，他认为众多的恒星是无限空间中的一个个太阳，是无数个像我们一样的行星系的中心。这样的一个体系符合他的泛神论思想，在这个体系当中，完全没有了上帝的位置。布鲁诺凭他的直觉预见了许多发现，并为后来的观测所证实。

哥白尼能够提出日心说，是因为他生活在文艺复兴这个伟大的时代，特别是他最宝贵的青年时代是在文艺复兴的中心和起源地意大利度过的。这个时代洋溢着自由的思想，有日心说思想的并不只有哥白尼一个人，比哥白尼年长二十一岁的达·芬奇也有这种思想。在《达·芬奇笔记》里散落着这样一些话："太阳不动。太阳有物质、形状、运动、辐射、热和原动力：这些特质都从太阳发射而不衰减。……在整个宇宙中我从没看到过一个物体的大小和能力比太阳大，太阳的光照亮了宇宙中的所有天体，一切活力都是从太阳那里降临的……"

哥白尼的伟大之处在于他有着详尽的观测数据作为基础，又有着严密的数学论证，无论在实践上和理论上都远非前人和同时代的人可比。

哥白尼不仅在天文学上有重大贡献，在近代力学上也是一位先驱。哥白尼设想每一物体，包括太阳、月球和各个行星，都有自己的引力体系，这样空中一块石头就会落向离它最近的天体。哥白尼认为引力是物质聚集的一种趋向。他的这种引力思想对于 17 世纪万有引力理论的提出有着一定的影响。哥白尼的这种天体引力的想法是从地球引力类推出来的，他并没有想到天体与天体之间也会受这种引力的影响，没有想到行星围绕太阳的圆周运动跟某种力有关，没有把天体之间的关系跟天体对附近小物体的作用关系统一起来。我们都知道，这个统一后来是由牛顿完成的。

按照毕达哥拉斯关于天体运动是圆周的和均匀的论断，哥白尼的天文学说仍然是有缺陷的。这是因为根据观测结果，地球绕日轨道的中心并不在太阳的位置上，而是离太阳还有一段距离。

为了使行星的轨道符合正圆，哥白尼在他的体系中仍保留了一些本轮和均轮。相比于地心说体系，哥白尼的日心说体系最优越的一点是对水星和金星始终出现在近日天空的现象给出了合理的解释。例如，金星与太阳的角距之所以从未远离45°，是因为其绕日轨道的大小是地球轨道大小的 70% 左右。而在托勒密理论中必须微调水星和金星的运动，使它们的本轮中心总在日地连接线上。在哥白尼的体系中，完全不需要这种牵强无奈的微调，这种微调使得依靠本轮和均轮拼凑出来的托勒密理论更加丑陋不堪。

有人提出，如果地球在转动，空气就会落在后面而形成一股持久东风。哥白尼给出的答复是，空气含有土微粒，和土地是同一性质，因此逼得空气要跟着地球转动。这种答复现在看起来很是搞笑，但是这类解释在中世纪以前是很常见的，在文艺复兴时期仍有市场，不过无论如何这种解释在明眼人看来并不值得信服。自伽利略以后，对于自然界的这类解释就越来越少了。

还有人提出，如果地球绕日转动，它就会因离心力的作用导致土崩瓦解。哥白尼的答复是，如果地球不绕日转动，那么包括太阳在内所有庞大的星体就必须以极大的速度绕地球转动，如此一来这些星体就更容易被离心力拉得粉碎。哥白尼的回答没错，地心说有着更为致命的问题。但是指出地心说的问题并不代表就解决了对日心说的质疑，他并没有回答出"地球会因离心力的作用导致土崩瓦解"的问题。所以哥白尼的这个论证也是站不住脚的，何况在亚里士多德和托勒密的体系中，天层被认为是由完善和没有重量的第五种元素"以太"组成的，所以不受离心力这类地上的作用力的影响。当然地心说的这类解释也是没根没据，但是哥白尼也拿不出足够的理由驳倒人家。

所有这些问题都还有待于伽利略、开普勒和牛顿去解决。

2. 地上的规律与天上的规律：伽利略和开普勒

前面说过，伽利略大力宣扬哥白尼的日心说，并因此惹上了官司。但是他并没有研究天上的动力学，而是研究了地上的动力学。他的自由落体定律是一个伟大的发现，并且是人类发现的第一个精密的物体运动定律。尽管伽利略还没有能够把地上的自由落体运动跟天上的星体运动联系起来，但自由落体定律的发现已经为以后牛顿发现万有引力定律埋下了一个伏笔。

在发现自由落体定律的过程中，伽利略首先是做了一个"把轻、重物体捆绑起来进行自由落体"的思想实验，推断出重的物体和轻的物体在同时下落的情况下两者速度相等，这是运用逻辑方法得出的结论。根据这个结论我们还可以再通过牛顿第二定律得出一个重要的推论：惯性质量与引力质量相等。这个推论就是广义相对论最重要的基本原理，是广义相对论的出发点。同样，我们也可以根据伽利略的结论和"惯性质量与引力质量相等"推出牛顿第二定律。也就是说，在"自由落体定律""牛顿第二定律""惯性质量与引力质量相等"这三者之间，我们可以根据任意两者推导出第三者。

对于"惯性质量与引力质量相等"，爱因斯坦在《物理学的进化》这本书中有一个简单而巧妙的推导：一个落体的加速度与其引力质量成正比而增加，而与其惯性质量成反比而减少。因为所有的落体都具有相同的不变的加速度，所以这两种质量必定是相等的。

自由落体定律是万有引力定律的一个特例，也是牛顿第二定律的一个特例。伽利略对万有引力定律的发现有着直接的、开创性的贡献。但是那个时候，就连伽利略也没有能够把地上的运动跟天上的运动联系到一起。与伽利略同时的另一位伟大的科学家在研究天上的运动，这个人是伽利略的朋友开普勒。

约翰尼斯·开普勒是德国杰出的天文学家、物理学家、数学家。不过那时的德国没有统一，而是在德意志这片土地上散布着几百个大小不等的封建制邦国。开普勒就出生在德意志西南部一个叫符腾堡的公国里，三百年后这里又诞生了一位重量级的科学家，名叫阿尔伯特·爱因斯坦。爱因斯坦只是年轻时有过几年的辛酸经历，而辛酸不幸的生活几乎伴随了开普

约翰尼斯·开普勒

勒这位伟大天才一生。在开普勒 17 岁时，他的父亲就去世了。在开普勒年近 50 岁的时候，他年迈的老母亲被指控犯有巫术罪而入狱，他经过一年多的奔波才让老人无罪释放。开普勒作为新教徒经常受到天主教会的迫害，他的一生基本上都处于贫困之中。更悲惨的是，他的好几个孩子都因贫困而夭折。

开普勒少年时就显露出过人的才能，他 16 岁考入符腾堡境内的图宾根大学，17 岁获得文学学士学位，20 岁获得文学硕士学位。此时开普勒的志向只是当一名基督教新教的牧师，所以他继续留校学习神学。在还差一年就要毕业的时候，奥地利格拉茨中学要求图宾根大学选派一名数学老师，学校就把开普勒给派过去了，原因之一是校方认为开普勒做教士不够虔诚，另一个原因就是开普勒的数学厉害得不得了。到了格拉茨中学，开普勒不仅教数学，还教天文学、古典文学和修辞学。

开普勒对天文学和数学有着浓厚的兴趣，在大学里他深受秘密传播哥白尼学说的天文学教授迈克尔·麦斯特林（Michael Maestlin）的影响。25 岁时开普勒出版了他的第一部书《宇宙的神秘》，在这部书里，他用五种正多面体为哥白尼体系的行星轨道之间的天层寻找一种数学的和谐，这当然是充满了柏拉图式的想象和拼凑。不过他的富有创见的思想和超凡的数学才能引起了当时最卓越的天文学家第谷·布拉赫的注意。

第谷邀请他去布拉格附近的波希米亚皇家天文台给自己当助手，第二年第谷去世，开普勒接替第谷成为皇家数学家，于是在望远镜发明以前人类用肉眼所能观测到的最准确最详尽的天文学资料全部留给了世界上最值得拥有它的人。因为开普勒不是一个等闲之辈，不是一个普通的天文学家，他有深厚的数学功底、高超的数学技能和超凡的洞察力，他恰好就是那位能够让这些宝贵资料实现其最大价值的那个人。但是开普勒所拿的俸禄只有第谷的一半，而且还常常拖欠。可见同工不同酬的现象古已有之。虽然穷得连孩子都不能养活，但能够得到第谷留下的无价之宝，开普勒也算不枉此生了。通过对这些资料的深入研究，开普勒发现了著名的"开普勒三定律"。第谷的视力超级好，而开普勒则视力不佳，但他的洞察力超级好，洞察力靠的不是眼睛而是大脑，这一对师徒堪称天文学史上的绝配。

开普勒发现，不仅在托勒密的体系里，而且在哥白尼的体系或第谷的体系里（第谷的体系是：行星都围绕太阳转，太阳则率领一众行星围绕地球转）都不能准确推算出第谷所观测到的结果。在哥白尼的体系里虽然大幅减少了托勒密体系中的圆周的数量，但还是保留了一些多余的圆周。开普勒干脆放弃了天体必须按正圆轨道匀速运行的观念，试图用其他几何图形来解释。

到公元 1609 年，开普勒发现椭圆形完全适合这个要求，能做出符合观测数据的预测，这一年他在他的《新天文学》中发表了关于行星运动的两条定律：第一，每一个行星沿一个椭圆轨道环绕运行，而太阳则处在椭圆的一个焦点上；第二，从太阳到行星所连接的直线在相等的时间内扫过同等的面积。九年后，开普勒又发现了第三条定律，即行星绕日一圈时间的平方跟行星各自离日的平均距离的立方成正比。这三条定律分别被称作轨道定律（也被称作椭圆定律）、面积定律和周期定律（也被称作调和定律）。这些成果最后发表在他 1619 年出版的《宇宙和谐论》中。

古希腊数学家阿波罗尼奥斯的《圆锥曲线论》一直以来没有人发现它有多少实用价值，但是到了 17 世纪开普勒发现行星的椭圆轨道以后，圆锥曲线在天文学上得到了重要应用，这促使人们去重新审视古希腊人的圆锥曲线及其他高等曲线。阿波罗尼奥斯是古希腊三大数学家之一，另外两位是欧几里得和阿基米德。

开普勒理论的简单性超出了前人的梦想，只要承认哥白尼的日心说，那么每一颗行星的轨道只需要一条圆锥曲线就可以描述，本轮、均轮及偏心圆的复杂性统统可以见鬼去了。但是接受椭圆的简单性的代价是不得不放弃圆的完满性和有序性的古老信条，这一信条对每个人都充满着诱惑，包括对开普勒本人。开普勒也是从圆的诱惑力中逐渐地解放着自己，他最终用第二定律的面速度的一致性取代了圆周运动线速度的一致性。他曾对一位反对椭圆的朋友说："圆是一个诱使天文学家离开真正的自然的妖娆妓女。"

开普勒在《哥白尼天文学概要》一书中阐述了天文学的方法。他说天文学分为五部分：第一，观测天象；第二，提出解释所观测的表观运动的假说；第三，宇宙论的物理学或形而上学；第四，推算天体过去或未来的方位；第五，有关仪器制造和使用的机械学部分。开普勒的思想是一种大天文学的观念，从观测实践到数学推算，从物理原理到哲学观念，从学术理论到工程技术，所有这些构成了天文学的整体。在物理学还睡在襁褓里的时候，天文学是人类认识世界最重要的一门学问。

顺便说一下，欧洲这些最新的天文学成果当时被及时地传到了中国。明朝的徐光启（1562—1633）跟伽利略、开普勒是同时代的人，他除了翻译《几何原本》等西方著作以外，晚年还奉崇祯皇帝之命主持编纂过一部天文学著作，叫作《崇祯历书》，书中系统地介绍了西方最新的天文学知识和西洋历法。参与编纂工作的徐光启、李之藻，以及西方传教士龙华民、罗雅谷、汤若望、邓玉函等都是天主教徒（利玛窦这时已经离世，这些人还都写下了不少介绍西方科学的其他著作），当时的天主教没有接受哥白尼的日心说体系，这部《崇祯历书》采用的是第谷的地心说宇宙体系，即太阳率领众行星绕着地球转，恒星也绕着地球转。除了介绍第谷的天文学数据和成果以外，《崇祯历书》也翻译介绍了哥白尼、伽利略、开普勒的一些最新科学成果，特别是引用了《天体运行论》中的大量材料。1634 年历书编纂完成后，朝中大臣对新旧历的优劣之争持续了十年，最终崇祯皇帝下决心颁行新历，但还没来得及施行，李自成的部队就攻入了京城——大明朝亡了。

再把镜头切换到西方。

开普勒提出了行星运行的椭圆定律，但坚守旧的力学见解，即需要对行星不断施加推动力才能使其保持在椭圆轨道上运行；而他的朋友伽利略虽然认识到物体仅靠自身的惯性就可以运行，但却坚持旧天文学的"完满"观念，即行星的运动一定是正圆的、匀速的。两个人虽然都有可能把新的天文学和新力学综合起来，但谁也没有做到。之所以如此，可能是因为，在伽利略看来，正圆和匀速的运动显然更符合他的惯性理论；而在开普勒看来，只有时刻存在着一种推动的力量才能保证行星运行在椭圆形的轨道上。两个人的思维都在各自的角度上有那么一些狭隘。

在这个问题上，笛卡尔赞同伽利略的观点，相信行星沿着正圆轨道匀速运行，而不是像开普勒发现的那样沿椭圆轨道变速运行，看来这两位大人物都是沉迷于开普勒所讲的那个"妖娆妓女"的诱惑。但是笛卡尔对伽利略的"地面力学"予以了否定，他认为空间充满了物质，没有任何东西能够"自由"下落。无论是石子落地还是行星运行，笛卡尔都是用他的旋涡理论进行解释，这种形成旋涡的物质就是亚里士多德所说的"以太"。虽然他的这种解释在现在看来非常荒唐，但是在当时还是很有影响。荷兰科学家惠更斯在1669年做了一个实验，他在一碗水里搅起一个漩涡，发现碗内的卵石都被拉到碗底正中的漩涡中心，这似乎证实了笛卡尔的旋涡理论。惠更斯认为引力不过是以太的作用，以太环绕地球中心并且离开中心，于是迫使那些不参与它运动的物体趋向于中心位置。

惠更斯在力学上的一个重要贡献是他在1659年研究摆动问题时，发现保持物体的圆周运动需要一种向心力，并证实了支配它的规律。但是由于受笛卡尔的影响，他没有看出行星的运行也需要这种向心力。

对于引力的研究要追溯到16世纪和17世纪之交的英国科学家威廉·吉尔伯特（William Gilbert）。吉尔伯特是一位著名的医生，他是业余研究磁学而成为电磁学的鼻祖。吉尔伯特在1600年提出，磁力可能是维持太阳系存在的原理。虽然吉尔伯特后面的说法并不正确，但他为万有引力理论提供了最早的粗糙的模型。

开普勒就受到了吉尔伯特的影响，他还发展了吉尔伯特的引力观念。开普勒假定引力是和磁力类似的东西，是同性物体之间的一种相互感应，这种感应企图使物体结合或联系在一起。这样一种介于两物体之间的引力决定于物体的大小。不过，开普勒还没有惯性的概念，他认为要保持太阳系中的天体运动着，就必须要有一种力量。开普勒设想太阳发出磁力流，就像轮辐一样在行星运转的平面上朝着太阳旋转的方向转动着，这些磁力流靠一种切线力推动行星沿圆周运动。注意了，他设想的是切线力，而不是向心力，所以开普勒距离后来牛顿的思想仍然存在着很大的差距。

在开普勒这一思想的基础上，法国天文学家布里阿德（Bulliadus）在 1645 年提出"开普勒力与离太阳的距离的平方成反比"，这符合"力的总量守恒，从球心向球面扩散时以距离的平方衰减"的观念。当然这只是一个假设，如果要对它进行证明的话，就需要从实测数据来进行推导。

在引力理论的发展史上特别值得一提的是一位早已被人们遗忘了的人物——乔瓦尼·阿尔方多·波雷里（Giovanni Alfonso Borelli）。波雷里是意大利比萨大学的数学教授和佛罗伦萨实验学院的院士，他应该是伽利略的学生或门徒。不过，他没有坚持伽利略的观念。1666 年，波雷里把开普勒的学说重新翻了出来，并且提出行星的椭圆轨道是两种相反力量平衡的合成，一个是把行星吸向太阳的向心引力，另一个是使行星离开太阳的离心力，就像石子用绳子拉着旋转起来所受到的力一样。他认为物体的天然倾向是走直线，而不是像伽利略所认为的走圆周，因此来自太阳的引力必然把行星约束在闭合的轨道上运行。这个思想可以说非常接近我们现在的常识了。当然，波雷里的观点还只是一种揣测，因为他还没有能够找出引力究竟需要多大，才能把行星的天然直线运动弯曲为开普勒的椭圆轨道。不过这种非常接近真理的揣测可能对牛顿引力理论的建立起到了直接的引导作用。

在天上的行星运动三定律和地上的自由落体运动定律相继被发现之后，开普勒和伽利略先后去世，冥冥之中需要另一个更重要的人物把这些定律联系在一起，去发现更重要、更普适的定律。在伽利略去世那一年，英国人的旧历圣诞节那一天，一个孱弱的婴儿在英国乡下一个叫伍尔索普的小村庄里诞生了，他就是艾萨克·牛顿。

3. 一切成为光明：牛顿

从英国的吉尔伯特的磁力理论开始，引力问题的研究经过了开普勒、伽利略、笛卡尔、惠更斯、波雷里，在欧洲大陆兜了大半个世纪的圈子，最后又回到了英国。

从 1662 年到 1666 年，英国皇家学会的罗伯特·胡克针对引力问题做了一些实验，进行了大量的考察，但是没有得到满意的结果，没能发现向心力的规律。这时候另一个英国人艾萨克·牛顿也在研究这个问题。1665 年，在剑桥大学学习的牛顿因伦敦大瘟疫而回到了英格兰林肯郡乡下的伍尔索普村的家中学习和研究。据牛顿三十年后的一项声明，他在那个时候就发现了向心力规律，也发现了两个物体之间的引力随物体之间的距离的平方而减小的规律。如果此说属实的话，牛顿应该没有受到波雷里启发，因为波雷里的学说是在 1666 年发表的。但是牛顿在力学上的研究成果到 1684 年才开始在论文中发表，包含万有引力定律在内的、更为系统、更为严谨的《自然哲学的数学原理》到 1687 年才出版。

开普勒的三个定律是从观测数据中总结出来的，是经验定律。1684 年，牛顿用微积分方法检验开普勒第三定律，将行星在椭圆轨道上若干个不同位置的速率计算出来，计算结果跟开普勒第三定律精确符合。

欣喜之余牛顿又由此想到了另外一个问题，那就是自亚里士多德以来被学者们普遍接受的以太是否真的存在呢？如果行星在太空中运动轨迹的计算结果与观测实况精确符合的话，那么只能有一个结论，即行星运动的空间里不可能有以太那样的物质，因为以太会减缓行星在轨道上的运动。这项发现帮助牛顿解开了思想上的一个死结：多年来他一直用物质以太的观念和发气原理来解释和描述重力机制，总是不能成功。但是他还没有把握完全放弃以太概念，只好在论文中说："……有理由使人相信，到目前为止，大部分的以太空间是空无一物，散布在以太粒子之间。"

牛顿之前的笛卡尔是把物质跟空间（广延）等同起来。笛卡尔有一句名言"给我运动和广延，我就能构造出世界"，这种观念使得他否认存在着真空或空洞，否认物质是由相互之间有空隙的原子组成的。这样就等于他放弃了古代原子论这一重要的科学遗产。也正是由于这种观念，笛卡尔发展出了天体的旋涡学说。

笛卡尔认为物质弥漫整个空间，因此太初时期原始物质只能经历旋转运动，这样，宇宙就成了一个庞大的旋涡，带着大块的原始物质转动。在这样一种思想的指导下显然是不可能发现行星围绕太阳旋转的运行规律的。之后的英国科学家，如牛顿等人对笛卡尔的旋涡理论都不感冒。牛顿提出的超距作用的理论更好地解决了星体的运行问题，并对星体的运动规律给出了极为精确的数学描述。但是旋涡学说也并非彻底失败，它在后来描述众多物质体的混沌运动方面仍然是有价值的。18 世纪的德国哲学家康德在年轻的时候还继承了旋涡学说，写了一本书叫《自然通史和天体论》，书中提出了太阳系起源的星云假说。

牛顿的成功在于他在开普勒的行星运行三定律基础上引入了万有引力的概念、质量概念，并推导出精确的定量公式。牛顿从开普勒关于行星的运转周期是和行星的平均轨道半径的 3/2 次方成正比的定律（开普勒第三定律），以及他自己建立的离心力公式，推出了"使行星保持在它们的轨道上的力必定要和它们与它们绕之而运行的中心之间的距离的平方成反比例"。这些工作是 1665 年至 1666 年牛顿在乡下老家做出的，他当时只有二十三四岁，不过由于过于谨慎，年轻的牛顿在当时没有发表这些成果。直到 1673 年惠更斯公开提出离心力公式（离心力的计算公式就是向心力的公式：$F=mv^2/r$，其中 m 代表质量，v 代表速度，r 代表离心运动半径），之后不止一个人从离心力公式和开普勒第三定律推出了平方反比定律。小伙伴们不妨试一试，你自己也能推导出来。

从"球表面积与半径的平方成正比"和"力的总量守恒"推出平方反比律，跟从开普勒第三定律和离心力公式推出平方反比律，推导的方向正好是相反的。前者是从前提到结果，就是说有了力的总量守恒和空间逻辑这两个前提，就会有平方反比律这个结果；后者则是从结果到前提，就是说要使行星运行时的离心力跟行星所受到的太阳的引力达到平衡，并且满足开普勒第三定律，就必须有平方反比律这一前提。前者是从空间逻辑出发进行推导，后者是从实测数据出发进行推导（开普勒第三定律来自实测数据）。不管怎么说，在万有引力定律中是隐含着守恒律的。

两个物体的万有引力与它们质量的乘积成正比，是从发现引力的平方反比律过渡到发现万有引力定律的必要阶段。牛顿从 1665 年到 1685 年，经过了二十年的时间才沿着离心力——向心力——重力——质量——万有引力的深化顺序，终于提出"万有引力"这个概念和词汇。

认识到并推导出平方反比律并不等于提出了万有引力定律。包括牛顿在内，所有推导出平方反比律的人当时都只是认为这一规律仅适用于太阳对行星的引力，而且对于星体的质量在其中所起的作用全然不知。

在哈雷从伦敦赶到剑桥去找牛顿请教"平方反比律"的问题之后，牛顿重新进行了计算和证明，写出了一篇 9 页长的论文寄给了哈雷。这篇论文没有标题，人们通常称之为《论运动》，这就是《自然哲学的数学原理》的前身，算是第一稿。牛顿在这篇论文中提出了物体在中心吸引力作用下的运动轨迹理论，并由此推导出了开普勒的三个定律。这虽然已经很了不起了，但是还远远不够，因为这篇论文还存在着两个严重的缺陷：一个是缺乏对惯性定律的认识，牛顿认为物体内部的"固有力"使物体维持原来的运动状态，做匀速直线运动，外加的"强迫力"则使物体改变运动状态。他还试图用平行四边形法则把这两种力合成一个力，并认为整个动力学就建立在这两个力的相互作用上。《论运动》的另一个缺陷是还没有认识到这种吸引力的普遍性，还没有万有引力的概念。

不过牛顿的不同常人之处是，他没有在交了卷后就万事大吉、停止探索。他在接下来九个月的时间里写出了比上一篇论文长 10 倍的文章——《论物体在轨道中的运动》。牛顿在这篇论文里解决了惯性问题，指出行星的圆周运动是匀加速运动，跟匀加速直线运动是相对应的。第一篇论文的另一个缺陷他也克服了，在《论物体在轨道中的运动》中他证明了均匀球体吸引球外的每个物体，并且引力都与球和物体的质量成正比，与到球心的距离成反比。他还解决了让他困扰很久的如何处理质量分布的问题，证明了假如这些质量全部集中在球体的中心，它所产生的引力将保持不变，从而提出对于均匀球体可以看成是质量全部集中在球心。另外一些必需的实际数据，如地球半径、地球到太阳的距离等，这时候也都被天文学家比较精确地测算了出来，所以牛顿干脆一不做二不休，在《论物体在轨道中的运动》基础上继续深化、扩充，完成了三卷本的《自然哲学的数学原理》，书中不仅给出了万有引力公式 $F=G \cdot m1 \cdot m2/r^2$（m1、m2 表示两个物体的质量，r 表示它们间的距离，G 代表引力常数），而且对引力的一系列问题给出了满意的解决方案。

科学有两大根基，一个是事实，一个是逻辑，两者缺一不可。科学既可以在实验观察所获得的事实的基础上用逻辑去推演，也可以在假说的基础上用逻辑去推演，然后用实验来验

$$F = \frac{GM\,m}{r^2}$$

万有引力定律

证所推演出的结果，两者都是科学的方法。就科学的根基和科学的方法来讲，牛顿的《原理》是科学史上最光辉的典范。跟牛顿同时进行引力研究的还有胡克。胡克这个人在动手能力和发现真理的直觉方面不比牛顿差，但是相比于牛顿，胡克有两个缺点：一是他缺乏逻辑推演能力，也就是数学太差；二是对事物的研究总是浅尝辄止，不能够进一步深入和系统地研究。

笛卡尔提倡用机械原理来解释自然现象。牛顿继承并发展了这一思想，他认

为观测到的结果和力学运动的规律是自然哲学的起点，强调以已知来解释未知。
"以已知解释未知"的说法看起来是极其简单浅显的道理，但是在过去，对自然
现象的所有宗教神学解释，以及模糊、附会的神秘主义解释都是以未知来解释未
知，现如今流行于我们社会生活中的迷信观念也都是以未知解释未知，更荒谬
的是还有人以未知解释已知。所以，强调**以已知解释未知**、以简单解释复杂，对于
建立科学的世界观、对于近现代科学发展具有极为重要的启蒙意义和指导意义。

　　尽管《原理》的出版把牛顿推上了科学界至高无上的地位，但还是有人对他
的学说提出了质疑。荷兰的惠更斯和德国的莱布尼茨都是坚决拒斥万有引力理论，
他们认为，牛顿把引力说成是物体之间遥远作用着的一种力，这等于恢复了新近
被自然科学所否定了的神秘性和精神力量。牛顿回答说："引力只是给所谓物体坠
地、行星沿闭合轨道绕日运行等现象的原因所起的一个名称，由于实验观测的局
限性，现在无法定出这个原因是什么。这些原理所包含的范围非常之广，还是让
别人去发现它们的原因吧。"惠更斯和莱布尼茨是当时欧洲大陆最聪明的人、最
大的学术权威，我们看到，最聪明的人和最大的学术权威在科学的判断力上有时
未必强过普通人。这种现象在科学史上一直存在，原因往往不是权威们对新理论
故意刁难，而是他们放不下自己的思想包袱。

　　实际上，牛顿对于引力的根本原因还是进行过长期探索的。他起初对于笛卡
尔的旋涡学说抱有希望，但是在后期的著作中，牛顿否定了笛卡尔的这个学说，
理由是它不能说明开普勒行星运动定律的确切形式，而且跟彗星穿过太阳系运动
的这类天文现象不符。牛顿尝试过几种不同的假说去解释引力现象，其中最成熟
的一种是设想整个空间都充溢着一种静止的、极为精细的以太介质，它由极小的
微粒组成，微粒之间相互排斥，也受到有形物体微粒的排斥。由于这种排斥的存
在，以太介质在天体之间就会很少，分布密度很小；而在距离天体的远处就会很
多，分布密度很大。这样远处密度大的以太介质就会把两个天体向中间挤压，会
把地球附近的物体挤压向地球。这种假说无法证实，所以牛顿并没有将它正式发

表，只是后来被收在了《光学》一书的附录里面。牛顿的静止以太介质最终成了他绝对空间的物质基础。

不少同学在学习万有引力定律的时候都对万有引力的形成原因产生过思考。我在上初中的时候受到物理老师在讲解吸气、吸水问题时所说的一句话"世界上没有吸，只有压"的启发，也曾针对万有引力问题写下过跟牛顿的上述假说极为相似的设想，最后当然也是不了了之。不过，我所设想的引力子是以光速运动的，而不是牛顿所讲的那种静止的介质。关于万有引力的本质问题，到现在科学界也没有确切的解释，爱因斯坦预言的引力波虽然已被检测到，但人们所设想的引力子还是未见踪迹。

牛顿力学的建立是以几个方面的条件为前提的：一是数学工具，在牛顿之前有公元前3世纪古希腊的欧几里得建立的平面和立体几何学、阿波罗尼奥斯的圆锥曲线论，以及由笛卡尔和费马刚刚建立不久的解析几何学，当然这些还不够，牛顿自己又创建了流数术，也就是微积分。二是天文学方面先后有哥白尼的日心说、第谷·布拉赫的详细观测数据，特别是开普勒提出的行星运行三大定律。三是动力学上有伽利略提出的落体运动定律、伽利略的惯性定律思想，牛顿和惠更斯又先后发现了离心力定律，此外还有笛卡尔的碰撞理论，特别是动量守恒定律。四是关于引力猜想，先是有了吉尔伯特的磁力理论，之后是开普勒关于太阳对行星的磁引力猜想，接下来是布里阿德关于太阳开普勒力的距离平方反比律的假设。所有这些可以说都为牛顿力学的建立提供了思想观念上、数学工具上和物理理论上的必要准备。万事俱备，只欠东风，这个东风就是能够把这些"万事"进行综合加工、深入推进的伟大天才的头脑和他的痴迷般的不懈努力。

牛顿可以说是很幸运的，他的理论在英国基本上没有遭到宗教的反对，这是因为前人已经为他扫清了障碍。牛顿出生前的英国，教会是抵制新天文学的。但是威尔金斯等人阐明了新天文学理论和新力学理论跟在英国已被广泛接受的加尔文教派改革是一致的，这使得英国的宗教势力对科学革命抱持了一种接受和欢迎的态度。

　　牛顿建立的力学理论传到欧洲大陆后，经过丹尼尔·伯努利、拉格朗日、达朗贝尔等人的推广细化和完善，形成了一个系统而丰满的力学体系，并发展出了流体力学、分析力学等实用的分支。18世纪以后，除了力学之外，天文学、数学、化学、生物学、地质学、电磁学、光学，甚至一些社会科学，全都呈现蓬勃发展之势，所有这些学科的发展无一不受到牛顿的影响。

　　上帝说：让牛顿去吧！于是，一切成为光明。

4. 引力常数的测定：卡文迪许

　　尽管牛顿的力学体系在他死后得到了很大的发展，但是由于我们身边物体的万有引力（严格地说应该叫质量引力）实在太微弱，万有引力公式中的引力常数 G 直到牛顿的《原理》出版一百多年之后才由18世纪英国的一位科学大牛亨利·卡文迪许巧妙地测量并计算出来。

　　对微弱作用的测量一直是个难题，因为不仅人感觉不到它，就连当时的仪器也难以探测。1750年英国剑桥大学的地质学家和天文学家约翰·米歇尔（John Michell）想到了悬丝，他注意到只要一点力就可以使一根悬丝扭转。若干年后，

亨利·卡文迪许

米歇尔制作了世界上第一台扭秤。米歇尔制作扭秤的目的是测定地球的密度，他曾跟卡文迪许讨论过这一问题。但是，米歇尔还未用它来进行测定，便去世了。后来，米歇尔的扭秤辗转传到了卡文迪许的手里。

　　1731年，亨利·卡文迪许出生在英国一个贵族家庭，他从父辈那里继承了巨额财产，但是他的一生却非常节俭，因为他把全部的精力都投入到了科学研究当中，一辈子就只在自家的实验室里度过。在得到米

歇尔的扭秤之后，卡文迪许便开始准备用它来测量铅球之间的引力。

首先卡文迪许根据自己实验的需要对米歇尔的扭秤进行了分析，他认为有些部件没有达到他所希望的方便程度，为此，卡文迪许重新制作了绝大部分部件，并对原装置进行了一些改动。卡文迪许认为大铅球对小铅球的引力是极其微小的，任何一个极小的干扰力都会使实验失败。他发现最难以防止的干扰力来自冷热变化和空气的流动。为了排除误差来源，卡文迪许把整个仪器安置在一个封闭房间里，通过望远镜从室外观察扭秤臂杆的移动。扭秤的主要部分是一个轻而坚固的T形架，倒挂在一根金属丝的下端。T形架水平部分的两端各装一个质量为 m 的小球，T形架的竖直部分装一面小平面镜 M，它能把射来的光线反射到刻度尺上，这样就能比较精确地测量金属丝的扭转。1789 年，他利用扭秤进行了一系列测量，测得引力常数 $G=6.754 \times 10^{-11} N \cdot m^2/kg^2$，与目前的公认值只差百分之一。1798年，他测量并计算出的地球平均密度是 5.481 克 / 立方厘米，现在公认的是 5.508克 / 立方厘米，非常接近。

卡文迪许在热学理论、化学、电学、气象学、大地磁学等方面都有研究。卡文迪许是一个特别腼腆内向、害怕与人打交道的人，他在电学上进行了大量重要的研究却长期不为人所知。他在 1777 年向英国皇家学会提交论文，认为电荷之间的作用力可能呈现与距离的平方成反比的关系，后来这一关系被库仑通过实验证明了，这就是库仑定律。他主张电容器的电容会随着极板间介质的不同而变化，提出了介电常数的概念，并推导出平板电容器的公式。他第一个将电势概念大量应用于电学现象的解释中，并通过大量实验，提出了电势与电流成正比的关系，1827 年这一关系被欧姆重新发现，即欧姆定律。

出于科学上的严谨，还由于性格孤僻的原因，卡文迪许的大部分手稿在他生前都没有公开。直至 19 世纪中叶开尔文（威廉·汤姆森）发现卡文迪许的手稿中有圆盘和同半径的圆球所带电荷的正确比值，才注意到这些手稿的价值，然后经他的催促和努力，电学部分由麦克斯韦整理为《卡文迪许的电学研究》并加上注

释，在 1879 年发表，卡文迪许在电
学上的成果才被世人知晓。化学和
力学部分直到 1921 年才出版，卡文
迪许的许多重要发现被雪藏了一百
多年。麦克斯韦在整理卡文迪许电
学研究的手稿后说过这么一句话：
"卡文迪许把自己的成果捂得如此
严实，以至于电学的历史失去了本

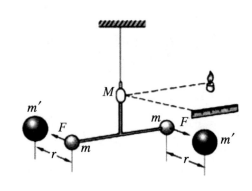

卡文迪许实验示意图

来的面目。"的确，在电学方面我们几乎看不到卡文迪许的名字，然而，他却是
真正的电学先驱。

　　亨利·卡文迪许是科学史上最低调的一流科学大师，他一生都在实验室里
度过。这自然使我们联想起剑桥大学的那座著名的卡文迪许实验室。不过卡文迪
许实验室并不是亨利·卡文迪许留下的，而是亨利的后代亲属德文郡八世公爵
S.C. 卡文迪许将自己的一笔财产捐赠剑桥大学于 1871 年兴建的，它的名字既来自
捐赠者家族，也是纪念其杰出的先辈亨利·卡文迪许。实验室的第一任主任是 19
世纪最杰出的物理学家麦克斯韦，他比亨利·卡文迪许小了整整一百岁。卡文迪
许实验室可谓人才辈出，硕果累累，在科学史上大概只有诞生于 20 世纪美国的贝
尔实验室可与之媲美。贝尔实验室以技术发明见长，卡文迪许实验室以基础科学
驰誉。卡文迪许实验室的一代一代科学家没有辱没实验室的名字，而是将它的荣
耀发扬光大。

第 19 章

基本作用力（2）
——电磁力与库仑定律

1. 电与磁的早期探索

人类对静电现象和静磁现象的关注应该追溯到史前时代。对静电现象的最早记载见于公元前 6 世纪古希腊哲学家泰勒斯的描述，他发现琥珀与衣服摩擦后可以吸引轻小的物体。"电（electricity）"这个字的起源就来自希腊文的琥珀（elec-tron）。西汉末年也有关于经过摩擦的玳瑁能够吸引微小物体的记载。但是在古代，人类没有发现电的用处，当然也没有对它进行研究。相比之下，人类对磁的应用远远早于对电的应用。对磁石的使用和指南针的发明已经有两千年以上的历史。人们很早就发现罗盘磁针的方向跟真正的北方之间有偏离。15 世纪末，哥伦布曾经发现罗盘磁针方向与真北方向的偏离随地点的不同而异，据此有人设想利用这种偏离的变化来测量各地的经度。不过人类的这些实践活动还不能称为电磁学研究。

电磁学的研究工作要追溯到 13 世纪法国的军旅科学家佩雷格里鲁斯（Peregrinus）。佩雷格里鲁斯出生在法国北部皮卡第的一个骑士家庭，他在 1269 年写给朋友的一封长信中记录了科学史上第一批磁学实验的结果，并以客观和严谨的科学方式进行了探讨和描述。自那以后，罗盘在航海中的使用激发了人们对磁学的兴趣，并一直激励着人们对于这方面的研究。

对磁学进行全面、系统的研究并集前人的成果之大成者是英国科学家威廉·吉尔伯特（William Gilbert，1544—1603），他活动的年代比伽利略和弗朗西斯·培根还要早一点。

威廉·吉尔伯特

吉尔伯特出生在英国一个大法官家庭，年轻时在剑桥大学圣约翰学院攻读医学并获得医学博士学位。吉尔伯特后来成为一代名医，1601 年担任了英国女王伊丽莎白一世的御医直到他逝世。但是真正使吉尔伯特流芳百世的不是他当作看家本领的医术，而是他在磁学和静电学领域的开拓性贡献。

1600 年，这个 17 世纪科学革命的开局之年，吉尔伯特出版了《论磁》，这部书除了涉及少量静电学方面的研究外，主要是研究磁学。从小处讲，这部书是磁学理论的开端；从大处讲，这部书是近代用经验方法系统地研究自然的开端，被称为"整个现代实验科学的真正始祖"的弗朗西斯·培根所做的实验工作都是在吉尔伯特之后，并且培根也没有像吉尔伯特那样从实验中获得很多有价值的科学发现。吉尔伯特特别重视一条方法论准则：从实验所确立的事实出发，不接受任何只是基于权威而未经实验检验的东西。《论磁》中所有的结论都是建立在观察与实验基础上的，这部书是人类对磁现象的研究从经验转身到科学的标志。由于吉尔伯特的著作是用拉丁文写成的，所以他的书在英国没能得到广泛流传。吉尔伯特最早提出了磁力、电力、质量等概念，还提出了地球是一个永磁体的观点。

吉尔伯特通过实验证明，磁石对一块铁的吸引力大小跟磁石的大小有关：磁石越大，对铁块的吸引力越大，并且吸引力是相互的。他还根据他的磁石球实验发现，罗盘指针在某一个地点与真北方向的偏离是由整块陆地的存在引起的，跟

奥托·冯·格里克

这个地点的经度不相干。但是他觉得磁针的下倾可能跟地球表面各个地点的纬度有关。吉尔伯特预言磁针的下倾到了北极会变得垂直，后来英国航海探险家亨利·哈德逊（Henry Hudson）在 1609 年驾驶荷兰"半月号"帆船驶往北美洲的航程中证实了这一预言。哈德逊到达北美后发现了曼哈顿岛，并穿过曼哈顿西侧通往内陆的"北河"，这条河后来被称作哈德逊河，第二年他又发现了加拿大的哈德逊海峡和哈德逊湾。

相比于磁学研究，人类对电的研究晚了一些。不要说闪电和电流，对身边静电现象的研究也比对磁现象的研究困难得多，因为在 17 世纪以前人们还没有办法产生稳定的静电，没有办法对静电进行测量。直到 1660 年德国马德堡市的市长格里克（Guericke）发明了摩擦起电机，科学家们才得以对电现象进行系统的研究。

当然，最能让这位市长名留青史的还是他证明了大气压存在的"马德堡半球实验"。这一著名实验的关键技术是格里克自己发明的抽气机（空气泵），格里克的发明激励波义耳和胡克很快也造出了抽气机。抽气机和望远镜、显微镜、摆钟一起被誉为助力 17 世纪科学振兴的四大技术发明，波义耳的许多科学发现就得拜抽气机所赐。而格里克发明的起电机过了半个世纪之后才大显身手，它在 18 世纪的静电学研究中立下了头功。1882 年，英国的维姆胡斯（Wimshurst）发明了圆盘式静电感应起电机，其中两同轴玻璃圆板可反向高速转动，起电的效率更高，并能产生高压静电。这种起电机一直沿用至今，在中学的物理课堂上做电学演示实验时，就经常会用到它。

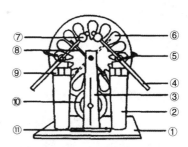

①底座；②莱顿瓶；③支架；④放电叉；⑤悬空电刷；
⑥铝箔片；⑦放电小球；⑧固定电刷；
⑨莱顿瓶盖；⑩驱动轮；⑪连接片

静电感应起电机示意图

1709 年，英国皇家学会的会员霍克斯比（Hauksbee）发明了世界上第一个静电计。这个静电计非常亲民接地气：他把弯曲的稻草挂在绝缘的金属棒的一端，当带电体接近时稻草会受到排斥而张开，用稻草张开的角度大小来测量静电力的大小及静电的多少。

1720 年英国科学家格雷（Gray）发现了静电感应现象。另一位英国科学家康顿（Canton）在 1754 年用电流体假说解释了静电感应现象。

1733 年法国科学家杜菲（DuFay）区分出两种电荷，他分别称之为松脂电（即负电）和玻璃电（即正电），并总结出静电作用（静电力）的基本特征：同性相斥，异性相吸。

1745 年，德国科学家克莱斯特（Kleist）和荷兰莱顿大学物理学教授马森布罗克（Musschenbrock）各自用插入了导电棒的盛水玻璃瓶制作出了一种储电装置，但是克莱斯特没有公开发表他的成果，这种储电装置后来被人们称作莱顿瓶。莱顿瓶实际上就是一种原始的电容器，它是以玻璃瓶做绝缘介质，以导电棒做电极，用摩擦起电机给莱顿瓶充电。我在前面说过，美国著名的政治家和科学家本杰明·富兰克林从对莱顿瓶的研究中提出了电荷守恒原理。

静电力的基本特征、电荷守恒原理、静电感应原理是静电学的三条基本原理。这三条基本原理都是定性的原理。不过电荷守恒原理又是电磁学中许多定量规律的基础。

牛顿曾经试图研究过磁力的规律，但是没有成功。他从粗糙的实验中提出过不是那么自信的结论，认为磁力不是随距离的平方而是随其三次方减小。不管怎么说，牛顿也算是电磁规律研究的先驱之一。

牛顿在 17 世纪发现的万有引力定律是有质量的物体之间作用力与距离、质量的关系定律。在电磁领域，万有引力定律有一个兄弟，它是带电物体之间的作用力与距离、电量的关系定律，它跟万有引力定律长得非常相似。这个定律是法国工程师和科学家库仑在 18 世纪发现的，所以叫库仑定律。

2. 万有引力定律的"兄弟"：库仑定律

　　1750 年，英国那位造出世界上第一台简陋扭秤的约翰·米歇尔（John Michell）提出同性磁极之间的斥力遵守平方反比律。他在 1751 年发表的一篇短文《论人工磁铁》中讲道："每一磁极吸引或排斥，在每个方向，在相等距离其吸力或斥力都精确相等……按磁极距离平方的增加而减少，……这一结论是从我自己做的和我看到别人做的一些实验中推出来的。"他还谨慎地提道："我不敢确定就是这样，我还没有做足够的实验，还不足以精确地做出定论。"三十多年以后，磁力和电力的精确定论被法国的工程师和科学家库仑完成了。

　　查利·奥古斯丁·库仑生于 1736 年（与詹姆斯·瓦特同龄），比英国的亨利·卡文迪许小五岁，他也是一个富家子弟。跟一辈子待在家里做研究的民间科学家卡文迪许不同，库仑年轻时在法国皇家工程公司工作，还在军队里从事了多年的军事建筑工作，所以他是一位职业工程师和力学家。1773 年，库仑发表了有关材料强度的论文，所提出的计算物体上应力和应变分布情况的方法沿用至今，是结构工程的理论基础。1774 年，库仑当选为法国科学院院士。库仑为人正直，品质高尚。托马斯·杨曾称赞库仑的道德品质同他的数学研究一样出色。

查利·奥古斯丁·库仑

　　1777 年，卡文迪许向英国皇家学会提交论文提出电荷之间的作用力与距离的平方可能成反比的关系，这一年库仑开始研究静电和磁力问题。当时法国科学院悬赏征求改良航海指南针中的磁针问题，库仑以《关于制造磁针的最优方法的研究》这篇论文获得头等奖。库仑认为把磁针支架在轴上，必然会带来摩擦，提出用细头发丝或丝线悬挂磁针。他在实验中发现线扭转时的扭力和针转过的角度成比例关系，从而可利用这种装置测出静电力和磁力的大小，这导致他发明了扭秤。

他还根据丝线或金属细丝扭转时扭力和指针转过的角度成正比，确立了**弹性扭转定律**。可见，库仑是独立发明了扭秤，他从材料力学和结构力学的角度对扭秤进行了深入的理论性研究。

在 1785 年至 1789 年，库仑用扭秤测量静电力和磁力，从实验中总结出著名的库仑定律。

关于静电力的**库仑定律**的常见表述：真空中两个静止的点电荷之间的相互作用力，与它们的电荷量的乘积（q_1q_2）成正比，与它们的距离的二次方（r^2）成反比，作用力的方向在它们的连线上，同名电荷相斥，异名电荷相吸。

库仑定律简单的数学表达式是：$F=kq_1 \cdot q_2/r^2$。其中，k 为库仑常数（静电力常量）。

库仑定律是电学发展史上的第一个用数学表达式描述的定量规律，也是电磁学和电磁场理论的基本定律之一。库仑定律在形式上跟牛顿万有引力定律完全一致，只是把质量换成了电荷量，把万有引力常数换成了库仑常数。库仑定律的发现比万有引力定律的提出恰好晚了一百年。我们已经看到了，这两个定律的发现方式是不同的：库仑定律是从实验中总结出来的，是经验定律；万有引力定律是通过"公理—逻辑"方法推演出来的。作为经验定律的库仑定律经受住了理论的检验，它符合平方反比律，符合空间逻辑。作为数学推演定律的万有引力定律经受住了经验的检验，它符合实验和观测结果。

库仑曾在一篇论文中提到了磁力的平方反比关系，他说："看来，磁流体即使不在本质上，至少也在性质上与电流体相似。基于这种相似性，可以假定这两种流体遵从相同的定律。"库仑对"磁流体"和"电流体"的类比显然也是来源于把它们跟万有引力的类比。这样的类比都是基于从各自的力源流出的磁力、电力和万有引力都处于同样的几何空间，都是遵守空间分布上的守恒律。正是由于这样的原因，不同的学科常常会用到相同或相似的数学描述形式。

第 20 章
电路中的作用逆反律
——欧姆定律

1. 前人与前奏

欧姆定律是关于电路中电流、电压、电阻三者之间关系的定律，所以讲述欧姆定律必须先从电流的历史讲起。在早期的电学研究中，科学家只研究静电，还不知道电流。电路的搭建和持续电流的产生源于一位生物学教授的偶然发现。

在 18 世纪，电对生物的刺激现象引起科学家们很大的兴趣。1780 年意大利博洛尼亚大学的解剖学教授路易吉·伽尔瓦尼（Luigi Galvani）注意到把蛙腿放在两块不同的金属之间时，蛙腿的肌肉会产生抽动，他认为这是动物放电现象。意大利帕维亚大学的物理学教授伏打（Volta）起初也接受动物电的观点，但是后来他开始对此产生怀疑。伏打设想这可能是一种物理的电现象，为此伏打与伽尔瓦尼争论了多年。

伏打用一对一对的不同的金属进行实验，发现有些金属搭配起来比其他金属的效应大，这就支持了他的想法。他进一步发现，把金属用酸润湿之后电效应会更加显著。1799 年，伏打发现把两块不同的金属浸在酸液里并把外部电路连接起来，能够产生相当大的电流。1800 年 3 月 20 日他宣布发明了电堆（后人称之为伏打电堆），电堆就是电池组。伽尔瓦尼的一个偶然发现，引出伏打电池的发明，

意大利币上的伏打

遗憾的是伽尔瓦尼没有看到这一天，他在电池问世不久前的 1798 年 12 月去世。伽尔瓦尼生前一直坚信自己的动物电的观点，虽然观点有分歧，但伏打与伽尔瓦尼始终彼此尊重。为了纪念伽尔瓦尼，伏打还把伏打电池叫作伽伐尼电池，引出的电流称为伽伐尼电流。

尽管 19 世纪的热力学、生物学都取得了巨大的成就，但仍然可以说 19 世纪是一个电磁学的世纪。1800 年发明的电堆可以产生持续的电流，电学开始由静电走向动电，于是开始有了电路学。

不过伏打电堆产生的电流还不能做到持续稳定。德国有一位科学家叫塞贝克（Seebeck），在 19 世纪初，他曾协助过德国的著名诗人约翰·沃尔夫冈·冯·歌德（Johann Wolfgang von Goethe）做过科学研究。歌德不仅是一位诗人、思想家，还是一位画家，而且他在科学领域，特别是在地质学、生物学及所谓的色彩学方面倾注了不少的精力。大概是由于这位伟大诗人的研究方法有问题，他留下的被后世承认的科学成果并不多。歌德有个比较另类的颜色理论，他提出白色光是基本色，而其他颜色都产生于白色光，以此来搞一场光学革命，推翻牛顿的理论。更奇葩的是，歌德不着调的颜色理论居然得到了大哲学家黑格尔的高度赞扬。两位伟大名人在科学史上留下了不止一个笑柄，而给歌德做过助手、并且与黑格尔同龄的塞贝克倒是在物理学上留下了英名。

塞贝克致力于研究热和电的关系，他在 1822 年发现，如果加热两种不同金属的接点，就会产生电势，如果电路是闭合的，电路中就会有电流通过。塞贝克的这一发现被称作塞贝克效应，又称作第一热电效应，其原理是：两种不同成分材质的导体组成闭合回路，当两端存在温度梯度时，两端之间就产生电动势——热电动势，回路中就会有稳定的电流通过。热电效应的发现实际上就等于热电源（温差电池）的发明，我们常用的热电偶就是一个热电源。热电源可以提供持续稳定的电流。

1826 年，德国的一位中学教师乔治·西蒙·欧姆（Georg Simon Ohm，1789—1854）用塞贝克发明的热电源来研究电路中的电势、电流、电阻之间的关系。在欧姆之前，法国数学家和物理学家傅里叶（Fourier）在 1822 年出版了《热的解析理论》一书，书中提出了热传导定律，被称作傅里叶定律。傅里叶定律是传热学中的一个基本定律，其文字表述是：在导热现象中，单位时间内通过给定截面的热量，跟垂直于该截面方向上的温度变化率成正比，并且跟截面积也成正比，而热量传递的方向则与温度升高的方向相反。

傅里叶这个名字对于学过高数的同学来说那是如雷贯耳：傅里叶级数、傅里叶分析、傅里叶变换、傅里叶积分等，折磨着好多年轻人。傅里叶不仅是数学家，而且是成就卓著的物理学家。另外他还是一位男爵，但傅里叶男爵并非出身于贵族家庭，而是出身于一个裁缝家庭，尤其"杯具"的是他 9 岁时沦为孤儿，被当地教堂收养。1780 年，12 岁的傅里叶被送到皇家军事学院学习，在这里，他一开始显露出文学上的天赋，但很快数学成了他最大的兴趣。1795 年傅里叶任巴黎综合工科大学助教，1798 年随拿破仑军队远征埃及，任军中的文书和埃及研究院秘书，受到拿破仑器重，回国后于 1801 年被任命为伊泽尔省格伦诺布尔地方长官。由于傅里叶政绩卓著，拿破仑在 1809 年授予他男爵称号。1815 年，傅里叶在拿破仑百日王朝的尾期辞去爵位和官职，返回巴黎全心投入学术研究。

2. 磨砺与成就

在电路的研究上，欧姆受到了傅里叶热传导理论的启发，他把电势比作温度，将电流的总量比作一定量的热，以此对电流做出类似的分析。

傅里叶是一位数学家，他假设热导杆中两点之间的热流量与这两点间温度差成正比，然后用数学方法建立了热传导定律。欧姆认为电流现象应该与此类似。他用电流强度和电的推动力的概念代替了当时流行的"电量"和"张力"这种模糊概念。欧姆猜想导线中两点之间的电流应该跟这两点间的某种推动力成正比。这个推动力实际上就是两点间的电势之差。当然，欧姆当时还不知道卡文迪许已经提出了电势概念并将其大量应用于对电学现象的解释中。

欧姆定律的发现是欧姆最大的贡献。这个定律在今天看来非常简单，但在19世纪早期发现这个定律并不容易，因为那时人们对电流强度、电压、电阻都还没有什么概念。特别是欧姆在他的研究过程中几乎没有机会跟当时的物理学家接触，只能独立研究，而且图书资料和仪器都很缺乏，仪器和实验用具需要自己动手设计和制造。好在他从小就接受了父亲对他在机械技能上的训练，自己又心灵手巧，所以这些工作难不倒他。

要确立电流与电势及电阻之间的关系，首先必须能够测量电流的大小。欧姆起初是打算用电流的热效应和物体的热膨胀效应来测量电流的大小，但这个方法损耗大、不精确，根本不实用。德国物理学家施魏格尔（Schwaiger）和波根多夫（Poggendorf）在1821年利用电流的磁效应发明了原始的电流计，这种仪器主要用来检验电流的有无。欧姆从施魏格尔的电流计中受到启发，他运用电流的磁效应再结合库仑扭秤，设计了一种电流扭秤，通过挂在扭丝下的磁针所偏转的角度来测量电流。这台电流扭秤就是后来常用的电流计的雏形。

欧姆取8根粗细相同、长度不同的板状铜丝，分别接入电路，测出每次的电流磁作用强度（即磁针的偏转角度），从中得出这样一个关系式：$X = a/(b+x)$，

也就是当板状铜丝的长度为 x 时，磁作用强度
为 X，可以用 X 直接定义电流的大小，a 和 b 是
依赖于电路的两个常数。实际上，a 就是电路中
的电动势，b 是电路中除板状铜丝之外的电阻，
b+x 就是电路的总电阻。1826 年，欧姆把这个
实验结果发表在论文《论金属传导接触电的定律
及伏打仪器和施魏格尔倍加器的理论》中。接着
他又发表了第二篇论文《由伽尔瓦尼电力产生的
电现象的理论》，文中仿照傅里叶的热传导理论

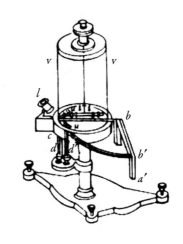

欧姆 1826 年 4 月论文中的实验装置图

推出如下公式：$X=kw(a/l)$ 及 $u-c=\pm(x/l)a$，其
中 l 是导体的长度，w 为截面积，k 为导电率，X 为流经导体的电流大小，a 为导
体两端的电动力（电势差），u 为导体中某一点 x 处的电动力，c 为常数。然后欧
姆以等效长度 $L=l/(kw)$ 代入第一个公式，得到 $X=a/L$，这就是欧姆定律，这里的
等效长度实际上就是电阻。

　　1827 年，欧姆出版《伽尔瓦尼电路的数学研究》一书，把他的实验规律总结
成如下形式：$S=YE$，式中 S 表示电流，E 为电动力（电势差），Y 为电流的传导
率，其倒数为电阻。

　　欧姆定律现在通行的表达式是 $U=IR$，式中的 U 是加在导体两端的电压，I
是通过导体的电流，R 是导体的电阻。欧姆定律是说加在导体上的电压跟导体中
的电流成正比。电流是电流强度的简称，实际上就是导体中电荷分布状态的变化
率。电压则是使电荷分布状态产生变化的外部作用。电流载体对电流的阻力产生与
外部作用相反的逆反作用，逆反作用与外部作用（外加电压）形成平衡。上述表达
式显示电荷分布状态的变化率与其产生的逆反作用成正比，当然与外部作用也成正
比，所以欧姆定律是电路中的一条作用逆反定律，并且具有精确的正比关系。

　　欧姆定律是当今人们最熟悉、最常用的一个电学定律，但是当时德国科学界

不承认欧姆的发现，认为这个定律太简单，不足为信。1829 年 3 月他写信给巴伐利亚（德意志邦联的一个组成国）国王路德维希一世陈述他这个发现的重要性和正确性。国王把信转给了巴伐利亚科学院，但仍未引起科学家们的重视。

欧姆完全相信自己得出的公式是正确的，并确信科学家们最终会接受这一定律。但是后来欧姆在经济上遇到了困难，精神也变得抑郁。发表欧姆论文的《化学和物理杂志》主编施魏格尔（即原始电流计的发明者）写信给欧姆说："请您相信，在乌云和尘埃的后面，真理之光最终会透射出来，并含笑驱散它们。"承蒙贵人吉言，几年之后，欧姆的成果在英国引起了科学家们的注意，1831 年英国科学家波利特在实验中多次引用欧姆定律，都能得出准确的结果，此后不少物理学家也把欧姆定律运用到电学、磁学的实验和研究中。

乔治·西蒙·欧姆

1841 年英国皇家学会授予欧姆科普利奖（相当于现在的诺贝尔奖），肯定了欧姆的功绩，这才引起了德国科学界的重视——真是墙里开花墙外香！ 1842 年欧姆当选为英国皇家学会的国外会员，1845 年他终于被接纳为巴伐利亚科学院院士。

1789 年，乔治·西蒙·欧姆出生在德国南部巴伐利亚著名城市纽伦堡附近埃尔朗根城的一个锁匠世家，他有一个姐姐和一个弟弟，在他 10 岁时母亲就去世了。他的锁匠父亲没有受过正规教育，但是非常非常值得尊敬，倒不是因为他靠一门手艺拉扯大了三个孩子，而是他自学了数学、物理、化学和哲学知识，又传授给了自己的孩子，结果两个儿子一个成了著名的物理学家，另一个成了著名的数学家，即马丁·欧姆（Martin Ohm）。这样一位伟大的父亲，我觉得有必要在这里写下他的名字：乔安·渥夫甘·欧姆（Johann Wolfgang Ohm）。

在乔治·西蒙·欧姆 15 岁时，埃尔朗根大学教授兰格斯多弗（Langsdorf）给欧姆兄弟做过一次测试，他注意到这两个孩子在数学领域异于常人的天赋，于是在结论上写道：从锁匠之家将诞生出另一对伯努利兄弟。

　　欧姆 16 岁进入埃尔朗根大学，但由于家境贫寒，他曾一度退学去做家庭老师，这样断断续续用了六年的时间获取博士学位。毕业后他在几所中学任教达二十年，直到 1833 年 44 岁的欧姆成为纽伦堡皇家综合技术学校的物理学教授。欧姆定律正是他在担任中学教师期间利用工作之余所研究的成果。

第 21 章
电磁作用逆反律
——楞次定律和电磁感应定律

关于电力与磁力之间是否存在着联系，很早就有这方面的猜测，并且也发生过这方面的罕见现象。1751 年富兰克林就发现，在莱顿瓶放电后，缝衣针被磁化了。不过，在人们制造出稳定的电流之前，不可能对这个问题进行真正的研究。1800 年伏打发明电堆产生出恒稳电流之后，才使这一研究成为可能。

1. 电磁学的开路者：奥斯特和安培

奥斯特（Ørsted）是丹麦物理学家和化学家，他于 1777 年出生于丹麦南部的兰格朗岛上一个药剂师家庭。12 岁他就开始在药房里帮助父亲干活，同时坚持学习化学。由于刻苦攻读，奥斯特在 17 岁时以优异的成绩考取了哥本哈根大学的免费生，学习医学和自然科学。他一边当家庭教师，一边在学校学习药物学、天文学、数学、物理、化学等。在物理学领域，他首先发现载流导线的电流会对磁针产生作用力，使磁针改变方向；在化学领域，他最先发现了铝元素。他还是第一位描述思想实验的思想家，"思想实验（Gedankenexperiment）"这一名词就是他发明的。

奥斯特信奉康德的哲学，相信自然界各种基本力是可以相互转化的。他认为

丹麦币上的奥斯特

电和磁之间一定存在着某种联系，就像电和热、光有联系一样。1819 年至 1820 年，奥斯特担任电、磁学讲座的主讲，并继续研究电、磁关系。1820 年 4 月，在一次讲演快结束的时候，奥斯特抱着试试看的想法又做了一次实验。他把一条非常细的铂导线放在一根用玻璃罩罩着的小磁针上方，接通电源的瞬间，他发现磁针微微跳动了一下。这一跳并没有引起在场人们的注意，只有奥斯特立刻意识这正是他多年期盼的效应，他竟激动得在讲台上摔了一跤。在接下来的三个月里，奥斯特进行了 60 多次实验。他发现磁针在电流周围都会偏转；在导线的上方和导线的下方，磁针偏转方向相反；在导体和磁针之间放置非磁性物质，比如木头、玻璃、水、松香等，不会影响磁针的偏转。

1820 年 7 月 21 日，奥斯特写成论文《论磁针的电流撞击实验》，这是一篇极其简洁的实验报告，仅用了 4 页纸。奥斯特在报告中讲述了他的实验装置和 60 多次实验的结果。他从实验中总结出：电流的作用仅存在于载流导线的周围；沿着螺纹方向垂直于导线；电流对磁针的作用可以穿过各种不同的介质；作用的强弱决定于介质，也决定于导线到磁针的距离和电流的强弱；铜和其他一些材料做的针不受电流作用；通电的环形导体相当于一个磁针，具有两个磁极，等等。篇幅不长但信息量很大，这篇论文正式向学术界宣告发现了电流磁效应。

奥斯特的电流磁效应的发现开启了电磁学的新阶段。在这以后，电磁学的发展可以用"势如破竹"来形容。

奥斯特发现电磁效应的消息传到德国和瑞士后，正在瑞士日内瓦的法国科学家阿拉果立刻把这个振奋人心的消息带回巴黎，他向法国科学院报告并演示了奥斯特的实验，引起了法国科学界的极大兴趣。

法国物理学家安培（Ampère）在得知奥斯特的发现之后，立即重复做了奥斯特的实验，实验的结果使他长期信奉的库仑关于电和磁没有关系的信条受到彻底动摇，他集中全部精力投入研究，两周后就提出了磁针转动方向和电流方向的关系服从右手定则的报告，以后这个定则被命名为**安培定则**。

法国物理学家毕奥和萨伐尔进一步研究了载流直导线对磁针的作用，在 1820 年 12 月发表了"悬挂的磁针受到长直载流导线作用力"定量实验的结果，提出了**毕奥－萨伐尔定律**：电流元 Idl 在空间某点 P 处产生的磁感应强度 dB 的大小与电流元 Idl 的大小成正比，与电流元 Idl 所在处到 P 点的位置矢量和电流元 Idl 之间的夹角的正弦成正比，而与电流元 Idl 到 P 点的距离的平方成反比。这实际上是**点磁场的平方反比律**。

安培在 1825 年提出一种假说，认为磁性是电流与电流之间的相互作用，并提出了"分子电流假说"：每个分子形成的圆形电流就相当于一个小磁针。

安培没有仅仅停留于猜想的层面，他要定量地研究电流之间的相互作用。接下来，安培设计并完成了四个精巧的实验。第一个实验证明电流反向，作用力也反向。第二个实验证明在磁作用上，弯曲的电流跟直线的电流是等效的，可以把弯曲的电流看成是许多小段直线电流（即电流元）组成，弯曲电流的作用就是各小段电流作用的矢量和。第三个实验证明电流的磁作用力垂直于载流导体。第四个实验得出电流的磁作用力跟电流大小及距离的关系。

在这些实验的基础上，安培推出了普遍的电动力学公式，即两电流元之间的作用力为：

$$F = i_1 ds_1\, i_2 ds_2 \cdot [\sin\theta_1 \cdot \sin\theta_2 \cdot \cos\omega + k \cos\theta_1 \cdot \cos\theta_2]/r^2$$

　　其中，θ_1、θ_2 分别为电流元 i_1ds_1、i_2ds_2 与其连线的夹角；ω 为电流元平面之间的夹角；k 为常数。

　　这个公式就是安培的电动力学基础，在形式上它跟牛顿的万有引力定律非常相似，是电流元磁场力的平方反比律。另外，电流相当于一个变化的电场，电流的大小体现了电场的变化率大小，所以这个公式也是一个作用逆反律公式，即磁场力与电场的变化率成正比。安培正是仿照牛顿动力学的理论体系创建了电动力学。安培电动力学中的电流元相当于力学中的质点，电流元之间的相互作用则是电动力学的核心。安培的重要著作《电动力学现象的数学理论》是电磁学史上的一部经典论著，书名都很像牛顿的《自然哲学的数学原理》，所以麦克斯韦称安培为"电学中的牛顿"。"电动力学"一词也是安培首创，它跟牛顿的"动力学"相对应。

　　安德烈·玛丽·安培一生中遭受过多次严重的打击，曾经濒临精神错乱。1793 年，他的父亲在法国大革命中因抵制雅各宾派的激进政治浪潮而被斩首，当时安培年仅 18 岁。27 岁时，他的妻子病故。三年后再婚，不久又离婚。于是他陷入恐惧、忧虑甚至绝望，患上了焦虑、抑郁、多疑性神经症。只有对科学研究的专注才能使他从精神上摆脱现实中的一切不幸，电磁学的世界正是这样一个让他有归属感的虚拟世界。安培为科学作出了巨大贡献，科学研究也拯救

安德烈·玛丽·安培

了安培，使他免进精神病院或自杀。1805 年，30 岁的安培在一封信中说他从事哲学和数学研究（这里哲学主要是自然哲学，包括物理学和化学）仅仅是为了排遣人生的单调、苦闷和不安。安培活了 61 岁，除了在电磁学方面的重大贡献外，他在化学和数学方面也有不少的贡献，晚年的他转向了形而上学（即哲学）的研究。

　　为了纪念安培对电磁学的伟大贡献，在 1881 年的巴黎第一届国际电气工程师

会议上，德国物理学家亥姆霍兹建议用"安培"作为电流强度的单位。

2. 电磁感应定律的发现者：法拉第

在欧洲大陆科学家进入电磁学领域开疆拓土的时候，英国人也没有闲着。不久，英国出现了一位电磁学巨人，他就是迈克尔·法拉第（Michael Faraday，1791—1867）。人们早就知道磁铁能使邻近的铁块感应而带上磁性，也知道电荷能在邻近的物体上感应出相反的电荷，法拉第就想电流也应当具有这样的效应。他从 1821 年开始寻找这种效应，他先根据自己的猜想写下在自然现象之间的一系列可能联系，然后进行观察，有的联系还真的被他找到了。经过近十年的实验摸索，法拉第在 1831 年发现了电磁感应现象，证明一个电流可以产生另一个电流，这个现象把机械运动、磁现象跟电流的产生联系在一起，这进一步证实了电与磁的统一性。法拉第发现当一个金属线圈中的电流强弱发生变化时，能在一个邻近的线圈中感应出一个瞬时电流。如果将通有恒定电流的线圈（或者一个永久磁铁）在第二个线圈附近移动，也会产生同样的效应。正如奥斯特发现了电动机的基本原理一样，法拉第发现了发电机的基本原理。

不过，在开始闯入电磁学领域的时候，法拉第只是一个地位卑微的小人物，他是化学家戴维实验室里的一个小助手。

20 镑英钞上的迈克尔·法拉第

1791 年 9 月 22 日迈克尔·法拉第出生在伦敦郊区萨里郡纽因顿的一个贫困家庭，他的父亲还患上了重病。小迈克尔 13 岁就去了曼彻斯特一个书商兼订书匠的店铺里当学徒，在那儿他待了八年的时间，大部分时间都是订书。对于一般人而言，这基本上就注定了这个人碌碌平淡的一生。但是这里的书却把少年法拉第引向了科学殿堂的大门。有过类似经历的还有一个人，就是本杰明·富兰克林。除了勤奋之外，法拉第是幸运的，他的雇主乔治·雷波不仅让这位学徒自由地使用他的图书馆，并且还允许法拉第在他的店铺后面做实验。一百五十年前上中学的牛顿寄住在一位药剂师家里时也有幸遇到过同样的好运。

法拉第并不只是埋头做自己的研究，19 岁那年，他开始参加曼彻斯特市哲学学会的周会，还在周会上提交自己的论文，在学术的圈子里开始小有影响。法拉第在听著名化学家汉弗莱·戴维的一些演讲时，记下了这些演讲笔记，然后全部清清楚楚地书写出来寄给戴维，同时表示自己热切希望能够从事科学研究，恳求戴维帮他在皇家研究院找一份工作。戴维收到信后征求一位朋友的意见，朋友说："让他洗瓶子吧。如果他不肯就算了。"戴维回答说："不，不，我们应该让他试试别的事情。"结果戴维让法拉第在实验室做了助手。戴维爵士这时候肯定没有想到这个出身卑微、没有受过正规教育的年轻助手后来的贡献和名气远远地超过了自己。如果法拉第没有鼓起勇气给戴维寄去他的笔记，就不会有这样一位伟大的实验科学家诞生，电磁学的历史不知道会往后推迟多少年。当然，如果戴维对这个无名小辈不予理会，那也是同样的结果。

法拉第开始是继续戴维的化学研究，因化学涉及电的特性，后来他越来越多地进入到物理的领域，结果后人都知道他是个物理学家，而不知道他本来还是个化学家。

1821 年初，英国科学家威廉·海德·沃拉斯顿（William Hyde Wollaston）试图把因电流引起的磁针偏转变换成为磁针围绕电流的恒定转动。他经过周密的计划，在皇家研究院的实验室里，在戴维爵士面前进行了这项实验。尽管没有实现磁针的持续转动，但是这件事引起了法拉第对该问题的注意。于是法拉第阅读了许多这方面的资料，开始了对电磁学的学习和研究。

1821年9月，法拉第在重复奥斯特"电生磁"实验的时候，制造出了人类史上第一台最原始的电动机的雏形——在水银杯中围绕固定的通电导线连续旋转的磁铁。

1831年，40岁的法拉第通过阅读和实验已经完全熟悉了电和磁的科学，他试图用一根导线上的电流所产生的磁现象感应另一根导线使之产生电流。法拉第用两根带绝缘层的导线一起绕在同一个木圆柱体上，这样就做成了一个螺旋管。其中一根导线连接到由10个伏打电池组成的电池组上，另一根连接到一个灵敏电流计上。当接通电池电流通过时，没有观察到电流计上有任何变化。他把电池组从10个电池增加到120个电池，仍然毫无变化。但是法拉第非凡的观察力和敏锐性起了作用，任何蛛丝马迹都不会逃过他的眼睛。他注意到，当他接通电池组的那一瞬间，电流计的指针总是有微弱的移动，之后指针又恢复原位保持静止。在电路断开的一瞬间，指针又出现移动，方向与电路接通时观察到的移动方向相反，接着又恢复原位。

之后，法拉第用永久磁体插入线圈中，也得到了同样的效应：在磁体插入线圈的同时，线圈中冲过一阵电流；在磁体从线圈中拔出的同时，线圈中又冲过一阵等量而反向的电流。

七年前，法国的阿拉果已发现非磁性金属材料的盘有能力使悬吊在其上面的振动的磁针迅速静止。对于这个问题阿拉果和安培两人都探究过，泊松（这个名字在高数上也见过）还曾发表过关于这个题目的理论研究论文，但是对于如此异乎寻常的现象却找不出任何解释。法拉第做出上述发现之后又开始对法国人留下的这个问题进行研究。他把盘的边缘放在英国皇家学会的大马蹄形磁铁的两极之间，将盘的轴和边缘用一根导线与电流计相连，当盘转动时，他得到一恒定电流。电流的方向是由盘的转动方向确定的，当反向旋转时，电流的方向也反向。

这可以说是人类历史上第一个模型发电机。电
动机和发电机的问世预示着电气时代的到来。

　　也是在这个时候，法拉第提出了"磁力
线"的概念。他把撒在磁铁及周围的铁屑所排
列成的曲线称作磁力线。他指出，产生感生电
流既不需要接近也不需要远离磁极，唯一必需
的是恰当地切割磁力线。法拉第对各项实验
进行了总结，他的关于电磁感应的总结报告于

法拉第感应电流实验示意图

1831 年 11 月 24 日在英国皇家学会宣读。他把能够产生感应电流的情况分为五种：
（1）变化中的电流；（2）变化中的磁场；（3）运动中的稳恒电流；（4）运动中的
磁铁；（5）运动中的导线。

　　1833 年，法拉第确定了相同的电量可以分解相同当量的化学物质。这个发现
表明，如果化学物质是由原子构成的，那么电也应该具有微粒的特性。但是法拉
第是原子论的反对者，尽管他的老师戴维曾对道尔顿的原子论给予了高度评价。
法拉第宁愿采取这样的看法：物质到处都存在，没有不被物质占有的中空地带。
法拉第认为物质是像以太那样的连续介质，这种介质也就是传递自然界各种力的
媒介。他设想，弥漫整个空间的以太是由力的线组成的，这些线将相反的电荷或
磁极连接起来。在磁场中的纸上撒上铁屑，就可看见连接相反两极的无数条线。
这些"线"及由线所组成的"场"是描述和解决电磁学问题极为有用的工具，但
是对于法拉第来说，它们具有实在的物理意义，也就是说，法拉第的这种基于工
具主义的方法，在他自己看来是本质主义的，是真实的存在。

　　作为一个在电磁学领域取得了重大发现的科学家，法拉第已经预见到自己的
发现将会引起重大的社会变革。他曾引用富兰克林说过的一句话"一个婴儿有什
么用处"，以此来说明有的科学发现似乎毫无用处，因为这是在它婴儿期和无用
状态的时候，但是当它生长发育成熟之后，就会看到它的能力。据说，当时的英

国财政大臣威廉姆·格莱斯顿曾问法拉第："电将会有什么实际用途？"他回答说："先生，总有一天您会向人民征收电税的。"

1832 年，法国的仪器制造商皮克西（Pixies）根据法拉第发现的电磁感应原理，研制成功了一种安装了两个线圈的手摇直流发电机，它是所有实用发电机的始祖。"发电机"这一术语是由从事电气工程的维尔纳·冯·西门子（Ernst Werner von Siemens）在 1867 年率先使用的。西门子还是一位实业家，他一生在电气工程上成就卓著。

法拉第在 1831 年对电磁感应现象只是做了定性的表述。1833 年，俄国物理学家海因里希·楞次（Heinrich Friedrich Emil Lenz）进一步发现了楞次定律，说明感生电流的方向。**楞次定律**的内容是：感应电流具有这样的方向，即感应电流的磁场总要阻碍引起感应电流的磁通量的变化。

楞次定律还可以简单地表述为：感应电流的效果总是反抗引起感应电流的原因。很明显，楞次定律是一条典型的作用逆反规律，凡是学过这条定律的人都会对它留下深刻的印象，只是，楞次定律仍然停留在定性描述这一步上。这条定律不仅是一条作用逆反规律，德国物理学家亥姆霍兹证明楞次定律实际上还是电磁现象的能量守恒定律。

楞次出生于爱沙尼亚，当时这里被俄国占领。在发现这一定律时楞次是俄国圣彼得堡科学院的

海因里希·楞次

通讯院士，发现楞次定律的第二年即 1834 年他成为正式院士。

在楞次定律的基础上，法拉第根据大量的实验事实总结出了定量化的**电磁感应定律**，线圈中所感应出的电动势与穿过线圈的磁通量的变化率成正比。其数学表达式可以写成：$e(t) = -n(d\Phi)/(dt)$，它显示状态的变化能够产生与其变化量成

正比的逆反作用。表达式中的负号则显示了楞次定律所指出的作用的逆反性。这一数学表达式与作用逆反律的正比表达式完全相符。

1845 年，德国物理学家纽曼（F. E. Neumann, 1798—1895）从理论上推导出法拉第电磁感应定律的数学表达式为：

$$\varepsilon = -\int \frac{\partial A}{\partial t} dl$$

这里的 A 是纽曼提出的矢势函数：　$A = \int \frac{i}{r} dl$

1845 年法拉第发现了磁光效应，又称法拉第效应。1846 年，他又提出光的本质是电力线和磁力线的振动，这一看法后来被麦克斯韦发展成为光的电磁说。

法拉第不是科班出身，特别是在数学上没有受过系统的高等教育，他不能用数学工具建立起一套电磁学的理论。但是法拉第通过大量实验所得出的重大发现，以及所提出的电力线、磁力线、电场和磁场概念为后来的电磁场理论的建立奠定了很好的基础。接下来就需要伟大的理论物理学家麦克斯韦出场了。

3. 电磁学大厦的建造者：麦克斯韦

1831 年对于电磁学来说是极其重要的一年，这一年法拉第发现了电磁感应，而且也是在这一年，电磁场理论的建立者麦克斯韦诞生了。

詹姆斯·克拉克·麦克斯韦（James Clerk Maxwell，1831—1879）出生在苏格兰首府爱丁堡的一个名门望族。他小的时候是一个神童，10 岁进爱丁堡书院（Edinbergh Academy）学习，15 岁就开始发表几何学论文，19 岁时

年轻时的麦克斯韦

进剑桥大学三一学院。比麦克斯韦大七岁的威廉·汤姆森（开尔文勋爵）这时是剑桥的一位研究员，他也是一个神童，10 岁入读苏格兰的格拉斯哥大学。他们两人都来自苏格兰，再加上相似的成长背景，使得二人的关系非同一般，从此麦克斯韦深受汤姆森的影响。在剑桥期间，麦克斯韦认真阅读和研究了法拉第的著作。大学一毕业，麦克斯韦就开始着手他那雄心勃勃的计划——把法拉第的力线和场的思想用数学分析方法进行表述，也就是建立电磁学数学理论，或者说写一部"电磁学的数学原理"。

在麦克斯韦逐渐成长的这些年里，一些物理学家和数学家已经开始尝试去建立普遍性的定量的电磁学理论，并且形成了建立在安培的超距作用力上的大陆电动力学派和英国的近距作用力学派。大陆学派以德国的纽曼（Neumann）和韦伯（Weber）为代表，英国学派以法拉第为代表，威廉·汤姆森属于后者。汤姆森曾尝试用类比方法，借鉴傅里叶的热传导理论，把法拉第的力线和场的思想用数学表达式进行定量表述，但没有太大成效。

1856 年，25 岁的麦克斯韦初出茅庐，发表了《论法拉第力线》，这是他的第一篇关于电磁理论的论文。在文中，麦克斯韦用不可压缩的流体的流线类比法拉第的力线，把流线的数学表达式用到静电理论中。在电场或磁场中，力线发源于电荷或磁极并终止于电荷或磁极，形成闭合曲线。通过类比，麦克斯韦明确了两类不同的概念：一类是相当于流体中的力，即电场中的 E（电场强度）和磁场中的 H（磁场强度）；另一类是相当于流体的流量，即电场中的 D（电移位）和磁场中的 B（磁感应强度）。流量遵从连续性方程，可以沿曲面积分，而力可以沿线段积分。这篇论文使法拉第的力线概念由一种直观的想象上升为科学的理论，这引起了物理学界的重视。65 岁的法拉第读过这篇论文后，对其大加赞赏。

麦克斯韦继承了法拉第的力线和"场"的思想，坚持近距离作用，发展了法拉第的电振奋状态概念和以太媒质的连续作用机制，同时也吸取了大陆派电动力学的成果，借鉴了汤姆森的方法。正是站在这些巨人的肩上，麦克斯韦建立了完美的电磁场理论，就像牛顿建立动力学理论那样。但是麦克斯韦所依据的以太不仅至今未能得到证实，而且在 20 世纪初被物理学界给予否定。

德国数学家黎曼（Riemann）在 1853 年用弹性的以太模型提出过电力传播的方程：

$$\frac{\partial^2 U}{\partial t^2} - a^2 \left(\frac{\partial^2 U}{\partial x^2} + \frac{\partial^2 U}{\partial y^2} + \frac{\partial^2 U}{\partial z^2} \right) + a^2 \cdot 4\pi\rho = 0$$

式中，U 是电势，ρ 是点（x，y，z）上的电荷密度，a=c/2，即光速的一半。尽管黎曼写出这个方程的时间比麦克斯韦要早，但是他的论文在他生前没有发表，直到他去世后的第二年即 1867 年才发表，发表时间晚于麦克斯韦。

我们可以看到，类比方法在近代物理学的发展中起了很大的作用，原因就在于同一种数学表达形式适用于不同的物理学领域。关于类比方法，麦克斯韦写道："为了采用某种物理理论而获得物理思想，我们应当了解物理相似性的存在。所谓物理相似性，我指的是在一门科学的定律和另一门科学的定律之间的局部类似。利用这种局部类似可以用其中之一说明其中之二。"

当然并不是任何两个科学领域或研究对象的任何方面都可以进行类比，只有不同对象之间有共性的方面可以类比。既然是不同的领域或不同的对象，当然就有不同的方面，也就是所谓的"特殊性"，在有特殊性的方面就不能运用类比的方法。麦克斯韦发现，不能把法拉第的力线思想跟伯努利的流体力学进行简单的类比，因为流体中流线越密的地方压力越小，流速越快；而法拉第的力线有纵向收缩、横向扩张的趋势，力线越密，应力越大。另外，也不能把电的运动和磁的运动进行简单的类比，电的运动是平移运动，而磁的运动更像是介质中分子的旋转运动。

类比方法用不上了，麦克斯韦就另辟蹊径，他准备采用模型方法来建立假说。模型方法并不新鲜，古人在许多"重大课题"中都使用过，如柏拉图的天球模型、亚里士多德的宇宙模型，近代则有开普勒的椭圆轨道太阳系、笛卡尔旋涡宇宙模型，等等。模型不难建立，关键是其能否经得起事实的检验，经得起逻辑上的推敲。

麦克斯韦借用英国物理学家兰金（Rankine）的"分子涡流"假设来建立自己的模型。他假设在磁场作用下的介质中有规则地排列着许多分子涡旋，绕磁力线旋转，旋转角速度与磁场强度成正比，涡旋物质的密度正比于介质的磁导率。他用这个模型来解释电荷间或磁场间的相互作用，这里体现了近距作用。

麦克斯韦在第一篇论文中提出了 6 个定量化的定律，并指出这 6 个定量化的定律是法拉第电磁学思想的数学基础。

麦克斯韦的第一篇论文可以看作是他运用数学方式对之前电磁学成就的全面总结。五年后，麦克斯韦发表了第二篇论文《论物理的力线》。在这篇论文中，他提出了自己首创的"位移电流""电磁场"等新概念，并在此基础上全面建立了他整个电磁场理论的大厦。他把法拉第发现的电磁感应规律与安培开创的电动力学规律结合在一起，用一套方程组对电磁规律进行了概括，建立了用数学描述的完整的电磁场理论，同时预测了光的电磁性质，实现了物理学史上继牛顿动力学理论之后的第二次大综合。

许多科学发现是从假设开始的。

麦克斯韦假设分子涡旋具有弹性，当分子涡旋之间的粒子受电力作用产生位移时给涡旋以切向力，使涡旋发生形变，反过来涡旋又给粒子弹性力。当激发粒子的力撤去后，涡旋恢复原来的形状，粒子也返回原位。这样，带电体之间的电力就归结为弹性形变在介质中储存的位能，磁力则归结为储存的转动能。位移的变化形成了电流，这就是麦克斯韦在电磁学上提出的一个重要假设——位移电流。"位移电流"的提出是一个重大突破，它在电磁场理论中具有非常重要的地位。

既然电介质中粒子的位移可以看成是电流，那么就可以把电流与磁力线的相互作用推广到绝缘体，并进而推广到假设中的无所不在的"以太"。这样，介质中任何一点所产生的电粒子振动都可以通过持续不断地相互作用在介质中传播出去，从而形成电磁波。麦克斯韦根据分子涡旋假设推出电磁波的传播速度v=310740千米/秒。在这之前法国物理学家阿曼德·斐索（Armand Hippolyte Louis Fizeau）已经用齿轮测得光速为c=315000千米/秒。很自然地，麦克斯韦猜测到"光是由引起电现象和磁现象的同一介质中的横波组成的"，也就是说光是电磁波。麦克斯韦把他提出的这一理论称为"电磁场理论"。

麦克斯韦在他的这篇论文中提出了8个方程，即：电位移方程、电磁力方程、电流方程、电动势方程、电弹性方程、电阻方程、自由电荷方程、连续性方程。前面的6个方程都是矢量方程，各自都是由3个方程组成，这样总共有20个方程。

在麦克斯韦去世以后，德国物理学家海因里希·鲁道夫·赫兹（Heinrich Rudolf Hertz，1857—1894）在其老师亥姆霍兹的影响下对麦克斯韦的工作进行了深入的研究。1890年，他给出了这些方程的简化的对称形式，整个方程组只包含4个矢量方程：

$$\mathrm{div}E = 4\pi\rho$$

$$\mathrm{div}B = 0$$

$$\mathrm{curl}B = \frac{1}{c}\frac{\partial E}{\partial t} + \frac{4\pi}{c}j$$

$$\mathrm{curl}E = -\frac{1}{c}\frac{\partial B}{\partial t}$$

这就是著名的**麦克斯韦方程组**。麦克斯韦在电磁学上的地位相当于牛顿在力学上的地位。赫兹在我们的印象中是一位天才实验物理学家，实际上赫兹的理论水平也是一流的，毕竟，我们所熟悉的麦克斯韦方程组的最终形式是赫兹给出的。英国物理学家奥利弗·赫维赛德（Oliver Heaviside）也独立给出了麦克斯韦方程组的简化形式。

麦克斯韦方程组包含了四条定律：库仑定律、高斯定律、安培定律和法拉第

海因里希·鲁道夫·赫兹

定律。其中库仑定律、高斯定律都内含着守恒律、安培定律、法拉第定律都内含着作用逆反律。

1887 年，赫兹通过实验证实了电磁波的存在，确认了电磁波是横波，具有与光类似的特性。他还用他的实验装置测量出电磁波的波长，并且计算出电磁波的振荡频率，由此得出的电磁波速度正好等于光速。这样赫兹就全面验证了麦克斯韦的电磁理论的正确性。赫兹的发现具有划时代的意义，它不仅证实和完善了麦克斯韦的理论，更重要的是开创了无线电电子技术的新纪元。此外，赫兹还开创了接触力学，发现了光电效应，后者影响了 20 世纪量子论的发展进程。1894 年元旦这一天，赫兹因败血症在德国波恩去世，年纪还不到 37 岁，令人痛惜。后人为了纪念他，把"赫兹"定为频率的单位。赫兹死后还留下一部遗作，叫《力学原理》，这部书体现了赫兹的大物理学思想，具有哲学的特质，对 20 世纪的物理学和哲学都产生了重要影响。

19 世纪中期物理学家们主要是建立热力学理论，主要内容是热力学第一定律（包括焦耳定律）和热力学第二定律。19 世纪后期物理学家们主要是建立物质和以太的关系理论，麦克斯韦的电磁理论也只是他要建立的以太理论的一个部分、一个阶段。以太理论终究是没有完成，却迎来了 20 世纪初期抛弃了以太假说的物理学革命——相对论和量子力学。

第22章
化学中的作用逆反律
——勒夏特列原理

　　勒夏特列（更准确地说是勒·夏特列，Le Chatelier）是法国著名化学家，也是一位成就卓著的工程师，很少有人知道，他还是一位高级官员。

　　1850年，勒夏特列出生于法国巴黎。他的祖父和父亲都从事跟化学有关的事业和企业——祖父开设有一家水泥厂，父亲曾任法国矿山总监。当时法国的许多知名化学家是他家的座上客，这些人所谈论的话题激起了少年勒夏特列对科学技术的热情。由于家庭环境的影响，勒夏特列在上中学时就迷上了化学实验，后进入巴黎综合理工学院学习。但是他的大学学业因普法战争爆发而中断，然后入

勒夏特列

伍成为一名少尉，参加了巴黎保卫战。战后他进入巴黎高等矿业学校专修矿冶工程学。毕业后，他担任过矿业工程师，1877年巴黎高等矿业学校邀请他担任化学教授，筹建矿业学院的化学课程。但是作为一名工程师，勒夏特列当时并没有进行化学研究和教学的打算，可是盛情难却，他只好"赶鸭子上架"，选择了他有过一些了解的混凝土和砂浆作为研究对象，在开展教学和研究期间，他完成了自己的博士论文。

勒夏特列是一位科学家，更是一位技术发明家。他研究过水泥的煅烧和凝固、陶器和玻璃器皿的退火、磨蚀剂的制造，以及燃料、玻璃和炸药的发展等问题，发明过用于测量高温的热电偶和光学高温计，以及用于金属切割和焊接的氧炔焰发生器。这些发明对于后来的科学研究及工业生产都起着重要的作用。比如氧炔焰发生器，多数人对它都很熟悉，但是很少有人把它跟勒夏特列联系在一起。

对于高温化学的研究将勒夏特列引向了热力学领域。1888 年，他发现了一条著名的定律，被人们称为**勒夏特列原理**。勒夏特列对该原理的表述是：任何稳定的化学平衡系统承受外力的影响，无论整体还是仅仅部分地导致其温度或压缩度（压强、浓度、单位体积的分子数）发生改变，若它们单独发生的话，系统将只做内在的纠正，使温度或压缩度发生变化，该变化与外力引起的改变是相反的。

现在对这条原理通常表述为：当物系平衡时，系统所处的条件（如压力、温度或体积等）若发生变更，平衡恒向削弱或解除这种变更的方向移动。这是一个更简单、更准确、更具有一般性的表述。换句话说，如果把一个处于平衡状态的体系置于一个压力增加的环境中，这个体系就会通过化学变化尽量缩小体积，重新达到平衡，由于这个缘故，这时压力就不会增加得像本来应该增加的那样多。如果把这个体系置于一个会正常增加温度的环境里，这个体系就会发生某种化学变化，这种变化会从系统中吸收一部分热量，因此温度的升高也不会像预计的那样大。

例如氮和氢合成氨的反应（$N_2 + 3H_2 \rightleftharpoons 2NH_3$）达到平衡后，增加压力，平衡就向右方移动，因为向右移动即减少分子数目，分子数目减少就降低压力，对增加的压力起着削弱作用。勒夏特列原理是作用逆反律在物系平衡移动过程中的体现，体现的是具有化学反应功能的气体系统能够对外部的作用产生逆反作用，也就是削弱外部作用的反作用。

学过高中化学的人，都会对勒夏特列原理有深刻的印象，不少人都感觉到它和楞次定律一样，是宇宙间的一个普适原理，而且有人把它跟老子《道德经》中的"天之道，损有余而补不足"联系在一起。这些认识或感悟确有道理，但是比较模糊。曾获得诺贝尔化学奖和诺贝尔和平奖的美国著名化学家鲍林在他的化学教科书中说："如果大学毕业后，同学们不再从事化学研究，就可能会全部忘掉有关化学平衡的所有公式，但希望同学们不要忘掉勒夏特列原理。"

很多人已经认识到勒夏特列原理和楞次定律都是作用逆反律，但是并不知道在经典物理学中除了楞次定律之外还有许多作用逆反律，更不知道什么样的系统具有精确的规律，什么样的系统不能有精确的规律。勒夏特列原理只是从经验中总结出来的一个定性的作用逆反规律，不是线性规律，也没有精确的表达公式，因为这种系统比严格的两体系统更为复杂。

作用逆反互补律是最具有"辩证法"特征的一条基本规律，实际上这正是辩证法的核心。在前面我们看到了，这条规律也内在于机械论的最核心规律——牛顿第二定律之中。很多人却把辩证法和机械论对立起来，这说明他们都没有抓到事物的实质。

勒夏特列原理和波义耳定律都是热力学原理，前者描述的是有化学反应发生的封闭型热力学系统的情况，后者描述的是没有化学反应发生的封闭型热力学系统的情况。

勒夏特列作为一位工程师出身的化学家，在工程技术和基础理论方面均有重大贡献。1907 年，勒夏特列经过四次竞选失败后终于当选为法国科学院院士，并兼任法国矿业部长，一次次的失败是因为法国科学界看不起工程师，之前他在巴黎大学当教授时也面对过一些理论派教授们的白眼。1913 年勒夏特列当选英国皇家学会外籍会员，三年后获得英国皇家学会颁发的戴维奖章。1914 年第一次世界大战爆发，他在国家民族危难之际担任了法国武装部长，肩负起保卫国家的重任，战后退休。

在近代史上法国人虽然总体上比较激进，但勒夏特列在政治上是个保守派，他始终与那些极端势力和激进运动保持距离。1936 年，86 岁的勒夏特列和妻子一起度过了六十周年结婚纪念，这一年 9 月他带着对未来社会的美好愿望安详地离开人世。他和妻子有 7 个子女，34 个孙子孙女，用中国人的话讲，勒夏特列可算是大福大贵之人。

第 23 章

经济学中的作用逆反律

——亚当·斯密与价值规律

1. "看不见的手"：市场经济的核心规律

作用逆反规律不仅在简单的物理系统、化学系统中存在，在复杂的生物系统、社会系统中也经常出现。比如，通常情况下，人或动物都会对来自他人或其他动物的侵害行为做出本能的或主动的反抗，生物自身的免疫系统也会对外部侵害做出反抗。此所谓"哪里有压迫哪里就有反抗"，压迫的力度越大反抗的力度也越大。这有点类似于物理系统的线性作用逆反律。

在本章中我们举一个经济系统中的典型例子，它就是经济系统中的基本规律——**价值规律**。

第一个对价值规律做出比较系统的论述的人是古典政治经济学的创立者、英国经济学家和哲学家亚当·斯密（Adam Smith，1723—1790）。他在《国民财富的性质和原因的研究》（俗称《国富论》）一书的第 1 篇第 7 章"论商品的自然价格和市场价格"中，论述了自然价格与市场价格的关系，指出市场价格会受供求影响而上下波动，自然价格则起着"中心价格"的作用。各种意外因素会把商品的市场价格抬到自然价格以上或强抑到自然价格以下，但不管有什么障碍，市场价格终究会被吸引趋向于接近自然价格。

在经济系统中，根据价值规律，当某种商品的价格上涨时，会有更多的人力和物力投入到这种商品的生产之中，于是这种商品的产量增加，然后导致这种商品的价格下降。当某种商品的价格下降时，投入到这种商品生产中的人力和物力会减少，于是这种商品的产量减少，导致这种商品的价格上涨。在这里，投入到一种商品的人力和物力增加对这种商品的价格上涨起到逆反作用，一种商品的价格降低对投入到这种商品的人力和物力的增加起到逆反作用。商品的价格与对这种商品的生产投入互相起着逆反作用。

价值规律属于在复杂系统中所呈现出来的近似于两体作用系统的作用逆反规律。它是市场经济的核心规律，也是亚当·斯密经济学的核心规律。人们常说的"市场调节机制"实际上就是这条价值规律，由于它不需要政府的力量、不需要任何主观的外力就可以实现社会资源的有效合理配置，因而价值规律被形象地称作"看不见的手"。以价值规律为核心的亚当·斯密经济学理论对近现代经济社会的高速发展起到了巨大的引领作用。

2. 经济学"一哥"与苏格兰启蒙运动

英国的亚当·斯密跟法国 18 世纪法国唯物主义最后一位代表人物霍尔巴赫（Holbach，指亨利希·梯特里希，别名霍尔巴赫）、德国古典哲学的创建者康德

苏格兰银行发行的 20 镑英钞上的亚当·斯密

（Kant）及美国的国父华盛顿是同代人，跟他们年龄差不多的中国名人是刘罗锅和纪晓岚。亚当·斯密出生于苏格兰一个海关官员的家庭，他14岁考入位于苏格兰的格拉斯哥大学，学习数学和哲学，并对经济学产生兴趣，17岁时他进入牛津大学学习。1746年，23岁的亚当·斯密从牛津毕业回到家乡，1748年到苏格兰首府的爱丁堡大学讲授修辞学与文学。1751年至1764年亚当·斯密回到格拉斯哥大学执教，期间有一个叫詹姆斯·瓦特的小伙子在格拉斯哥大学里开设了一间小修理店，之后瓦特被学校任命为数学仪器制造师。

亚当·斯密在格拉斯哥大学的伦理学讲义经过修订后在1759年以《道德情操论》为书名出版。1764年他辞了教授，担任私人教师，并到欧洲旅行。1767年亚当·斯密回家乡写作《国富论》，九年后《国富论》出版，由此奠定了他经济学"一哥"的地位。1787年亚当·斯密出任格拉斯哥大学校长。

在法国启蒙运动的同一时期，跟英格兰合并（1707年）之后的苏格兰也掀起了一场启蒙运动。苏格兰启蒙运动的奠基人是被称为"苏格兰哲学之父"的格拉斯哥大学哲学教授弗朗西斯·哈奇森（Francis Hutcheson），他出生于1694年，与法国启蒙运动的奠基人伏尔泰同岁。哈奇森是亚当·斯密的老师，在亚当·斯密的《道德情操论》中就有哈奇森带给他的思想烙印。苏格兰启蒙运动有两个中心，一个是西部的格拉斯哥，另一个是东部的爱丁堡，两座城市相距只有60多公

格拉斯哥大学主楼的回廊

里。这场启蒙运动起源于格拉斯哥大学，之后延伸到爱丁堡大学。格拉斯哥是一座工商业城市，格拉斯哥大学涌现的人物多在科学、技术、实用领域，如布莱克、瓦特等；而爱丁堡则比较偏向于艺术、文学及思辨的哲学领域，亚当·斯密的朋友、著名哲学家大卫·休谟（David Hume）就是求学和成长于爱丁堡大学。亚当·斯密在这两所著名大学都曾任教，自然是兼具了二者的学养风格与气质。

在18世纪70年代的爱丁堡，除了休谟和亚当·斯密，还有两位成就卓著的科学家，一位是从格拉斯哥大学转到爱丁堡大学任教的著名化学家、医学家约瑟夫·布莱克（Joseph Black），一位是地质学的奠基人、在爱丁堡土生土长的詹姆斯·赫顿（James Hutton）。这四位杰出人物都是终身未婚，他们组成了一个团体，称作"牡蛎会社"，每个礼拜聚会进行开放式讨论，让那些对艺术或科学感兴趣的爱丁堡市民和外地旅客都来共同参与。

爱丁堡大学

法国启蒙运动出了一部百科全书，并以此形成了以德尼·狄德罗（Denis Diderot）为代表的百科全书派。苏格兰启蒙运动也出了一部百科全书，这就是著名的《不列颠百科全书》。《不列颠百科全书》1771年首次在苏格兰爱丁堡出版，以后不断修订出版，被公认为世界上最权威的百科全书。

苏格兰这块地方虽小，但是发生在这里的这场启蒙运动却促进了整个世界文明的进步。法国的启蒙运动偏重于自由、平等、博爱的政治理想。而苏格兰启蒙运动则更看重市场、法律、道德、科学这几大要素。可以说，苏格兰启蒙运动是一场更理性、更务实的启蒙运动，许多历史学家甚至把苏格兰启蒙运动看成现代世界文明的起点。休谟的影响主要在哲学文化领域，他的思想导致了康德德国古典哲学的建立。布莱克和赫顿的影响是在科学领域，相比于伦敦那些仰望星空的科学家，他们开辟了更接地气的科学道路。

亚当·斯密和詹姆斯·瓦特是两位对人类近代社会革命性巨变起了关键作用的人物，亚当·斯密在《国富论》中建立了现代市场经济的理论，为现代经济社会的形成奠定了理论基础；詹姆斯·瓦特改进的蒸汽机进入了实用、普及阶段，从而开启了工业化大生产的进程。这两个人，一个从理论上、一个从实践上，推动了人类社会的一场天翻地覆的大变革，因而两人一个被称为"现代经济学之父"，一个被称为"工业革命之父"。这两个伟大的人物曾同时在格拉斯哥大学工作，当时先后担任格拉斯哥大学财务主管和副校长的亚当·斯密曾是瓦特作坊里的常客，他对年轻而富有创见的瓦特非常欣赏。瓦特对赫赫有名的亚当·斯密更是怀有深深的敬意，他曾提到自己从亚当·斯密创立的格拉斯哥文学会中受益匪浅。瓦特在晚年用他发明的雕刻机完成的第一件作品就是亚当·斯密的小型象牙头像。亚当·斯密的名著《国富论》和瓦特的第一台实用蒸汽机在同一年——1776 年问世。1776 年还发生了一个影响世界的重大事件，那就是以《独立宣言》的发表为标志，美利坚 13 州脱离英国的统治，宣告独立。

18 世纪的苏格兰启蒙运动不是孤立的，它是对 17 世纪以培根、威尔金斯、波义耳、约翰·洛克（John Locke）、牛顿为代表的英格兰启蒙运动的继承和发展。实际上 18 世纪的法国启蒙运动在政治理想上也是继承了洛克的遗产，在科学上继承了牛顿的遗产。英格兰启蒙运动也称英国启蒙运动，这场启蒙运动所取得的伟大成就是众所周知的：一个成就是"光荣革命"及其所带来的君主立宪制民主政体，这是近代政治的标志；另一个成就是牛顿力学的建立，这是近代科学的标志。只是，在历史上很少把它作为一场启蒙运动来提及。

第 24 章
两体作用逆反律的原理、意义和适用性

我们在第 14 章到第 23 章回顾的这些定律都是两体作用逆反律的具体化定律。这些基于作用逆反律的具体定律可以统称为**作用逆反律族**。

胡克定律、浮力定律、波义耳定律，分别是受作用物体为固体、液体、气体的两体定律，这里的两体系统都是发生形态变化的两体系统。

牛顿第二定律是受作用物体作为一般性的、自在的物质体的两体作用定律。对于这个一般性的、自在的物质体，我们不管它的具体形态，只管它作为物质的核心性质——质量性；我们也不管它的形态变化，只管它的动力学状态的变化，即有没有加速度及加速度的大小。牛顿第二定律所描述的两体系统是动力学状态发生着变化的两体系统。

牛顿第二定律中的逆反因素是物体运动状态的惯性，浮力定律中的逆反因素是液体的重力（即地球对液体的吸引力），胡克定律中的逆反因素是物体微观结构中的化学键（电磁力），波义耳定律中的逆反因素是气体分子的惯性和分子之间碰撞时的电磁斥力。所以作用逆反律中的逆反因素在深层本质上是多种多样的，但在表现上是一致的，这显示了作用逆反律的普适性。

1. 两体作用逆反律的最终解释

物体对外部作用的逆反是物体自身惯性的体现，是保持物体自身状态、保持自身一致性的体现。因此，逆反作用可以向惯性律追溯，并进而向同一律追溯。

从牛顿开始，引力已被解释为物质的属性，即引力的大小与物体所含物质的多少及物体之间的距离有关。在古代有一种主流观点是，引力是位置的一种性质。在亚里士多德的宇宙里，万物都有其指定位置，如果脱离它的位置，它就要争取回去。我们现在来考察两体的相互作用，会发现亚里士多德的观点也不无道理，拉起或压下弹簧，弹簧会产生一个返回的力，施加的力越大，它返回的力也越大，浮力也是这样。任何一种反抗力或者说逆反力都是要保持它本来的同一性。事物保持自身同一性的趋向，我们也称之为事物的惯性。事物对外力的逆反作用就是事物的惯性对外力作用的对抗。

如何理解在标准的两体作用系统中作用力与状态变化量之间都呈线性关系呢？我们应当注意到，人们对于力的概念都是从物体在受到作用时所发生的状态变化中得到的，人们对于力的度量都是在对两体作用系统中状态变化量的度量中得到的，例如弹簧秤是用弹簧在受力时所发生的形变量来测量力的大小的。当物体 A 对物体 B 施加作用力时，B 对 A 也产生一个同样大小的反作用力，这个反作用力会给 A 造成状态变化。力与状态变化量成正比最终可以归结为 A 的状态变化量与 B 的状态变化量成正比。当 B 对物体 C 施加作用时，C 的状态变化量与 B 的状态变化量也成正比，这样我们就通过 B 的状态变化量把 C 的状态变化量跟 A 的状态变化量联系起来了。通常我们会从各种物体的状态变化量中找出容易测量的物体状态变化量作为衡量力的共同的标准，这种物体也就成为我们测量力的工具，弹簧就是一种特别好用的测力工具。

在两体系统中，如果约化掉"力"这个因素，就只剩下两个物体的形变量之间的关系，这个关系也是线性的。两体作用的线性作用规律说明任何理想的两体，相互作用时的变化量之间都是线性关系，这反映了任何物体在相互作用中的变化一致性。离开两体系统的状态变化量我们就不会有力的数量概念，人体对外力大小的感觉也是来自人体受力部位的皮肤、肌肉的状态变化量。所以，两体作用系统中力与状态变化量的线性关系在本质上是两体系统中不同物体在相互作用时的状态变化量之间的线性关系。

2. 两体作用系统的可逆性和稳定性

经典物理学基本上就是以一系列线性作用逆反律为主体所构建起来的物理学体系。经典物理学之所以具有决定论的特点，是因为线性作用逆反律是决定论的，线性作用逆反律所支撑的两体系统是决定论的。一个系统是不是变化，其变化是不是可逆，是不是决定论的，都有着时空关系上的原因。

一体系统的空间结构是零维的，只是一个点，没有变化路径。在零维空间中没有运动、没有时间、没有变化，所以一体系遵守惯性律，是不变的。

两体系统的空间结构是一维的，是一条直线，其变化的路径是唯一的，变化的过程是可逆的，没有时间的方向性，遵守线性的逆反互补律，因而是决定论的。

三体系统的运动就没有了规律性，因为它的空间结构是二维的，是一个平面，其变化路径可以有无限多条。

四体以上的群系统的空间结构是三维的，是立体的空间，三维空间中的变化路径更多，有无限多个无限多条。

多体在二维、三维空间中的运动是发散的，它们有无数个可以选择的运动方向。这使得多体系统的运动变化状态呈现出热力学第二定律所描述的那种情形，也就是在自然条件下返回到过去的状态的概率接近于 0，时间不可逆，系统中每个个体的未来状态不可预言。所以多体系统都有时间的方向性，是不可逆的，决定论在这样的系统中失效。

　　一体系统、两体系统都是稳定的系统。一体系统要保持稳定的话，对初始条件没有任何要求，任意初始条件下它都能保持稳定。两体系统要保持稳定的话，对初始条件的要求范围很宽，没有苛刻的要求，并且对扰动的承受能力也很强，在经过小的扰动以后仍然能保持状态信息的收敛，趋于新的稳定状态。三体以上的多体系统通常是不稳定的系统，会不断地产生新的信息，系统中的状态信息是发散的。

　　数学家们也找到了 N 体引力系统稳定运行的特殊解，满足这种系统稳定运行的条件极为苛刻，以至于这种系统在现实中无法存在。三体运行系统、四体运行系统也有产生稳定形态的可能范围，但这样的范围非常小，一个很小的扰动就会把系统的稳定形态破坏掉，使系统演变为单体系统（合为一体）或两体系统，或使系统分离成非关联形态。

　　在太阳系中虽然有很多的星体，但是相比于太阳与行星之间的作用，行星与行星之间的相互作用极其微小，所以行星的行为基本上由行星与太阳所组成的两体系统来决定，行星之间的相互作用只是对行星环绕太阳的运行轨道产生摄动，对系统的稳定性影响很小。卫星与行星组成的系统也是同样的情况。

　　刘慈欣的科幻小说《三体》中所说的距离太阳系最近的恒星系半人马座 α 由 A、B、C 三颗恒星组成，被人们称为三体恒星。这个 C 就是我们通常所说的

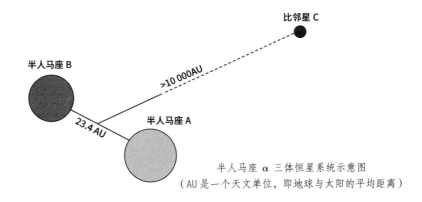

半人马座 α 三体恒星系统示意图
（AU 是一个天文单位，即地球与太阳的平均距离）

比邻星，它是现在距离太阳系最近的恒星。实际上这三颗恒星的质量分别为：1.1
个太阳质量、0.91 个太阳质量和 0.12 个太阳质量。C 不仅质量特别小，而且 C 到
A、B 的距离远远大于 A 与 B 之间的距离，相差大约 550 倍，这就近似于 A 与 B
组成一个双星系统，而 C 则是围绕这个双星系统运转，C 对 A、B 之间相互作用
的影响极小。因此这个所谓的三体系统实际上是一个两体系统中套着另一个两体
系统，即 A 与 B 之间构成一个内层的两体系统，AB 系统在整体上跟 C 又构成一
个外层的两体系统。这就是整个系统能够保持稳定运行的原因。

3. 作用逆反律的适用性

作用逆反律的适用范围很广，但它的适用性仍然是有条件的。作用逆反律适
用于两体系统的：

（1）渐变而不是突变的情况；

（2）量变还未到质变的情况；

（3）可逆的情况，即形变量随作用量的增大而增大并且随作用量的减小而
减小。

与作用逆反律相对的应当是突变性规律和多体规律。实际上在系统的突变点
（奇点），两体中至少有一体破裂（分化）成了许许多多的部分，两体系统在这
时破裂（分化）成了多体系统。

当两体系统的一方由于另一方的作用力超出自身对外因的反抗力极限的时候，
逆反互补律失效，平衡被打破，这种情况意味着两体系统的崩溃。例如，外力过
大会造成弹簧内部结构的断裂，甚至整个弹簧被拉断或压碎，或者对弹簧施加压
力的物体突然被弹簧的反抗力所破坏；在物系动态平衡时如果温度过高，就会把
系统瓦解；在社会系统中有"在沉默中爆发""在沉默中死亡"这样的情况，这
些都是逆反作用越过临界时所发生的系统崩溃。

两体系统在逆反互补作用中，当其中一方越过临界进入崩溃的状态时，这一方就不再表现为一体，而是表现为多体群。它的内部结构趋于瓦解，它无法再作为一个整体与对方对抗。此时系统的变化从线性的变成了非线性的。

作用逆反律是否适用于微观量子系统呢？

首先让我们考察一下"作用"是怎么一回事。"作用"或者说"力"的本质实际上是能量的转移。在微观的量子领域，只要量子发生了能量的转移，量子必然会发生跃迁。对于一个电子来说，跃迁意味着电子处在了一个新状态；对于一个光量子来说，跃迁意味着它变成了另外的量子，而不再是原来的那个量子。所以，对于量子来说，量变就是质变。而在宏观领域，逆反互补作用是属于量变过程中的。在微观的量子领域，由于量子间的作用中的量变就是质变，量子受任何作用后要么不发生变化，要么就变得不再是原来的量子，所以量子之间不存在逆反互补作用。在两大精确规律族中，线性的作用逆反规律不适用于微观世界，只有守恒规律适用于微观世界。本书的第 12 章提到过，守恒性是揭示微观世界奥秘的唯一抓手。

4. 从作用逆反律到人的先天感觉本能

在本书第 3 章的结尾部分讲过，人之所以有后天的认识能力，是因为人具有三个最基本的先天认知本能，即同一性认知本能、同异认知本能、模块层次认知本能。这三个认知本能分别对应着世界的三个最基本规律，即同一律、同息异息律和模块层次律。

但是，人要认识世界，仅有三个认知本能是不够的，还必须能够接受外部信息，以形成初始的感觉经验，通过感觉经验的叠加、接合再形成理性认识。初始的感觉经验是通过人的五种感官来接受的，而感官对外部信息的接受则是依赖外部世界对人的感官所施加的"作用力"。触觉来自外物的压力或分子热运动对皮肤施加的作用，视觉来自光（电磁波）对视网膜施加的作用，听觉来自空气的波动对耳膜施加的作用，嗅觉来自气体分子的振动对鼻子的嗅觉细胞所施加的作用，味觉来自物质分子的振动对舌头的味觉细胞所施加的作用。外物的作用越强，人的感官细胞所产生的状态变化就越大。人的脑神经系统通过感觉细胞状态变化的程度来判断外物作用的程度。人的初始感觉经验就是通过感官对外物所施加作用的分辨而获得的。

综上所述，人具有跟作用逆反规律所对应的先天感觉本能，这是人获得感觉经验的先天生理基础。

正是由于人在漫长的进化过程中具备了与三个终极规律（同一律、同息异息律、模块层次律）相适应的三个先天认知本能，具备了与一个准终极规律（作用逆反律）相适应的先天感觉本能，才使得人对外部世界进行认识成为可能，也就是具备了先天生理上的可能。这样我们就回答了长期以来人们一直在追问的"认识如何可能"的问题。

5. 同型规律与最美物理学公式

写到这里，我又想起了卢瑟福那句名言，"所有的科学若不是物理学就是集邮"。

"集邮者"们的工作是从大量的实例出发，进行分门别类和整理，分类存放或分类记录。瑞典生物学家卡尔·冯·林奈（Carl von Linné，1707—1778）是这类科学家中的典型代表，他最先对植物和动物使用种名和属名，从而创建了生物学分级归类的命名法。

早期的原始人或近代的土著人能够把几百种不同的植物按照它们的用途进行分类。他们能够理解林奈所做的工作，但是他们无法理解物理学家的思维模式，以他们的知识结构和概念思维难以理解比林奈更早一些的牛顿定律甚至早得多的阿基米德浮力定律，因为"集邮"是根据事物的表面特征进行分类，而物理学的规律则要深入到事物看不见的内在世界，它是从杂多的事物中去寻找其中某几个因素之间关系的不变性，这是在杂多事物的表层现象上不会显现的。因此对物理学规律的理解需要经过系统的训练：只有具备一定的数学基础，掌握必要的物理概念，才能明白物理概念之间的数量关系。

但是在你眼前的这本书里，我又借鉴了"集邮"的方法，对物理学的规律做了一次梳理、分类。只不过，"集邮"所做的分门别类的对象是直观实物，我在这里所做的分门别类的对象是抽象规律。

贝塔朗菲（Bertalanffy）在《一般系统论》中写道："世界统一性的概念应以不同领域的同型规律为依据，而不能把所有层次的实在最后都还原为物理层次作为依据，那是一种无效的和牵强附会的愿望。"我非常赞同他的这一观点。寻找基本规律、终极规律，实际上就是在寻找同型规律，就是探索世界的统一性。

在本书中，人们在不同领域发现的浮力定律、胡克定律、波义耳定律、牛顿第二定律、欧姆定律、楞次定律、勒夏特列原理等实际上都是同型规律，都归型为两体系统的作用逆反律；在不同领域发现的平衡质点受力守恒原理、杠杆原理、质量能量守恒定律、动量守恒定律、角动量守恒定律、惯性定律、基尔霍夫电流和电压定律等则是另一类同型规律，都归型为守恒定律。

"科学迷"们现在都很关注一个热门话题：哪些是最美的物理学公式？对于这个问题，我们现在可以给出一个更好的答案，从而勾勒出一幅简洁、美妙的物理学图景。

最美的物理学公式应当是守恒定律公式、远程作用力公式和作用逆反律公式，它们的通用表达式是：

守恒定律公式：

$$\Sigma X = \Sigma X'$$

ΣX 和 $\Sigma X'$ 分别为封闭的物理系统变换前的物理量总和、变换后的物理量总和。除了附录 4 中所列出的十三个同型的守恒定律公式外，在微观量子领域还会遇到十多个守恒定律（参见第 12 章）。

远程作用力公式:

$$F=k \cdot X_1 \cdot X_2 / r^2$$

F 为两物体之间的作用力，k 为系数，X_1 和 X_2 为两物体的质量或电量，r 为两物体之间的距离。在人类发现的四种基本作用力中，万有引力和电磁力是人类能够直接感受到的两种作用力，这两种作用力都是远程作用力，作用力大小跟作用距离的平方成反比。公式中的距离平方反比关系适用于三维空间中任何一种各向均匀扩散现象，不管它是万有引力、电通量、磁通量、光、气体，还是热量。距离平方反比律来源于 "穿过封闭曲面的通量守恒"（参阅附录 4）和 "球面面积正比于球半径的平方"。

作用逆反律公式:

$$dF=k \cdot dL$$

dF 为作用（或反作用）变化量，dL 为状态变化量（或变化率），k 为固定系数。

上述三个物理学通用公式，不仅简洁优美、浅显易懂，而且涵盖了物理学领域乃至整个自然界几乎所有的精确关系，具有适用范围广、适用条件宽的特点。它们的精确性是理论上的、严格的，而不是纯经验的、拼凑的、近似的，它们都可以向同一律追溯和还原。

这三个最美物理学公式之间存在着内在的逻辑联系：一方面，作用力公式内含守恒律（作用力在扩散后穿过封闭曲面的总量守恒），所以把作用力定律归入到守恒律家族也是可以的；另一方面，作用力又是作用逆反律的来源和内在要素。所以，作用力定律是架在守恒律和作用逆反律之间的一个桥梁。物理学中的绝大多数著名方程式都是从这三个最美公式衍生出来的（参见**"附录 4 定律导图"**）。

在麦克斯韦方程组中，库仑定律和高斯定律的表达式都是守恒律的形式，即穿过封闭曲面的电通量守恒，穿过封闭曲面的磁通量守恒；安培定律和法拉第定律的表达式都是作用逆反律的形式，即感应磁场强度跟电场的变化率成正比，感应电场强度跟磁场的变化率成正比。所以，麦克斯韦的电磁学定律也不外乎守恒律和作用逆反律两大家族。

需要说明的是，有一些常见的定律或公式并不在上述三个最美物理学公式所统领的定律族谱当中，如焦耳定律、爱因斯坦质能方程式等，它们都只是两种相近物理量之间的变换或换算关系，反映的是两个看似不同的物理概念的本质统一性，焦耳定律可以看作是热电当量关系式，质能方程则是质能当量关系式。动量定理是冲量与动量的变换关系，但它也可以被看作一个作用逆反定律，因为它和牛顿第二定律是等价的，只是形式上有所不同。动能定理表达了机械功与动能之间的转换关系。

总之，我们只需要这三个最美公式就可以基本概括整个物理学，所以，可以精确描述的自然界其实是简单的、优美的。但是多体的复杂世界究竟有没有规律？能否产生秩序？如何对它去理解和描述呢？接下来让我们走进本书的第四部分——"复杂世界的规律"。

第四部分

复杂世界的规律
（多体系统的规律）

那么，上帝掷骰子吗？

肯定，但他遵守比赛规则。

——[德] 曼弗雷德·艾根

第 25 章
进化的规律

1. 伟大的存在之链：进化思想的回顾

进化的观点由来已久。公元前 5 世纪，古希腊哲学家恩培多克勒提出：凡不适应生存的一些动物早在过去就消亡了。可以看出，恩培多克勒不仅有进化论的思想，而且还有"适者生存"的思想，这可以说是自然选择进化论的最早源头。恩培多克勒超前的科学思想对一百年后的亚里士多德产生了很大的影响。

公元前 4 世纪的亚里士多德已经认识到生命是从非生命演变过来的，他试图勾勒出生命演进的宏图。亚里士多德在他的《动物志》中说："自然界由无生物进展到动物是一个积微渐进的过程，因而由于其连续性，我们难以觉察这些事物间的界限及中间物隶属于哪一边。在无生物之后首先是植物类……从这类事物变为动物的过程是连续的……"他在《论植物》中说："这个世界是一个完整而连续的整体，它一刻不停地创造出动物、植物和一切其他的种类。"亚里士多德提出的生命演化的途径，即非生命→植物→动物，基本符合现代人的认识。这个连续渐变的过程被后人称为"伟大的存在之链"。

古罗马的卢克莱修提出人类的发展是一个进化过程，地球上最初只有植物，后来才出现动物和人类，随着人类文明的进一步发展产生了国家和法律。

这些自然哲学思想，跟神创论的传说、跟文学作品中"石头成了精"的说法完全不是一回事。那么如何解释这个进化的机制和过程呢？对于进化的原理，人类的思考与探索前后跨越了两千多年。进化论的思想之光，在近代又重新点亮。

17 世纪的英国科学家胡克反对过神创论，他提出：地貌变化引起了生物变化，化石是古动物残骸，是地球演变史中的"纪念碑"，人们可以根据这些化石认识地球的历史。

到了 18 世纪，法国的著名博物学家布封（Buffon）发表了不少生物演化观点，因而成为现代进化论的先驱者。布封的研究成果都汇集到了他花费四十年所写的《自然史》中。布封不相信地球像《圣经·创世纪》所讲的那样只有六千年历史，他估计地球的历史至少是七万年；在未发表的著作中，他估计地球的年龄是五十万年。他研究过许多植物和动物，也观察了一些化石，注意到不同地史时期的生物有所不同。他认为物种是可变的，环境变了生物会发生相应的变异，而且这些变异会遗传给后代（获得性遗传）。

布封的演变学说，其实主要是退化论。他相信不同的生物物种大多是一种或几种较为完善的原始类型退化的结果：驴是马退化而来的，猿猴是人退化而来的。退化论的思想古已有之，公元前 4 世纪古希腊哲学家柏拉图就提出了这种见解，但对退化论如此详加论述的，布封还是第一个。

18 世纪 60 年代，法国自然哲学家让·巴蒂斯特·罗比耐（Jean Baptiste René Robinet）提出生物物种沿着由下而上的阶梯随着时间进化，他的进化方向跟布封的正好相反。与此同时，瑞士博物学家查尔斯·邦尼特（Charles Bonnet）发展起来另一个进化学说。邦尼特发现雌蚜虫不经受精而生育出幼蚜，这使得他认为每一物种的雌性本身都含有这个物种未来一代的雏形。这意味着物种永远是固定的。物种之所以出现变化，邦尼特认为是因为世界经历了周期性的大灾难，最后一次灾难便是摩西的洪水。

罗比耐的渐变观点被与他同名的让·巴蒂斯特·拉马克（Jean Baptiste Lamarck，1744—1829）继承并加以发展，邦尼特的灾变学说则为居维叶所发展。

　　拉马克出身于法国一个小贵族家庭，他是 11 个子女中最小的一个。拉马克有好几个哥哥都是军人，他也很想当个军人，将来做一位将军，这个愿望他差好几点就实现了。16 岁时他当了兵，由于作战勇敢，还升为中尉，可惜拉马克的身体不太好，只得退伍回家。那个时候，天文学发展得很快，不断有重大发现，于是拉马克又喜欢上了天文学，他整天仰望着迷人的天空，幻想成为一位天文学家。后来，拉马克在银行找到了工作，他又改变志向，想做一个金融家了。不久他又迷上了音乐，很快能够拉上一手不错的小提琴曲，于是他又想成为一名音乐家。不过，他的一位哥哥劝他学医，因为在当时的社会中医生是很吃香的，于是拉马克又学了四年的医学，但是他发现自己对医学也没有真正的兴趣。

　　正当拉马克在人生的选择中徘徊不定的时候，他遇到了无论是对于他个人还是对于全世界人民都特别重要的一位人物，这个人就是著名的启蒙思想家让-雅克·卢梭（Jean-Jacques Rousseau）。24 岁的拉马克与 56 岁的卢梭在植物园里游玩时萍水相逢，居然趣味相投地谈了起来。后来，卢梭把这个年轻人带到自己的研究室去工作，并向他介绍了许多科学研究的经验和方法。在那里，拉马克专心一意地钻研起植物学来了，他感到这才

让·巴蒂斯特·拉马克

真正是对上了自己的胃口。这一钻进去就是整整十年，而且通过卢梭的关系，拉马克还认识了皇家植物园的园长布封。

　　1778 年拉马克出版了三卷本的《法国植物志》，受到了布封的赞赏和大力推介。1782 年拉马克获得巴黎皇家植物园的植物学家职位，次年被任命为科学院院士。拉马克的代表作是 1801 年出版的《无脊椎动物系统》和 1809 年出版的《动物学哲学》。

　　他在《动物学哲学》一书里系统地阐述了生物进化的观点。他认为：所有的

生物都不是上帝创造的，而是进化而来的，进化所需要的时间极长；复杂的生物是由简单的生物进化来的，生物具有向上发展的本能趋向；生物为了适应环境继续生存，物种一定要发生变异。他提出了两个著名的原则，就是"用进废退"和"获得性遗传"。前者是指，经常使用的器官就发达，不用就会退化，比如长颈鹿的长脖子就是它经常吃高处的树叶的结果。后者指后天获得的新性状有可能遗传下去，长颈鹿练就的长脖子特征会遗传给后代。他认为这两者既是变异产生的原因，又是适应形成的过程。拉马克认为生物的进化是渐变的，从"自然等级"中最低级的单细胞生物排列到最高级的生物——人。这种"自然等级"与亚里士多德的"存在之链"是一样的。

乔治·居维叶（Georges Cuvier）是法国著名的古生物学者，他比拉马克小25 岁，但其思想却很保守。居维叶反对物种演化的思想，因为他发现新物种都是以突发性的方式在地层中出现的。居维叶根据各大地质时代及生物各发展阶段之间的"间断"现象，提出了"灾变论"。居维叶的"灾变论"认为：地球每经过一次灾害性变化，就会使几乎所有的生物灭绝。这些灭绝的生物就沉积在相应的地层，并变成化石而被保存下来。然后，造物主又重新创造出新的物种，使地球再次恢复生机。但是，对于地球上原有的物种及其形态和结构，造物主记得不是十分准确，只能根据原来的大致印象来创造新的物种，所以新的物种同旧的物种就有了少许差别。如此循环往复，就形成了我们在各个地层看到的情况。居维叶的"灾变论"实际上是物种不变论和神创论。

19 世纪初，以居维叶为首的物种不变论者与拉马克展开了一场生物学史上的大争论。当时居维叶只有 30 多岁，已经是最顶尖的古生物学家，可谓如日中天，势头正旺。居维叶提出：按照拉马克的理论，各种类型的动物之间应该有些过渡类型，才能说明生物逐渐变化的过程。但在拉马克那个时代，古生物化石的研究还很零散，拿不出多少证据来证实生物变化这个学说。争论的最后结果，拉马克的思想没有被很多人接受，居维叶的物种不变理论继续统治法国生物界。

再看英国。查尔斯·达尔文的祖父伊拉斯谟斯·达尔文（Erasmus Darwin）是一位医学家、诗人，还是一位植物学家和生理学家，他大概是当时英格兰最出色的医生。E. 达尔文在拉马克之前就提出了生物物种具有可变性，他在 1794 年出版了《生命学》一书，表达了不同生物有共同祖先的"传衍"观念。E. 达尔文有一个概念是拉马克所没有的，那就是有机体是由于竞争和适者生存而演化的。他认为雄鸡发展了后爪，雄鹿发展了叉角，是因为它们争夺母鸡或雌鹿而相互竞争所致。同样，植物是"为了永远要夺取地上的阳光和空气，并吸收土里的水分"才发生变化的。在他的思想里，除了竞争和适者生存外，显然也掺杂着"获得性遗传"的那种目的论观念。尽管查尔斯·达尔文没有能够得到祖父的直接教诲（在他出生前祖父就已经去世了），但还是受到了祖父的进化论思想的深刻影响。

达尔文在《物种起源》的前面曾提到，1813 年 H.C. 韦尔斯博士在英国皇家学会宣读了一篇关于不同人种的皮肤的论文，在这篇论文中韦尔斯已明确认识到了自然选择的原理，这是对自然选择的最早认识，只是他仅把这一原理应用于人种，而且只限于某些性状。韦尔斯还对自然选择和人工选择做了比较，并指出，人工选择所能完成的，自然选择也同样可以有效地做到，只不过自然选择比人工选择来得徐缓而已。另外，帕特里克·马修在 1831 年发表的一部著作的附录里也流露出跟达尔文和华莱士相近的观点，不过，这篇著作所讨论的是完全不同的主题。

下面，就该我们的主角登场了。

2. 从"小猎犬号"到《物种起源》

1809 年 2 月 12 日，查尔斯·罗伯特·达尔文（Charles Robert Darwin，1809—1882）出生在英格兰什罗普郡一户殷实的学者、医生家庭。就在同一天，在大洋彼岸的美国肯塔基州边远地区的一间简陋的小木屋里，一个叫亚伯拉罕·林

肯（Abraham Lincoln）的婴儿也降生了。这不约
而同降临于世的两个婴儿，半个世纪以后，都成了
地球上的风云人物：一个影响了人类的学术文化走
向，改变了人类的思维，甚至动摇了宗教的地位；
另一个影响了人类社会的政治进程，使人类在平
等、自由的道路上又迈进了一大步。

查尔斯·达尔文

　　1825 年 16 岁的查尔斯被父亲送到爱丁堡大学
学医。他经常到野外采集动植物标本并对自然历史
产生了浓厚的兴趣。父亲认为他"游手好闲""不
务正业"，一怒之下，于 1828 年送他到剑桥大学
改学神学，希望他将来成为一个"尊贵的牧师"。达尔文的父亲并不是一个基督
徒，但是这样的安排可以使达尔文继续他对博物学的爱好而又不至于使家族蒙羞，
可见达尔文的父亲当时对儿子是多么无奈。到剑桥以后，达尔文对自然历史的兴
趣变得越加浓厚，他结识了当时的著名植物学家亨斯洛（John Stevens Henslow）
和著名地质学家席基威克（Adam Sedgwick），并接受了植物学和地质学研究的
科学训练。

　　达尔文在 1831 年从剑桥大学毕业后，他的老师亨斯洛推荐他以"博物学家"
的身份参加同年 12 月 27 日英国皇家海军"小猎犬号"舰（the Beagle，音译"贝
格尔"）环绕世界的科学考察航行。亨斯洛劝达尔文带一批书在路上看，其中包括
英国著名地质学家查尔斯·莱尔（Charles Lyell）刚出版的《地质学原理》。对于
达尔文本人而言，他参加这次航行并没有明确的目的，也没有带着什么任务，只
是想乘船开开眼界而已。如果说有什么任务的话，那就是作为菲茨·罗伊（Fitz
Roy）舰长私人的客人，陪他吃饭，就是个陪客、伙伴，但是没有一个便士的薪水。
正是由于这个原因，有几位被推荐的高材生拒绝了这份苦差事——谁愿意在一望无
际的苍茫大海和天遥路远的蛮荒之地耗费掉五年的青春时光？只有达尔文愿意。

贝格尔号舰

达尔文在自传里记录了这样一件事。贝格尔舰的舰长菲茨·罗伊对达尔文很好，但是他们属于不同的政党，菲茨·罗伊是忠实的托利党人，而达尔文是辉格党人，两人在奴隶制问题上存在着严重的分歧。在贝格尔舰航行到巴西的时候，菲茨·罗伊拜访了一位奴隶主，这个奴隶主把许多奴隶叫在一起，问他们是否愿意自由，所有的奴隶都回答"不"。菲茨·罗伊向达尔文讲了这件事，以此对奴隶制度进行辩护和赞扬。达尔文略带嘲笑地问菲茨·罗伊："你是否认为那些奴隶在他们的主人面前所做的回答是有价值的？"达尔文的反问使菲茨·罗伊勃然大怒，好在菲茨·罗伊非常喜欢达尔文，并且这个问题丝毫不影响他们各自的事业，所以这次的不快没有影响他们的关系。

那时的达尔文才22岁，舰长菲茨·罗伊只有26岁。出身于贵族家庭的菲茨·罗伊是一名军人，也是杰出的水文地理学家和气象学家，后来晋升为海军中将，担任过英国气象局局长，被称为"近代气象预报之父"。但是菲茨·罗伊是一位虔诚的基督徒，他在晚年对于带着达尔文随他航行这件事极为懊悔和痛苦，因为达尔文的进化论动摇了整个社会对基督教的信仰。

经过五年的环球科学考察，贝格尔舰于1836年10月返回英国。休整之后达尔文开始整理资料并继续搜集有关动物和植物在家养（或种植）状况下和自然状况下变异的一切事实。

亨斯洛在向达尔文推荐莱尔的《地质学原理》时，劝告达尔文"切切不要接受书中的观点"。结果在航行期间，达尔文不仅接受了莱尔的观点，而且还扩展了这些观点。莱尔的观点是，地球的地质状况经历了漫长的变化，他在书中用地质力量来解释地球过去的发展演变。莱尔因这部书而成为现代地质学的创始人，但是在那个时代，莱尔的理论是石破天惊的。达尔文研究物种演化的理论，正是由于受到了莱尔的地质学理论的诱导。在达尔文年轻的时候，人们还普遍接受《圣经》的说法，认为世界是在公元前 4004 年被创造出来的。在如此短的时间内依靠自然选择进化出如此复杂多样的生物世界，那完全是不可能的。不过，莱尔在他的《地质学原理》中证明了地球的年龄其实大得难以想象，他后来的研究更是为人类的源远流长提供了证据，这就为达尔文的自然选择扫清了最令人头疼的障碍。

但是达尔文萌发物竞天择的思想却是受了另一个著名人物的影响，这个人就是英国著名的人口学家马尔萨斯（Thomas Robert Malthus）。

达尔文写道："1838 年 10 月，即我开始系统调查的十五个月之后，我偶尔阅读马尔萨斯的《人口论》来消遣，并且由于长期不断地观察动物和植物的习性，我已经具备很好的条件去体会到处进行着的生存斗争，所以我立刻觉得在这等环境条件下，有利的变异将被保存下来，不利的变异将被消灭。其结果大概就是新种的形成。于是我终于得到了一个据以工作的理论；但是我要极力避免偏见，所以决定暂时不写什么东西，即便是一个极简略的纲要。1842 年 6 月，我才满意地用铅笔第一次写出有关我的理论的一个很简略的摘要，共 35 页；1844 年夏季，我又把它扩充到 230 页。

"早在 1856 年，莱尔就曾劝我把观点尽量充分地写出来，于是我立即开始写作，其规模要较以后的《物种起源》多三四倍；但那还只是我所搜集的材料的一个摘要。当上述工作大约完成了一半的时候，我放弃了原来的计划，因为 1858 年夏初，当时住在马来群岛的华莱士先生寄来了一篇论文，名为《论变种无限地离开其原始模式的倾向》，这篇论文所持的理论恰恰同我的一样。华莱士先生表示，

阿尔弗雷德·拉塞尔·华莱士

如果我认为他的论文还可以的话，希望我把它送给莱尔去审阅。"

经莱尔提议，达尔文把自己的原稿摘要和他在1857年给阿萨·格雷的一封信与华莱士的论文同时发表。对于这样做，达尔文是有顾虑的，他担心华莱士认为他的这种做法不公正。达尔文认为自己的摘要和信"写得很坏，相反地，华莱士先生的论文却表达得很好，而且十分清楚"。而华莱士表现如何呢？正如达尔文所说，"华莱士先生的性格是如此慷慨和高尚"。

阿尔弗雷德·拉塞尔·华莱士（Alfred Russel Wallace，1823—1913）本是英国的一名甲虫和鸟类动物标本收藏家，他于1854年动身前往马来半岛。经过历时八年行程长达1.4万英里（约2.3万千米）的研究，他重新回到英国并成为继达尔文之后最为著名的生物学家之一。华莱士在东南亚观察到邻近岛上生息着亲缘很近的不同的物种，正像之前达尔文在加拉帕戈斯群岛上观察到的一样。巧合的是，跟达尔文一样，华莱士也是从马尔萨斯那里引申出自然选择的观点。

科学史上成对出现的科学家还是很常见的：

17世纪科学革命：伽利略、开普勒。

显微科学：胡克、列文虎克。

微积分：牛顿、莱布尼茨。

扭秤实验：卡文迪许、库仑。

进化论：达尔文、华莱士。

这些成对出现的科学家大多有相似的发现或类似的功绩。其实，双星现象并没有什么神秘之处，当科学发展到一定阶段，资料积累到一定程度，这时有两个人同时关注同一类重要问题，也是非常自然的一件事。可能关注同一类问题的还有更多人，但是不可能大家都能同时取得突破，只能有一两个人最先成功。总的来说，一个人率先突破的情况还是更多一些。有时会有几个人在竞赛或接力中解决一个重大问题、建立一个重大理论，元素周期表的完成、量子力学的建立、DNA 双螺旋结构的发现就是这种情况。

不过，达尔文和华莱士还是有所不同的，这一点华莱士本人也承认：华莱士的理论是灵光一现的产物，而达尔文的理论则是二十多年仔细研究、精密思考的结果。

1858 年 9 月，在莱尔等人的大力怂恿下，达尔文开始写一本关于物种变化的书，他本来计划要写一部很大的书，但因自己的身体状况实在是太差，需要经常地去治疗，经过十三个月零十天的艰辛劳动，最终是按一个缩小的规模完成的，篇幅不到原计划的四分之一，这就是举世闻名的《物种起源》，全名叫《论通过自然选择或在生存斗争中保存良种的物种起源》，于 1859 年出版。此时距离贝格尔舰航海考察已过去了二十多年。

在《物种起源》中，达尔文没有涉及人类的进化问题。但是赫胥黎（Thomas Henry Huxley）、海克尔（Ernst Haeckel）等激进的进化论者很快将进化论用于说明人类在自然界的位置。达尔文希望对这个问题能够进行比较严肃的科学研究，于是他请比自己年轻的华莱士来研究这个重要问题。可是华莱士根本不同意将进化论推广到人类自身，达尔文只好亲自去攻克这个难题。1871 年，达尔文出版了《人类的由来及性选择》一书，书中谨慎地描述了人类进化的图景。他得出结论说："人是与某些较低级的古老物种一起从同一个祖先进化而来的，人类的这些近亲现在已经灭绝了。"

社会上围绕进化论的问题闹得沸沸扬扬，论战此起彼伏，达尔文陷入了来自四面八方的批评之中。但达尔文是个不爱争吵的人，他一直避免任何论战，待在他伦敦郊外的家里不断地研究新材料，修改和完善他的进化理论。1865 年，英国皇家学会颁发给他科普利奖，理由不是因为他提出了进化论，而是因为他在地质

10镑英钞上的达尔文

学、动物学和植物学方面所作的贡献。林奈学会在授予他的荣誉称号中，也将他
理论中具有激进的观点排除在外。

3. "自然选择"的逻辑原理

按照拉马克的观点，每一生物体内有一种内在的驱使力量，倾向于使生物朝
着较高等和更完善的形式发展。达尔文对拉马克的这种观点感到惊异，毕竟这种
驱使的力量是什么，它是如何产生的、如何作用的，都是难以理解和解释的。

达尔文强调生物进化的被动性，在他的理论中，不用假设任何主动性或者说
目的性的驱动力量，也可以把生物的进化解释清楚。达尔文的进化论直接把原因
引到了最基本、最直观明白、合乎逻辑的哲学原理，这个原理就像几何公设那样
不证自明，就像1+1=2那样不证自明。

自然选择进化论的核心内容是"适者生存"。"适者生存"本身就是一个完全
合理的逻辑命题，它自圆其说，根本不需要额外的解释。所以自然选择的进化律
完全是自然环境作用下的逻辑性必然结果。这样一个简单、合理、直观、明了的
解释当然很容易为人们所接受。

"适者生存（survival of the fittest）"是英国哲学家、社会学家赫伯特·斯宾

塞（Herbert Spencer）最早提出的一个短语，也可以说它是一个命题，后来被达尔文引用作为对自然选择的表述。其实"适者生存"本身就是个同义反复的命题：适者，即适应环境者，就是能够在环境中生存者，就是在环境中不被外在因素破坏、保持稳定者。"适者生存"的同义反复特点体现了这一命题的逻辑本质，因为同义反复恰恰是逻辑同一律的特点。

对于"适者生存"，我们可以用一个更广义的短语"稳定者留存"来表达。"稳定者留存"不仅适用于生物，而且适用于任何个体、任何群体、任何系统。

自然选择的进化过程是"变异→自然选择"，自然选择的本质是"稳定者留存"。如果把"变异"（或"变化"）与"稳定者留存"连接在一起的话，就成了"变异——稳定者留存进化律"，简称"**变异稳存进化律**"。

"自然选择进化律"是对进化律的通俗称谓，"变异稳存进化律"是对于进化律的更明确、更本质、更普通的称谓。稳定与留存是同一的，"稳定者留存"是个同义反复，它体现了进化过程中的逻辑关系，体现了进化律的逻辑本质。

在达尔文发表《物种起源》以后，赫胥黎曾大声哭着说："我怎么这么愚蠢，竟然没有想到这一点！"从那以后，科学界的这种感叹声就一直不绝于耳。这么多人感叹和懊悔，就是因为自然选择论的核心是一个极其简单的道理。

由于自然选择进化论的合逻辑性，人们对它的理解是极其容易且自然而然的，你根本不用去阅读《物种起源》中所列举的繁多事例，也完全能轻而易举地理解和接受达尔文在这部书中所给出的结论。

"变异——稳定者留存进化律"存在于一切事物身上，特别是存在于高级有序系统——包括生命、人的精神世界、人类社会等各个方面。"变异稳存"虽然也存在于物理系统中，但是在物理学中强调这样一个简单的逻辑性规律没有多少意义，只有在有着较强的进化趋势、多体复杂的生物界和社会界，这一规律及其作用才强烈地凸显出来，显示其重要的意义。

4. 拉马克进化论与达尔文进化论的关系

直到如今仍然有人力挺拉马克，反对达尔文。其实，无论拉马克的学说正确与否，他的进化论与达尔文的进化论都并不矛盾，这两个进化论属于两个不同的层次。"用进废退，获得性遗传"不影响自然选择，而是处于自然选择的框架之内。因使用而得到发育的性状如果能进入基因，并且能够适应环境，完全可以通过自然选择（或者说"稳定者留存"）在后代中保留下来。所以无论拉马克的进化论正确与否，都不影响达尔文进化论的正确性，今后如果有了新的进化证据，也只能在达尔文进化论的框架内，而不会推翻达尔文的自然选择进化论，因为达尔文进化论有着坚不可摧的逻辑基础，它处于一个最基础的层次上。

当年达尔文虽然提出自然选择是进化的重要原因，但他并不完全排斥拉马克的观点，即由于用进废退的长期作用而获得的特性可以遗传。给予拉马克学说致命一击的是德国生物学家魏斯曼（Weismann）。1883 年，魏斯曼提出了著名的"种质论"（germplasm），大意是说，生物体是由"质"上根本不同的两部分——种质和体质组成，也就是后来所说的生殖细胞和体细胞。体细胞与体内的生殖细胞必须分清，体细胞只能产生与自己相同的细胞，而生殖细胞不仅产生新个体的生殖细胞，而且在体内产生一切无数类型的细胞。体细胞总是源于生殖细胞，而不会影响生殖细胞。生物体在一生中由于外界环境的影响或器官的使用所造成的变化只表现于体细胞上，不可能对生殖细胞产生影响，所以后天获得性状不能遗传。魏斯曼严格地研究了后天获得性质的遗传证据，他认为每个证据都不够充分，从而加以抛弃。半个世纪以后，分子生物学研究发现，由 DNA 分子转录到 mRNA 分子再翻译到蛋白质分子，其中的翻译过程是单向不可逆的，这就从分子水平的机制上堵住了获得性遗传的道路：即便是生物体由于后天的努力所导致的性状改变使得蛋白质的结构发生了变化，也不可能影响到它的遗传信息。

在魏斯曼宣布他的结果以后，让当时的学术界大感震惊，这件事也说明之前的自然选择进化论并没有否定拉马克的学说。像斯宾塞这样的进化论哲学家就是一直把后天获得性质的遗传当作种族发展的重要因素的。

文化的进化、科学的进化、社会的进化都是遵循着"稳定者留存"的进化律，而实际上，文化、科学及社会形态的后天获得性是可以遗传给后代的。

自然选择进化论属于逻辑问题，也属于哲学问题，而拉马克的用进废退进化论则是个纯粹的生物学问题。

让我们对这两种学说做一比较：（1）拉马克学说中的变异是定向的，是目的性的努力适应产生了定向变异，又因定向的变异而产生了实际的适应；达尔文的学说中变异是不定向的，变异的结果是有的适应，有的不适应。（2）在拉马克的学说中，定向的变异导致都适应，都保留下来；在达尔文的学说中，不定变异导致有的适应，有的不适应，适应的保留下来，不适应的被淘汰。可以看到，在这两种学说中，都是适应的被保留下来。只是，达尔文直接把这一点挑明，而在拉马克的学说中这是极其自然的结果，没有挑明，也无须挑明。

接下来我们再从基因遗传学的角度做一些分析。按照达尔文进化论，基因的变化产生新的功能，适应环境的功能保留下来了，相应的基因也就保留下来了。按照拉马克的进化论，则是根据需要的功能去生成相应的基因，长颈鹿想吃高处的树叶，它就需要一个长脖子，于是它就去合成能够发育出长脖子的基因，它把这个因果链反过来了，性状成了因，基因成了果。到底哪一种基因能够实现生物所需要的功能，没有任何现实中的智慧能够知道，长颈鹿不知道，嘌呤和嘧啶们更不知道。你可能会想到可以运用试错法，但你要知道试错法不正是自然选择吗？假如没有自然选择的话，那就只有上帝按照拉马克的进化论来进行每一步的操作了。从这里我们也可以看出，拉马克的进化是离不开有神论的，而达尔文的进化论则完全摆脱了有神论。

5. 自然选择进化论的意义

达尔文的生物进化论与其说是自然科学的成就，不如说是对生物进化的逻辑解释或哲学解释。达尔文的理论对自然科学本身的影响并不大，跟牛顿理论对自然科学的影响无法相提并论。自然选择的进化论对生物学的影响也远不如基因理论对生物学的影响那样大，真正给生物学带来革命的是孟德尔遗传规律的发现和基因学说。

达尔文生物进化论的主要影响是在社会领域和哲学领域，在于它对宗教的冲击，对科学界决定论思维方式的冲击，对人类自身的重新认识，对"上帝"这个假说的反思，还有对人类社会关系的认识。所以说，达尔文的生物进化论对社会的影响远远超过了对生物学的影响。正是由于这个原因，达尔文的社会名气超过了任何一位生物学家，他可以跟牛顿并列，而基因理论的奠基人孟德尔在19世纪一直默默无闻。

达尔文自然选择进化论的提出一下子甩掉了人类在神创论和获得性遗传进化论中无法解决的困难。神创论首先必须假设神的存在，而关于神的机制是人类无法解释的；获得性遗传学说必然涉及后天获得的性状如何改变遗传基因（那时候人们已经猜测到应该存在遗传基因这种东西）这样一种机制，这种机制的实现是难以想象的。而自然选择的机制却是如此的自然、简单、直观、合乎逻辑，它以其简单性扫除了任何假设，任何假设在自然选择面前都成为不必要的了，这是它的魅力所在。假设一个神创的机制，或者假设一个获得性性状改变基因的机制，对于人类对生命演化的认识来说都是人为增加了无法逾越的障碍。

在基督教新教的神创机械论中，不仅天体的运行是上帝在起初设定好的，就连各种生物也以最初被创造出来的多种多样的形式永远固定下来，这种观念激励了科学家对所设定的规律的探索。所以在17世纪中期至19世纪的近代科学史上，多数的科学家都是新教徒，牛顿可以说是其中的典型代表。但是，19世纪的进化论结束了世间万物一成不变的观点，于是基督教新教神学和近代科学的联盟终于破裂了。在 19 世纪的新教国家里，宗教对进化论的反对是非常强烈的。

简单说一下达尔文等人对社会达尔文主义的态度。达尔文本人反对把他的学说用于解释民族之间的斗争，他在《人类的由来》这部书中谈道，从人类的进步和进化中可以看到合作的本能较于自私的本能愈来愈占优势。达尔文的坚定支持者赫胥黎也是坚决反对社会达尔文主义，并在一系列的论文中跟这种见解进行斗争。斯宾塞虽然是个社会达尔文主义者，但是他对那种民族之间血腥斗争的事例满怀厌恶，他认为只有和平勤劳的竞争才是社会进化的主要动力。

如果说达尔文的学说对后来的生物学有什么重大影响的话，那就是，达尔文的进化论跟之前的进化理论一起为后来的生物学家提出了最重要的问题：遗传和变异的机制是什么？达尔文的"不定变异、自然选择、适者生存"的理论摒弃了生物目的论，启迪人们从纯粹自然的方面、从事物自身变化的随机性和事物自身的关联性中去探索遗传和变异的机制，也许孟德尔曾经从达尔文的学说中得到了这样的重要启示。达尔文的学说虽然经过了对大量事例的归纳，但这个学说更多的是哲学性的、思辨性的，是把一种最基本的哲学原理运用于他多年来观察到的生物现象之中；孟德尔的学说则是来自实验的，是分析性、归纳性的，是通过对实验结果的分析而归纳出结论。

我认为可以这样说，达尔文的学说是自亚里士多德以来古典生物学最后的一个重大成果，它标志着生物学第一个发展阶段的辉煌落幕；孟德尔的学说是现代生物学的奠基性成果，它标志着生物学第二个发展阶段悄然揭幕。正如科学史上很多革命性理论的诞生一样，这一次的揭幕也是很艰难的。

第 26 章
控制系统（目的性系统）的规律

1. 神童、控制论和负反馈

1948 年美国著名数学家诺伯特·维纳出版了《控制论——关于在动物和机器中控制和通讯的科学》，自此自动控制技术获得了突飞猛进的发展，并且控制论的思想渗透到了几乎所有的自然科学和社会科学领域。

我们都知道维纳小时候是个神童。要说维纳的话，还是先从他的父亲开始说起。他的父亲列奥·维纳（Leo Wiener）是个出生在俄国的犹太人，也是个神童，有着很高的数学天赋，13 岁就会好几种语言。18 岁那年列奥独自漂洋过海移居美国，凭自学掌握了 40 多种语言，成为哈佛大学的语言教授。

诺伯特·维纳（Norbert Wiener，1894—1964）青出于蓝而胜于蓝，他 3 岁半开始读书，7 岁时开始深入到物理学和生物学的领域，甚至超出了他父亲的某些知识范围，同时他的父亲又对他进行严格的数学和语言训练，所以当时维纳成了远近闻名的神童。但是他的父亲却不允许别人称小维纳为"神童"，并对儿子说："记住，你不是神童。"为了避免引起人们对小神童的过分注意，父亲没有让他入读哈佛大学，而是把他送进了在波士顿排名第三的塔夫茨学院数学系，排前二的是哈佛和麻省理工。

维纳 14 岁大学毕业后到哈佛大学攻读生物学博士，但因缺乏从事细致工作所

9 岁时的诺伯特·维纳

必需的技巧和耐心，再加上深度近视，他不适合做生物学实验，又改为研读数理逻辑，18 岁时获哈佛大学哲学博士学位。

在哈佛的最后一年，维纳向学校申请了旅行奖学金并获得了批准，他先是留学于英国剑桥大学，在罗素指导下攻读数理逻辑和数学哲学，在哈代指导下学习实变函数论和复变函数论，之后接受罗素的建议到德国哥廷根大学跟兰道学习群论，跟希尔伯特研究微分方程——上的都是世界顶尖的大学，拜的全是世界顶级的大师。罗素还鼓励维纳学习爱因斯坦的论文及当时最新的电子理论，正是在罗素的启迪下，维纳以后选择了把数学和物理学、工程学结合起来的研究方向。

在第二次世界大战期间，维纳接受了一项与火力控制有关的研究工作，期间与生理学家罗森勃吕特（Rosenblueth）等有过多方面合作。这个课题促使维纳深入探索了用机器来模拟人脑的计算功能，建立预测理论并应用于防空火力控制系统的预测装置。1948 年，维纳发表《控制论》，宣告了这门新兴学科的诞生。他也因此被誉为控制论的创建人而声名显赫。

在五十年的科学生涯中，维纳先后涉足数学、生物学、哲学、物理学和工程学，最后又转向生物学，在各个领域中都取得了丰硕成果。

做课堂演示的诺伯特·维纳

　　"控制论（Cybernetics）"一词最初来源于希腊文"mberuhhtz"，原意为"操舵术"，就是掌舵的方法和技术的意思。在古希腊哲学家柏拉图的著作中，经常用它来表示管理的艺术。1834年，著名的法国物理学家安培写了一篇论述科学哲理的文章，他进行科学分类时，把管理国家的科学称为"控制论"，他把希腊文译成法文"Cybernetigue"。在这个意义下，"控制论"一词被编入19世纪许多著名词典中。维纳发明"Cybernetics（控制论）"这个词正是受了安培等人的影响。

　　控制论这门学科的发展史需要追溯到19世纪。早在1859年，法国生理学家贝纳德（Bernard）就已经开始了对生理稳态的研究工作。大约七十年后，美国生理学家坎农（Cannon）做了一系列的实验，并于1932年写成《躯体的智慧》一书，对生理稳态问题进行了理论阐述。控制论是维纳和他的合作伙伴们在上述研究成果，以及当时电气控制实践的基础上继续研究、取得突破性的产物。

　　控制的本质是对目的的实现，所以控制系统都是目的性系统。控制的过程是以较小的能量输入来引发较大的能量释放和输出。这个较小能量的大小与它所包含的其他信息决定了那个较大的能量的输出大小、输出时长、作用对象及作用方式等。

在经典控制论中，按控制原理的不同，控制系统分为开环控制系统和闭环控制系统。在开环控制系统中，系统的输出受输入的控制，输入不受输出的影响，整个控制过程（包括信息传递路线）都是单向的，是不闭合的，这就是所谓的"开环"，实际上它就没有环。闭环控制系统是在开环控制系统的基础上，从输出引出信号反馈到输入端，反馈信号与输入信号进行比较后对输入信号进行自动调节，从而保证系统的输出在任何干扰的情况下都能自动处于所要求的状态。在闭环控制系统中，反馈回路与控制输入端到输出端的主路线形成一个闭环，这才是一个真正的环路。

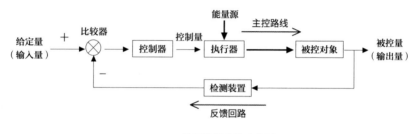

闭环控制系统示意图

维纳在《控制论》中最早提出并系统地研究了反馈机制。反馈机制可以看作是闭环控制系统中的一个重要的规律性机制。反馈机制有两种，一种是正反馈机制，另一种是负反馈机制。正反馈使系统具有发散性，会使系统更加不稳定，而负反馈使系统具有收敛性、趋于稳态。负反馈机制虽然不属于作用逆反互补律，但是具有逆反互补的特征。作用逆反律的逆反是内部的、瞬时产生的逆反，负反馈的逆反是由结果产生的、外部的、滞后的逆反。负反馈是一种很巧妙的逆反互补平衡机制，它不直接对主能量流的释放渠道施加作用，而是对能量触放系统的触发端施加负向调节作用，再由触发端对主能量流产生作用。

事实上，负反馈只是闭环控制系统中必不可少的辅助机制。在控制系统中，不论是在开环控制系统中还是在闭环控制系统中，都有一个主机制，这个主机制就是能量触放机制。

2. 被维纳遗漏了：能量触放机制

我们应该注意到，在控制系统中不能只有反馈机制，在开环控制系统和闭环控制系统的主控制路线里显然还存在着另一个机制，这个机制就是控制端触发能量源使能量释放的机制。我们可以把这个机制称作**"能量触放机制"**。

让我们先做一个有趣的游戏：将许多张长方体的多米诺骨牌竖立起来排成一列，推倒第一张后，你会发现其余的牌会依次倒下。假如多米诺骨牌在排列上依次逐渐增大增高，最后一张就是一座摩天大楼，那么当你推倒第一张牌后，从第一张开始每一张牌都会推倒与它相邻的那张比它大一点的牌，最后这座摩天大楼也会被推倒。摩天大楼倒下依靠的不是你对第一张牌的推动能量，而是最后几张牌及摩天大楼本身的重力势能，你的推动能量只不过是引发了这种重力势能的释放。这种势能的连锁释放现象就是一个能量触放机制的例子。

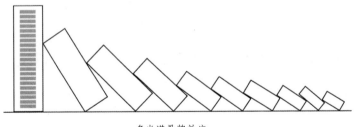

多米诺骨牌效应

在能量触放机制中，不仅有对能量的触发和释放机制，还通常会有小输入到大输出的放大作用。显然，能量触放机制是比反馈机制更为普遍的一种规律性机制，它不仅存在于所有的控制系统中，而且普遍存在于自然界和我们的生活中。即使在闭环控制系统中，能量触放机制也是处在系统的主路线上，而反馈机制只是处在辅助路线上。不过，维纳对控制系统中更为基础的能量触放机制似乎没有明确的认识，当然，这丝毫不妨碍他对控制论的科学研究，因为他实际上是默认了这样一种机制的存在，只是把它当成理所当然的东西而没有明确提出罢了。

　　能量触放机制包括五个基本因素：一是能量源，二是控制端，三是触发方式，四是能量释放方式，五是放大倍数。在控制理论中，放大倍数被称作传递函数，它既可以是常量也可以是变量。传递函数是研究经典控制理论的主要工具之一。

　　在人类的实践中，触发的方式有很多种：拉开阀门、剪开绳索、击倒骨牌、点燃火药、施加电压、干扰超饱和态等。能量的释放方式包括：释放后的能量形式、释放的途径等。控制端实际上是一个小能量源，它对主能量源起到触发和控制作用。这种控制包括开关控制、释放方式控制和定量控制三种。开关控制只能对能量的释放起到引发和关闭作用；释放方式控制可以控制能量释放点、释放方向、释放路径等。定量控制除了开关功能以外，还能在一定范围内调节能量流的规模大小，是一种比较高级的控制方式。能量源是势能，即物质的不平衡态，这种势能或者是受约束而暂时没有释放的，如水库大坝所阻挡的水的势能；或者是不受约束但暂时处于超临界状态的，如云室中的饱和蒸汽。势能是能量触放机制的内因，触发因素是能量释放的外因，这个外因可以是真正来自势能外部的因素，也可以是势能本身的最后一次微小的增加，这一次增加引发了临界状态的突变，或者冲破了势能的外部约束。

　　能量触放机制有一个特别典型的例子，就是蝴蝶效应。蝴蝶效应最初是来自气象学中混沌吸引子图像的一个比喻，气象学家直接用它指在大气动力学系统中初始条件下微小的变化能带动整个系统的长期的巨大的连锁反应，热带的一只蝴蝶轻轻扇动一下翅膀，在远隔重洋的遥远的地方就可能造成一场飓风。从信息的角度看，混沌动力学系统中微小的扰动会产生信息发散，即通常所说的"失之毫厘，差之千里"；从能量的角度看，这整个过程中实际上都有能量触放机制在起作用，当大气系统处于一种极不稳定的状态、聚集了大量的势能需要释放时，蝴蝶扇动翅膀就成了这些势能释放的触发因素。在这整个过程中，并不只是一次放大就产生了最终的结果，蝴蝶扇动翅膀的运动，导致其身边的空气系统发生变化，并产生微弱的气流，而微弱气流的产生又会引起四周空气或其他系统产生相应的变化。

能量的放大有单级放大，也有多级放大。蝴蝶效应是一个多级放大的例子。再如，氢弹爆炸就有两次大级别的放大：第一级是引爆原子弹，即引发核裂变；第二级是用原子弹的爆炸能量引爆氢弹，即引发核聚变。在核裂变中还有中子轰击的链式反应，链式反应实际上是无数个小的能量触放过程，即无数级的能量触放。在"人驾驶汽车"这个系统中，驾驶员的神经系统触发和控制他的运动系统使他的手和脚运动，这是第一级能量放大；人用手转动钥匙打火、用脚控制汽车的油门，从而使汽油燃烧来释放更大的能量，这是第二级放大。

在能量触放机制中，有线性放大，也有非线性放大。以半导体三极管为例，当三极管工作在放大区时，基极电流跟集电极电流呈线性关系；当三极管工作在截止区和饱和区时，基极电流与集电极电流呈非线性关系。多级放大系统在绝大多数情况下总是包含着大量的非线性变化过程，因此多级放大系统大多是非线性系统。

当能量触放状态处于线性放大区时，没有负反馈的作用也能做到对结果的有效控制，因为结果的输出量跟控制端的输入量之间有着固定的比例关系。当能量触放状态处于非线性区时，必须有负反馈的作用才能保证控制的效果。

能量触放机制的基础是逻辑上的乘法放大原理，或者说是几何放大原理。代数学中的乘法、几何学中的射影几何都是建立在这个原理之上。卡文迪许扭秤用平面镜把射来的光线反射到刻度尺上来测量金属丝的扭转，就是直接运用了几何关系的放大原理。

能量触放机制不仅普遍地存在于控制系统中，也普遍地存在于关联群系统中；不仅普遍地存在于自然系统和工程系统中，也普遍地存在于社会政治系统和经济系统中。在政治系统中权力所在的位置就是能量触放系统的控制端，权力的大小就是能量放大的倍数。在经济系统中，财富的生产过程具有类似三极管的放大模式：财富 $=k \times$ 劳动量，k 就是劳动生产率。三极管的电流放大有截止区、放大区、饱和区三种状态，财富的生产同样具有这三种状态。

第 27 章

关联群系统（非目的性系统 & 进化系统）和群规则

1. 生命的结构：关联性与关联群

根据组成系统的个体数量，物质系统可以分为一体系统、两体系统和多体系统，多体系统又可称为群系统。

一个理想的一体系统是不发生变化的，遵守惯性定律。两体系统中的两个个体如果发生相互作用的话，遵守两体作用逆反规律；如果两个个体不发生相互作用的话，则二者之间相互做匀速直线运动。所以两体系统的状态变化是有规律的、可预测的，是决定论的。如果系统是由三个个体组成的，情况就会变得复杂起来，一个三体相互作用系统，其未来的走向和结果是很难预测甚至不可预测的。众多的个体组成的系统就更为复杂了。

多体系统可以分为有关联性的系统和无关联性的系统。**关联性**就是事物之间的相互影响、相互作用或相互约束，或两个以上事物受到的共同影响、共同作用或共同约束。这种影响、作用或约束，如果是稳定的、长期的、频繁的、强大的，那么就说明事物之间的关联性强，否则说明事物之间的关联性弱。

多体系统如果其内部的个体之间缺少关联性，或者只有极弱的、均匀的关联性的话，那么这个系统内部就会呈现随机运动和随机分布的状态，这样的系统是随机系统，可称之为**非关联群系统**，它严格遵守概率统计规律。非流动性气体系统是典型的非关联群系统。非关联群系统所遵守的统计规律只能描述系统的宏观状态，不能描述系统内每个个体的状态。这样的系统遵守热力学第二定律，也被称作热力学系统。热力学第二定律正是概率统计规律的结果。关联性与随机性（概率性）是对立的关系也是互补的关系，关联性强则随机性弱，关联性弱则随机性强。因此，在关联性强的系统中，热力学第二定律的作用就比较弱。

科学家们常用的"负熵"这个概念，其本质就是关联性，"有序""组织化""复杂化"这些概念实际上也是来自关联性。用"负熵"这个概念来描述关联性是远远不够的，关联性并非这么简单。

内部个体之间呈现明显的关联性的多体系统就是**关联群系统**。如果关联群系统的内部呈现均匀的强关联性的话，这样的系统就会呈现固体的特征，这是一种简单的有序系统。液体是一种弱关联群系统，其有序程度比固体弱。但是如果弱关联群与强关联群混合在一起的话，这样的系统比较容易演化到复杂的高级有序状态，例如生物体、生态系统就是这样的系统。这种强关联群和弱关联群相混合的系统称之为**固液混合系统**。

固液混合系统之所以能够演化成高级复杂有序系统，是因为它既有固体系统的稳定性，也有液体系统的运动变化性。液体内的运动变化大多是灵活的、非确定性的。固液混合系统只在较低的程度上遵守热力学第二定律，它能够通过固体保持自身的某些信息，保持它的有序，又能够发生运动变化，产生新的信息，能够根据环境形态改变自己，使自身与外物环境相适应，然后新的状态信息再由固体保持下来。

不仅生命是固液混合系统，一切高级关联群系统，如社会系统、精神系统都具有固液混合系统的特征。

对于固液混合系统，不可能用精确的线性的作用逆反律来描述，但由于它具有稳定性和变化性的双重特征，所以它的演化特别适合用进化律来描述，也就是本书在第 25 章讲的"变异——稳定者留存进化律"。

对于非关联群系统（多体随机系统），系统总体状态的走向可以进行预测。但是对于关联群系统，系统总体状态的走向是不可能准确预测的，即使大致预测也很困难。哈肯在《协同学：大自然构成的奥秘》中曾讲过一个日常生活中常见的例子，银行不知道某个储户何时来银行需要借或提取多少钱，但银行却能够准备好足够的又不过多的现金。在这个例子中，银行是把人群当作非关联群来处理的。对于非关联群的处理比较简单，因为它完全受概率规律支配，银行可以用概率论的方法根据经验来预测明天的取款金额。但是，这样的预测有时会完全失灵！如果这些储户是关联群的话，他们相互之间开会通气，商议好明天都去取钱，或者某人传播了一个谣言说这家银行经营不善、面临风险，银行在全然无知这样的突发事件的情况下是无法预测第二天的局面的。即使银行提前得到了这种突发事件的风声，它也难以确定和应对第二天挤兑的风险。

对于关联群，概率方法常常失去足够的效力，所以必须对关联群的运行规则、新出现的信息、关联群中有着重要影响力的个体有充分的了解，同时还要结合概率方法，才能对关联群的状态进行一定程度的预测。

现代科学开始采用非线性的数学方法研究多体群系统特别是多体关联群系统，并且已经形成孤立波、混沌、分形三种非线性科学。混沌科学研究的是随机性与简单关联性并存的多体动力学系统；分形学研究的是在同一种机制下无限生成的几何图形，这种简单的无限生成方式普遍存在于大自然中；孤立波理论研究的是具有基本粒子（量子）特征的宏观关联群系统。不过目前来看，这三种理论研究的只是比较简单的、低级的复杂系统，对于像生命这种高级关联群系统还无能为力，特别是都没有对关联群系统给出本质性的说明。那么，关联群系统保持有序的秘密是什么呢？

2. 有序的秘密: 关联群的群规则

在我们的生活中, 处处都有关联群系统, 处处都有关联性在起作用。关联群之所以能够保持它的有序, 除了群元素之间的关联性之外, 一个最重要的原因是关联群中的群规则。

举个例子。道路上的众多车辆形成了关联群系统, 这个群系统中的个体之间是离散的, 但是它们通过车辆行驶规则和相互之间的信号发生关联, 这就保证了车辆之间不发生碰撞、所有车辆正常且快速地行驶, 保证了整个系统正常运行。包括信号灯、标志牌、标志线、标志符等在内的交通法规, 就是道路上车辆、行人关联群的群规则。如果关联群中的车辆、行人不遵守群规则, 那么道路上就会陷入无序、混乱、瘫痪、僵死的局面。

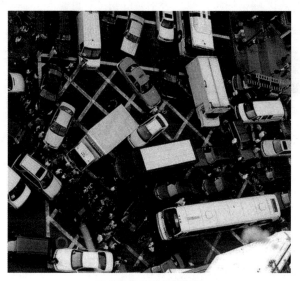

不遵守规则的交通状况

在简单的有序系统中, 元素之间不仅有关联性, 而且这些关联性还遵守简单的自然规则。例如, 晶体中的原子或分子的结合会保持特定的角度。由于关联性和群规则的存在，一堆杂乱的水分子在一定条件下可以结合成有序的六角形晶体。这种自然规则是由原子之间的化学键决定的。

在复杂的高级有序系统中，关联群的群规则会有很多。生命系统中的群规则是由 DNA 大分子上的众多基因片段携带的，社会系统中的群规则是由众多的法律条款、规章制度携带的。

群系统的关联性不仅在于系统中元素之间的相互影响，更在于这些元素具有共同的行为机制。这些共同的行为机制可以保证群系统中个体之间的互利、对抗行为及一致性行动维持在稳定有序的水平上。这种共同行为机制包括行为的限度信息、一致性信息和信息的群传递（群传递可以加快一致性、目的性、规范性、协调性的形成）。气体分子不能形成关联群系统，是因为气体分子之间只有短暂和微弱的相互作用，并且气体分子之间缺少共同行为机制。

在人工处理关联群系统的时候会遇到信息量爆炸这样一个不可解决的难题，关联群系统自身同样存在着保持自身稳定、维持自身有序的问题，那么关联群系统自身是怎样"解决"这一问题的呢？它是依赖了关联群规则。关联群自身并不统一地和精准地"掌握""控制"所有的微观信息，并不精准地控制每一个群元素的行动，它是通过有限的群规则把众多群元素的行为（运动及相互作用等）限制在一定范围内。

在关联群系统中，群规则不是像牛顿力学中那样是决定论的，只要不是固体系统，它的规则描述就不是精确的，它对群成员的行为有一个允许的范围。另外，它会对群成员的行为在各种不同的条件下给出不同的要求。群规则还决定了关联群中的个体之间的关系是博弈关系还是交流协作关系。

中国传统文化中的"道"，有规范的意思，也有规律的意思。规范更适合用在群系统中。个别的元素是否遵守规范，不是必然的。在群系统中，遵守规范的元素容易被保留下来，不遵守规范的元素容易被淘汰。而规律是必然地会被遵守的，遵守规律是事物的本性。规律是内在的，规范是外来的。

有人把"落后就要挨打"当成了人类社会的真理,其实这句话只说对了一半,而且没有加上条件。"落后就要挨打"只适用于无规则的丛林社会,在有规则的社会里,不是"落后就要挨打",而是"违规就要挨打"。规则社会就是法治社会。

在人体这个关联群系统中有不守规则的癌细胞,不守规则的癌细胞是要被免疫系统打倒的。只有在执法的免疫系统衰弱的情况下,癌细胞才会占据上风,人的生命也就面临危险了。在一个有规则的社会里,不守规则的人即违法者是要受到惩罚的,所以法治社会才会维持其有序状态。如果那些违法者不受到惩罚,那么这里的规则就名存实亡了,它就变成了丛林社会,它不再是"违规就要挨打",而是变成了"落后就要挨打"。任何关联群系统一旦失去了规则,一旦规则不起作用,就会成为弱肉强食的丛林系统,这种系统有两种结局,一种结局是演化为层级控制系统,另一种结局是系统消亡。

关联群系统的最大优点是它的创造性,这一点恰恰是层级控制系统所缺乏的。关联群系统的创造性有着逻辑的、数学的基础,这就是群元素的排列数和组合数都是以元素个数的阶乘数增长的,所以有规模的关联群系统所能产生的排列组合数非常庞大,这为系统的潜在可能状态提供了极大的空间。

关联群系统看起来有个严重的缺点,这就是不稳定。的确,没有规则的群系统毫无稳定性可言,但是有良好规则的关联群系统可以表现出灵活性、自组织性和很强的适应性,外界的危害因素很难对这种群系统形成致命的打击。这种系统比层级控制系统更有优势,因为层级控制系统一旦其控制端受到打击,整个系统就彻底瓦解,无法恢复系统的功能。

英国进化生物学家约翰·梅纳德·史密斯(John Maynard Smith)提出过稳定进化对策(ESS)这个概念。在一个竞争与合作的群体中,任何一个个体对稳定进化对策的偏离都会使自己得到坏的结果。稳定进化对策实质上是群系统中的一些规则,这是一些内在的、自然的,与稳定和进化具有逻辑联系的规则,这些规则对系统的稳定和进化起着关键的作用。

在过去机械论盛行的时候，很多人认为复杂系统都可以向简单系统还原，一切社会现象都可以还原到人的生理行为来得到解释，一切动物行为都可以还原到物理运动来得到解释。现在我们知道这是不可能的，因为物理系统跟生物系统、社会系统是不同类型的系统，物理系统只是简单系统，包括一体系统、两体系统、热力学系统、控制系统，以及简单的关联群系统（如晶体结构、量子系统），而生物系统和社会系统是复杂的关联群系统。物理系统遵守的是各种规律，而不同层次的关联群系统有不同的群结构，遵守不同的群规则。在本书的引言中讲过，今天所讲的"规律"已不是"law"的原义，而复杂的关联群系统中的群规则更接近于"law"的原义。

3. 人是机器吗？——关联群系统与层级控制系统

复杂的有序系统分为复杂关联群系统和层级控制系统两种。

层级控制系统是程序化的，具有目的性，缺少创造性和进化性；复杂关联群不仅在外界刺激作用下会发生适应性变化，自身内部元素的相互作用也会使它发生自发性的变化，这就使它具有较高的创造性，并具有进化性，但是缺少目的性。高级的复杂有序系统，如生物体、社会，都是关联群系统和层级控制系统混合组成的。

在物质系统中，大自然进化出来的生物体主要是关联群系统，这种关联群系统中也包含着层级控制系统，例如脑神经控制系统。脑神经控制系统都是闭环控制系统。但总的来说，脑神经控制系统是从属于关联群系统的，并且脑内部的意识生成系统也是关联群系统，就是说，智慧是由关联群系统生成的。蚁群、蜂群的智慧也有着类似的机制：单个的蚂蚁是没有智慧的，只有几个简单的本能，但是在蚁群中，每个蚂蚁都依其本能而按照固定的规则行动，于是整个蚁群就显现出了智慧。学术界把这种现象叫做 emergence，中国学者翻译为"涌现"。

　　人类社会的政治系统都是关联群系统和层级控制系统混合组成的，民主政治系统是以关联群系统为主，整个关联群系统会包含着一些层级控制系统，例如其中的军队一定是层级控制系统，政府机构也是层级控制系统。专制政治系统是以层级控制系统为主，就是说整个社会框架是一个庞大的层级控制系统，但是这个系统中也包含着关联群系统，比如社区内部邻里之间形成的是关联群系统，亲戚朋友之间也形成了关联群系统。

　　人类社会的市场经济系统是以关联群系统为主，在这个庞大的关联群系统内部也有较小的层级控制系统，例如企业内部就以层级控制系统为主。计划经济体制基本上就是一个庞大的层级控制系统，在这个体制下也存在着许多小的局部关联群系统。

　　通常层级控制系统具有可逆性，因为它的主要元素不多，所有元素彼此间有强约束，控制端可以对系统进行控制。而关联群系统因其高度复杂性，是不可逆的。

　　层级控制系统由于其结构的不变性、信息的集中性和简单性，人工实现起来是比较容易的。关联群系统由于其结构的动态性、信息的复杂性及巨大的信息量，人工实现起来要困难得多。要设计和建造一个成熟的高级关联群系统，对人类来说是不可能的，因为像动物体这样的关联群系统所包含的信息量大得超出了人类的想象力，更谈不上去精确地掌握这些巨量信息，何况这些信息还是不断变化的。但是如果人们能够创造出关联群系统的雏形和它所赖以产生、发育、维持的条件，人们就可以使这种系统自发地产生、发育、进化、维持，并发挥我们所需要的功能。人类所能做的就是为群系统的自然生成提供必要的条件。所以说，高级关联群系统不可能运用精确设计的决定论方法来直接建造，只能在一定的群规则下发育和进化而成。

　　传统的机器，包括传统的计算机，都是在决定论框架内动作的，它里面只有层级控制系统，没有关联群系统。所以过去人们说"人是机器""动物是机器"，并不恰当。只有当人造的机器是层级控制系统与关联群系统的结合体了，"人是机器""动物是机器"这样的比喻才能成立。

真正的人工智能必然是决定论的层级控制系统与建立在关联群规则和随机性之上的关联群系统的结合体。现在的智能程序就是引入了关联群机制，能够在关联群规则之下自行学习、自行进化和发育，智能围棋程序 AlphaGo 和 AlphaGo Zero 就是这样的程序。

附录 1

人物姓名对照及生卒年份索引
（按出生年份排序）①

周公旦，公元前 11 世纪，中国古代政治家，周武王之弟。

商高，公元前 11 世纪，中国古代测量学家。

陈子，公元前 6、7 世纪，中国古代数学家。

管仲（约公元前 723 年—前 645 年），中国古代政治家、齐国相国。

泰勒斯（Thales，约公元前 624 年—前 547 年），古希腊第一位哲学家。

阿那克西美尼（Anaximenes，约公元前 588 年—约前 524 年），古希腊哲学家。

毕达哥拉斯（Pythagoras，公元前 580 年—前 500 年），古希腊哲学家。

老子（老聃，李耳，Laozi，约公元前 571 年—约前 471 年），中国古代哲学家。

色诺芬尼（Xenophenes，也译赞诺劳尼司，或赛诺芬尼，约公元前 570 年—约前 480 年），古希腊哲学家，游吟诗人。

孔子（孔丘，Confucius，公元前 551 年—前 479 年），中国古代思想家、教育家。

---

① 这样排序是为了使人物之间的年代关系更明了。读者可根据书中人物出场的时间到索引中查找人物信息。

赫拉克利特（Herakleitus，约公元前 544 年—前 483 年），古希腊哲学家。

巴门尼德（Parmenides of Elea，约公元前 515 年—公元前 5 世纪中叶以后），古希腊哲学家。

留基伯（Leukippos，约公元前 500 年—约前 440 年），古希腊哲学家，原子论创建人。

阿那克萨戈拉（Anaxagoras，公元前 500 年—前 428 年），古希腊哲学家。

恩培多克勒（Empedocles，约公元前 495 年—前 435 年），古希腊哲学家。

伯里克利（Pericles，公元前 495 年—前 429 年），古希腊雅典政治家、军事统帅。

芝诺（Zeno of Elea，约公元前 490 年—前 425 年），古希腊哲学家，巴门尼德的学生。

墨子（墨翟，Mozi，约公元前 476 年—约前 390 年），中国古代思想家。

默冬（Meton of Athens），古希腊天文学家。

苏格拉底（Socrates，约公元前 469 年—前 399 年），古希腊哲学家。

希波克拉底（Hippocrates of Cos，公元前 460 年—前 370 年），古希腊医学家。

德谟克利特（Demokritos，约公元前 460 年—前 370 年），古希腊哲学家，原子论的代表。

伊索克拉底（Isocrates，公元前 436 年—前 338 年），古希腊雄辩家、教育家。

柏拉图（Plato，公元前 427 年—前 347 年），古希腊哲学家。

欧多克索（Eudoxus of Cnidos，约公元前 400 年—约前 347 年），古希腊数学家。

甘德（公元前 4 世纪），中国古代天文学家，最早发现木星的卫星。

石申（公元前 4 世纪），中国古代天文学家。

亚里士多德（Aristotle，公元前 384 年—前 322 年），古希腊哲学家。

孟子（孟轲，Mencius，约公元前 372 年—前 289 年），中国古代思想家。

狄奥弗拉斯特（Theophrastus，约公元前 372 年—前 287 年），古希腊植物学家。

亚历山大（Alexander the Great，公元前 356 年—前 323 年），古希腊政治家、军事家。

伊壁鸠鲁（Epicurus，公元前 341 年—前 270 年），古希腊哲学家，原子论者。

斯特拉托（Strato，公元前约 340 年—前 270 年），古希腊物理学家。

欧几里得（Euclid，公元前 330 年—前 275 年），古希腊数学家。

阿里斯塔克（Aristarchus，公元前 315 年—前 230 年），古希腊天文学家，日心说的提出者。

荀子（荀况，Xunzi，公元前 313 年—前 238 年），中国古代思想家、教育家。

科农（Conon of Samos），古希腊数学家、天文学家，欧几里得的学生、阿基米德的老师。

阿基米德（Archimedes，公元前 287 年—前 212 年），古希腊数学家、物理学家。

阿波罗尼奥斯（Apollonius of Perga，公元前 262 年—前 190 年），古希腊数学家。

希帕克斯（Hipparchus，公元前 190 年—前 125 年），古希腊天文学家。

提图斯·卢克莱修·卡鲁斯（Titus Lucretius Carus，约公元前 99 年—约前 55 年），古罗马诗人、哲学家。

维特鲁威（Vitruvius，公元前？—约前 14 年），古罗马作家、工程师。

希罗（Heron，约公元 10 年—约 70 年），古希腊数学家、工程师。

克罗狄斯·托勒密（Claudius Ptolemaeus，公元 90 年—168 年），古希腊天文学家。

赵爽（约 182 年—约 250 年），中国古代数学家，证明勾股定理。

丢番图（Diophantus，约 246 年—330 年），古希腊数学家。

帕普斯（Pappus，公元 3 世纪—4 世纪），古希腊数学家。

祖暅（456—536），祖冲之之子，中国南北朝时期的数学家、天文学家。

约翰·斐罗波诺斯（John Philoponos，公元 6 世纪），古罗马天文学家。

伊本·海赛姆（Ibn Al-Haytham，又译阿勒·哈增，965—1039），阿拉伯数学家、天文学家、光学家。

托马斯·阿奎那（Thomas Aquinas，1225—1274），意大利经院哲学家。

佩雷格里鲁斯（Petrus Peregrinus，13 世纪），法国军旅科学家。

约达努斯（Jordanus de Nemore，13 世纪），欧洲数学家，约达努斯学派的代表。

奥卡姆的威廉（William of Ockham，1285—1349），英国哲学家，提出"奥卡姆剃刀"。

琼·比里当（Jean Buridan，约 1300—1358），法国学者。

奥雷姆（Oresme Nicole，1320—1382），法国数学家。

普尔巴赫（Georg Purbach，1423—1461），奥地利学者、天文学家。

瓦尔特（Bernhard Walther，1430—1504），德国天文学家。

缪勒（Johannes Müller，1436—1476），奥地利天文学家。

达·芬奇（Leonardo da Vinci，1452—1519），意大利艺术家、工程师。

尼古拉·哥白尼（Mikolaj Kopernik，1473—1543），波兰天文学家。

吉罗拉摩·法兰卡斯特罗（Girolamo Fracastoro，1478—1553），意大利学者。

玖恩·维夫斯（Juan Luis Vives，1492—1540），西班牙人文主义者。

帕拉塞尔苏斯（Paracelsus，1493—1541），瑞士医学家。

塔塔里亚（Nicolo Tartaglia，1500—1557），意大利数学家、工程师。

约翰·加尔文（Jean Calvin，1509—1564），法国宗教改革家，基督教新教加尔文宗创始人。

罗拉莫·波若（Girolamo Borro，1512—1592），意大利比萨大学教授。

托马斯·格雷欣（Thomas Gresham，1519—1579），英国金融家，"劣币驱逐良币"提出者。

贝尼德蒂（Benedetti，1530—1590），意大利学者。

弗朗索瓦·韦达（François Viète，1540—1603），法国法官、数学家。

威廉·吉尔伯特（William Gilbert，1544—1603），英国医生、物理学家。

第谷·布拉赫（Tycho Brahe，1546—1601），丹麦天文学家。

乔尔丹诺·布鲁诺（Giordano Bruno，1548—1600），意大利思想家。

西蒙·斯蒂文（Simon Stevin，1548—1620），荷兰力学家、工程师。

亨利·哈德逊（Henry Hudson，1550—1611），英国航海家、探险家。

利玛窦（MatteoRicci，1552—1610），意大利天主教驻中国传教士，翻译家。

哈里奥特（Thomas Hariot，1560—1621），英国数学家、天文学家。

弗朗西斯·培根（Francis Bacon，1561—1626），英国哲学家。

徐光启（1562—1633），明朝学者、翻译家。

伽利略·伽利雷（Galileo Galilei，1564—1642），意大利科学家。

汉斯·利伯希（Hans Lippershey，1570—1619），荷兰眼镜师，望远镜发明人。

约翰尼斯·开普勒（Johannes Kepler，1571—1630），德国天文学家。

威里布里德·斯涅耳（Willebrord Snell Van Roijen，1580—1626），荷兰科学家。

宋应星（1587—1666），明朝地方官员、学者。

皮埃尔·伽桑狄（Pierre Gassendi，1592—1655），法国哲学家。

马尔西（Marcus Marci，1595—1667），捷克物理学家。

勒内·笛卡尔（René Descartes，1596—1650），法国著名哲学家、数学家、物理学家。

卡瓦列里（Cavalieri，1598—1647），意大利数学家。

皮耶·德·费马（Pierre de Fermat，1601—1665），法国数学家。

奥托·冯·格里克（Otto von Guericke，1602—1686），德国科学家、市长。

布里阿德（I. Bulliadus，1605—1694），法国天文学家。

埃万杰利斯塔·托里拆利（Evangelista Torricelli，1608—1647），意大利科学家。

约翰·弥尔顿（John Milton，1608—1674），英国诗人。

乔瓦尼·阿尔方多·波雷里（Giovanni Alfonso Borelli，1608—1679），意大利数学家、天文学家。

约翰·威尔金斯（John Wilkins，1614—1672），英国科学家，英国皇家学会的最早带头人。

约翰·沃利斯（John Wallis，1616—1703），英国数学家、物理学家。

格里马尔迪（F. M. Grimaldi，1618—1663），意大利数学家。

马略特（Edme Mariotte，1620—1684），法国物理学家、植物学家。

维维安尼（Vincenzo Viviani，1622—1703），意大利科学家，伽利略的学生、研究助手、生活助理。

布莱士·帕斯卡（Blaise Pascal，1623—1662），法国数学家、物理学家。

威廉·配第（William Petty，1623—1687），英国经济学家。

罗伯特·波义耳（Robert Boyle，1627—1691），英国科学家。

克里斯蒂安·惠更斯（Christiaan Huygens，1629—1695），荷兰科学家。

艾萨克·巴罗（Isaac Barrow，1630—1677），英国数学家，牛顿的老师。

约翰·洛克（John Locke，1632—1704），英国哲学家、医生。

克里斯托弗·雷恩（Sir Christopher Wren，1632—1723），英国天文学家、建筑学家。

安东尼·列文虎克（Antony van Leeuwenhoek，1632—1723），荷兰科学家、市政厅门卫。

罗伯特·胡克（Robert Hooke，1635—1703），英国科学家。

理查德·汤利（Richard Townley），英国科学家，波义耳助手。

艾萨克·牛顿（Isaac Newton，1642—1727），英国数学家、物理学家。

奥·罗迈（O. Roemer，1644—1710），丹麦天文学家。

戈特弗里德·威廉·莱布尼茨（Gottfried Wilhelm Leibniz，1646—1716），德国哲学家、数学家。

约翰·弗拉姆斯蒂德（John Flamsteed，1646—1719），英国天文学家。

托马斯·塞维利（Thomas Savery，1650—1715），英国工程师，发明蒸汽泵。

雅各布·伯努利（Jakob Bernoulli，1654—1705），瑞士数学家、物理学家。

皮埃尔·伐里农（Pierre Varignon，1654—1722），法国数学家、力学家。

埃德蒙多·哈雷（Edmond Halley，1656—1742），英国天文学家。

霍克斯比（Hauksbee，1660—1713），英国物理学家。

阿蒙顿（G. Amontons，1663—1705），法国科学家。

托马斯·纽科门（Thomas Newcomen，1664—1729），英国铁匠，发明活塞式蒸汽机。

约翰·伯努利（Johann Bernoulli，1667—1748），瑞士数学家。

斯蒂芬·格雷（Stephen Gray，1670—1736），英国科学家。

赫尔曼（J. Hermann，1678—1733），瑞士科学家。

亚历山大·蒲柏（Alexander Pope，1688—1744），英国诗人。

克里斯蒂安·哥德巴赫（Christian Goldbach，1690—1764），德国数学家。

马森布罗克（Von Musschenbrock，1692—1761），荷兰物理学家。

布拉德雷（Bradley James，1693—1762），英国天文学家。

弗朗西斯·哈奇森（Francis Hutcheson，1694—1746），英国哲学家，苏格兰启蒙运动奠基人。

伏尔泰（Voltaire，1694—1778），法国启蒙思想家。

杜菲（DuFay，1698—1739），法国科学家。

克莱斯特（Kleist，1700—1748），德国科学家。

丹尼尔·伯努利（Daniel Bernoulli，1700—1782），瑞士数学家、物理学家。

本杰明·富兰克林（Benjamin Franklin，1706—1790），美国政治家、物理学家。

卡尔·冯·林奈（Carl von Linné，1707—1778），瑞典生物学家。

莱昂哈德·欧拉（Leonhard Euler，1707—1783），瑞士数学家、物理学家。

布封（Buffon，1707—1788），法国博物学家。

米哈伊尔·瓦西里耶维奇·罗蒙诺索夫（Михаи́л Васи́льевич Ломоно́сов，1711—1765），俄国化学家。

大卫·休谟（David Hume，1711—1776），英国哲学家。

让-雅克·卢梭（Jean-Jacques Rousseau，1712—1778），法国启蒙思想家。

德尼·狄德罗（Denis Diderot，1713—1784），法国启蒙思想家。

约翰·康顿（John Canton，1718—1772），英国科学家。

霍尔巴赫（Holbach，1723—1789），法国启蒙思想家。

亚当·斯密（Adam Smith，1723—1790），英国经济学家、哲学家。

约翰·米歇尔（John Michell，1724—1793），英国科学家，扭秤发明人。

伊曼努尔·康德（Immanuel Kant，1724—1804），德国哲学家。

詹姆斯·赫顿（James Hutton，1726—1797），英国地质学家。

约翰·海因里希·朗伯（J. H. Lambert，1728—1777），德国物理学家。

约瑟夫·布莱克（Joseph Black，1728—1799），英国化学家。

马修·博尔顿（Matthew Boulton，1728—1809），英国制造商和工程师。

伊拉斯谟斯·达尔文（Erasmus Darwin，1731—1802），英国医学家、植物学家。

亨利·卡文迪许（Henry Cavendish，1731—1810），英国物理学家、化学家。

约瑟夫·普利斯特列（Joseph Priestley，1733—1804），英国化学家。

让·巴蒂斯特·罗比耐（Jean Baptiste René Robinet，1735—1820），法国自然哲学家。

查理·奥古斯丁·库仑（Charles-Augustin de Coulomb，1736—1806），法国工程师、物理学家。

约瑟夫·拉格朗日（Joseph-Louis Lagrange，1736—1813），法国数学家、力学家。

詹姆斯·瓦特（James Watt，1736—1819），英国工程师、实用蒸汽机的改良和普及者。

路易吉·伽尔瓦尼（Luigi Galvani，1737—1798），意大利生理学家。

安托万-洛朗·拉瓦锡（Antoine-Laurent de Lavoisier，1743—1794），法国化学家。

让-巴蒂斯特·拉马克（Jean-Baptiste Lamarck，1744—1829），法国生物学家。

伏打（Alessandro G. A. A. Volta，1745—1827），意大利物理学家。

雅克·查理（Jacques Charles，1746—1823），法国科学家。

拉普拉斯（Laplace，1749—1827），法国数学家、力学家。

约翰·沃尔夫冈·冯·歌德（Johann Wolfgang von Goethe，1749—1832），德国诗人、思想家。

伦福德伯爵（Rumford，即本杰明·汤普森，Benjamin Thompson，1753—1814），美国旅欧物理学家。

拉扎尔·卡诺（Lazare Carnot，1753—1823），法国数学家、萨迪·卡诺之父。

普鲁斯特（J. L. Proust，1754—1826），法国化学家。

里希特（J. B. Jeremias Benjamin Richter，1762—1807），德国化学家。

威廉·海德·沃拉斯顿（William Hyde Wollaston，1766—1828），英国物理学家、化学家。

托马斯·罗伯特·马尔萨斯（Thomas Robert Malthus，1766—1834），英国人口学家。

约翰·道尔顿（John Dalton，1766—1844），英国化学家，建立现代原子论。

傅里叶（B. J. B. J. Fourier，1768—1830），法国数学家、物理学家。

乔治·居维叶（Georges Cuvier，1769—1832），法国古生物学家。

塞贝克（Seebeck，1770—1831），德国物理学家。

格奥尔格·威廉·弗里德里希·黑格尔（Georg Wilhelm Friedrich Hegel，1770—1831），德国哲学家。

托马斯·杨（Thomas Young，1773—1829），英国生理学家、物理学家、考古学家。

罗伯特·布朗（Robert Brown，1773—1858），英国医生、植物学家。

威廉·亨利（William Henry，1774—1836），英国科学家。

安德烈·玛丽·安培（André-Marie Ampère，1775—1836），法国物理学家。

阿莫迪欧·阿伏伽德罗（Amedeo Avogadro，1776—1856），意大利物理学家。

汉斯·克海斯提安·奥斯特（Hans Christian Ørsted，1777—1851），丹麦物理学家、化学家。

约翰·卡尔·弗里德里希·高斯（Johann Carl Friedrich Gauß，1777—1855），德国数学家、物理学家。

汉弗里·戴维（Humphry Davy，1778—1829），英国化学家。

约瑟夫·路易·盖-吕萨克（Joseph Louis Gay-Lussac，1778—1850），法国化学家、物理学家。

永斯·雅各布·贝采利乌斯（Jöns Jakob Berzelius，1779—1848），瑞典化学家。

洛仑兹·奥肯（Lorenz Oken，1779—1851），德国自然哲学家。

约翰·沃尔夫冈·德贝莱纳（Dobereiner Johann Wolfgang，1780—1849），德国化学家。

纳维（C.—L.—M.—H. Navier，1785—1836），法国科学家。

P. L. 杜隆（Pierre Louis Dulong，1785—1838），法国科学家。

威廉·普劳特（Willian Pront，1785—1850），英国医生。

亚当·席基威克（Adam Sedgwick，1785—1873），英国地质学家。

阿拉果（Arago, Dominique Francois Jean，1786—1853），法国物理学家。

奥古斯汀-让·菲涅耳（Augustin-Jean Fresnel，1788—1827），法国物理学家。

乔治·西蒙·欧姆（Georg Simon Ohm，1789—1854），德国物理学家。

奥古斯汀·路易斯·柯西（Augustin Louis Cauchy，1789—1857），法国数学家、物理学家。

A. T. 珀替（A. T. Petit，1791—1820），法国科学家。

迈克尔·法拉第（Michael Faraday，1791—1867），英国物理学家、化学家。

萨迪·卡诺（Sadi Carnot，1796—1832），法国工程师、物理学家，提出卡诺循环。

约翰·史蒂文斯·亨斯洛（John Stevens Henslow，1796—1861），英国剑桥大学矿物学、植物学教授。

查尔斯·莱尔（Charles Lyell，1797—1875），英国地质学家。

纽曼（F. E. Neumann，1798—1895），德国物理学家。

克拉珀龙（Clapeyron，1799—1864），法国工程师、物理学家。

赫拉派斯（Herapath，1799—1868），英国物理学家。

让-巴蒂斯特·安德烈·杜马（Jean-Baptiste André Dumas，1800—1884），法国化学家。

约翰尼斯·彼得·缪勒（Johannes Peter Müller，1801—1858），德国生理学家。

赫斯（G. H. Hess，1802—1850），俄国化学家。

巴拉尔（Balard，1802—1876），法国化学家。

多普勒（Doppler，1803—1853），奥地利科学家。

尤斯蒂斯·冯·李比希（Justus von Liebig，1803—1873），德国化学家。

海因里希·楞次（Heinrich Lenz，1804—1865），俄国物理学家。

施莱登（Schleiden，1804—1881），德国植物学家。

罗伯特·菲茨·罗伊（Robert Fitz Roy，1805—1865），英国水文地理学家，航海家，军人。

莫尔（F. Mohr，1806—1879），德国化学家。

查尔斯·罗伯特·达尔文（Charles Robert Darwin，1809—1882），英国生物学家。

雷尼奥（Henri Victor Regnault，1810—1878），法国物理学家。

西奥多·施旺（Theodor Schwann，1810—1882），比利时生物学家。

埃瓦里斯特·伽罗华（Évariste Galois，1811—1832），法国数学家。

罗伯特·威廉·本生（Robert Wilhelm Bunsen，1811—1899），德国化学家。

贝纳德（C. Bernard，1813—1878），法国生理学家。

迈尔（J. R. Mayer，1814—1878），德国医生、物理学家。

乔治·布尔（George Boole，1815—1864），英国数学家。

维尔纳·冯·西门子（Ernst Werner von Siemens，1816—1892），德国工程师、实业家。

卡尔·威廉·冯·内格里（Carl Wilhelm von Nägeli，1817—1891），瑞士植物学家。

詹姆斯·普雷斯科特·焦耳（James Prescott Joule，1818—1889），英国物理学家。

阿曼德·斐索（Armand Hippolyte Louis Fizeau，1819—1896），法国物理学家。

兰金（William John Macquorn Rankine，1820—1872），英国物理学家。

尚古多（Beguyer De Chancourtois，1820—1886），法国地质学家、化学家。

弗里德里希·恩格斯（Friedrich Engels，1820—1895），德国思想家、哲学家、革命家。

赫伯特·斯宾塞（Herbert Spencer，1820—1903），英国哲学家、社会学家。

亥姆霍兹（Hermann Ludwig Ferdinand von Helmholtz，又译赫尔姆霍茨，1821—1894），德国生理学家、物理学家。

克里尼希（A. K. Kronig，1822—1879），德国物理学家。

格雷戈尔·孟德尔（Gregor Johann Mendel，1822—1884），奥地利生物学家。

尤利西斯·格兰特（Ulysses Simpson Grant，1822—1885），第 18 任美国总统。

鲁道夫·克劳修斯（Rudolf Julius Emanuel Clausius，1822—1888），德国物理学家。

阿尔弗雷德·拉塞尔·华莱士（Alfred Russel Wallace，1823—1913），英国博物学家。

古斯塔夫·罗伯特·基尔霍夫（Gustav Robert Kirchhoff，1824—1887），德国物理学家。

威廉·汤姆森（William Thomson，1824—1907），即开尔文爵士（Lord Kelvin），英国物理学家。

托马斯·亨利·赫胥黎（Thomas Henry Huxley，1825—1895），英国生物学家。

约翰·雅各布·巴尔末（Johann Jakob Balmer，1825—1898），瑞士数学教师、物理学家。

黎曼（Georg Friedrich Bernhard Riemann，1826—1866），德国数学家。

迈耶尔（Julius Lothar Meyer，1830—1895），德国化学家。

詹姆斯·克拉克·麦克斯韦（James Clerk Maxwell，1831—1879），英国物理学家。

德米特里·伊万诺维奇·门捷列夫（Дми́трий Ива́нович Менделе́ев，1834—1907），俄国化学家。

魏斯曼（Weismann，1834—1914），德国生物学家。

恩斯特·海克尔（Ernst Haeckel，1834—1919），德国生物学家、哲学家。

约翰·亚历山大·雷纳·纽兰兹（John Alexander Reina Newlands，1837—1898），英国化学家。

约翰尼斯·迪德里克·范·德·瓦耳斯（Johannes Diderik van der Waals，1837—1923），荷兰物理学家。

爱德华·莫雷（Edward Morley，1838—1923），美国物理学家、化学家。

路德维希·玻尔兹曼（Ludwig Edward Boltzmann，1844—1906），奥地利物理学家。

勒·夏特列（Le Chatelier, Henri Louis，1850—1936），法国化学家、物理学家。

菲茨杰拉德（Georg FitzGerald，1851—1901），爱尔兰物理学家。

拉姆齐（William Ramsay，1852—1916），英国化学家。

阿尔伯特·亚伯拉罕·迈克尔逊（Albert Abraham Michelson，1852—1931），美国物理学家。

亨德里克·安东·洛伦兹（Hendrik Antoon Lorentz，1853—1928），荷兰物理学家。

威廉·奥斯特瓦尔德（Friedrich Wilhelm Ostwald，1853—1932），德国物理化学家。

F. E. 多恩（Dorn），德国化学家。

路易·马塞尔·布里渊（Marcel Brillouin，1854—1948），法国物理学家。

约瑟夫·约翰·汤姆逊（J. J. Thomson，1856—1940），英国物理学家。

海因里希·鲁道夫·赫兹（Heinrich Rudolf Hertz，1857—1894），德国物理学家。

马克斯·卡尔·恩斯特·路德维希·普朗克（Max Karl Ernst Ludwig Planck，1858—1947），德国物理学家。

怀特海（Whitehead，1861—1947），英国数学家、哲学家。

戴维·希尔伯特（David Hilbert，1862—1943），德国数学家。

勒纳德（P. Lenard，1862—1947），德国物理学家。

赫尔曼·闵可夫斯基（Hermann Minkowski，1864—1909），德国数学家。

瓦尔特·赫尔曼·能斯特（Walther Hermann Nernst，1864—1941），德国物理学家。

托马斯·亨利·摩尔根（Thomas Hunt Morgan，1866—1945），美国生物学家。

罗伯特·安德鲁·密立根（Robert Andrews Millikan，1868—1953），美国物理学家。

欧内斯特·卢瑟福（Ernest Rutherford，1871—1937），英国物理学家。

沃尔特·布拉德福德·坎农（Walter Bradford Cannon，1871—1945），美国生理学家。

保罗·朗之万（Paul Langevin，1872 —1946），法国物理学家。

伯兰特·罗素（Bertrand Russell，1872—1970），英国数学家、哲学家。

约翰尼斯·斯塔克（Johnnes Stark，1874—1957），德国物理学家，提出价电子跃迁理论。

阿尔伯特·爱因斯坦（Albert Einstein，1879—1955），德国物理学家。

格罗斯曼（Grossman），爱因斯坦的同学、朋友。

贝索（Besso），爱因斯坦的朋友。

艾米·诺特（Amalie Emmy Noether，1882—1935），德国女数学家。

盖革（Geiger，1882—1945），德国物理学家。

马克斯·玻恩（Max Born，1882—1970），德国物理学家。

尼尔斯·亨利克·戴维·玻尔（Niels Henrik David Bohr，1885—1962），丹麦物理学家。

埃尔温·薛定谔（Erwin Schrödinger，1887—1961），奥地利物理学家。

马斯登（Sir Ernest Marsden，1888—?），英国物理学家。

拉尔夫·福勒（Ralph Fowler，1889—1944），英国物理学家。

马丁·海德格尔（Martin Heidegger，1889—1976），德国哲学家。

路易斯·维克多·德布罗意（Louis Victor de Broglie，1892—1987），法国物理学家。

诺伯特·维纳（Norbert Wiener，1894—1964），美国数学家、控制论创始人。

贝塔朗菲（L. V. Bertalanffy，1901—1972），美籍奥地利生物学家、哲学家。

沃纳·卡尔·海森堡（Werner Karl Heisenberg，1901—1976），德国物理学家。

帕斯库尔·约尔当（Ernst Pascual Jordan，1902—1980），德国物理学家。

保罗·狄拉克（Paul Adrien Maurice Dirac，1902—1984），英国物理学家。

吴健雄（Chien-shiung Wu，1912—1997），华裔美国实验物理学家。

克劳德·香农（Claude Elwood Shannon，1916—2001），美国数学家，信息论创始人。

理查德·菲利普·费曼（Richard Phillips Feynman，1918—1988），美国物理学家。

约翰·梅纳德·斯密斯（John Maynard Smith，1920—2004），英国进化生物学家。

杨振宁（Chen-Ning Yang，1922— ），中国旅美物理学家。

李政道（Tsung-Dao Lee，1926— ），中国旅美物理学家。

附录 2：学科导图

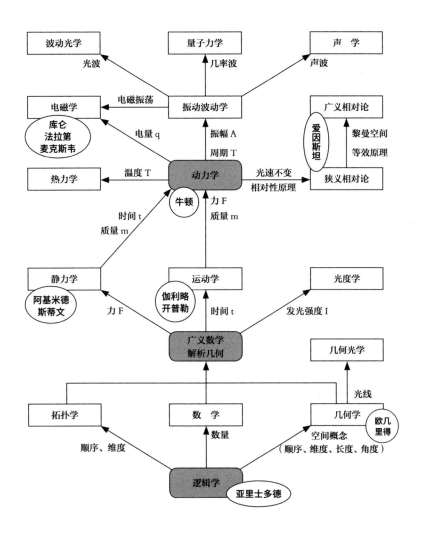

说明：此图呈现了数理学科之间的建构关系和基础概念，从下往上可以看到，逻辑学是基础，逻辑学加入数量概念构建起数学，数学加几何学加拓扑学构建起广义数学，广义数学加入时间概念构建起运动学，运动学加入作用力概念和质量概念构建起动力学，等等。其中逻辑学、广义数学和动力学居基础或核心地位。每个学科中的基本量化概念都是守恒量，遵守守恒规律。

附录 3：概念导图

学科	学科的建构	基本概念	⇨	导出概念
逻辑学	逻辑关系概念	同，异，因，果	⇨	是，非，与，或，含，前提，结论
数学	逻辑学 + 数量概念	自然数（单位为1），运算	⇨	实数，复数，代数，函数，指数，对数，微分，积分，导数，集合，结构
拓扑学	逻辑学 + 顺序概念 + 维度概念 N	顺序，维度 N	⇨	连续，离散，拓扑结构
几何学	逻辑学 + 空间概念（顺序，维度 N，长度 l，角度 θ）	实数（顺序），维度 N，长度 l，角度 θ	⇨	面积 S，体积 V，圆周率 π，曲率半径 ρ，三角函数
解析几何	数学 + 几何学	数量，维度 N，长度 l，角度 θ	⇨	坐标 (x, y, z)，标量，矢量
几何光学	几何学 + 光线概念	长度 l，角度 θ	⇨	折射率 n
光度学	解析几何 + 发光强度概念 I	发光强度 I	⇨	光照度 E，光通量 Φ
运动学	解析几何 + 时间概念 t	距离 s，角度 θ，维度 N，时间 t	⇨	速度 v=ds/dt，加速度 a=dv/dt，角速度 ω=dθ/dt
静力学	解析几何 + 作用力概念 F（G）	长度 l，角度 θ，维度 N，力 F（G）	⇨	力矩 M（F）=F·r，压强 P=F/S，摩擦力 f=μ×Fn，摩擦系数 μ
动力学	运动学 + 作用力概念 F（G）+ 质量概念 m；或静力学 + 时间 t + 质量 m	长度 l，角度 θ，维度 N，时间 t，力 F（G），质量 m	⇨	冲量 I=F·t，动量 p=m·v，机械功 W=F·s，功率 P=W/t，动能 E=mv²/2，重力势能 Ep=Gh，弹性势能 Ep=kx²/2，向心力 F=mv²/r
振动与波动学	动力学 + 周期概念 T+ 振幅概念 A	周期 T，振幅 A	⇨	频率 f，相位 φ
电磁学	动力学 + 波动学 + 电量概念 q	电量 q，电流强度 I=dq/dt，磁感应强度 B=F/IL（L 为导体长度）	⇨	电功 W=F·s，磁通量 Φ=B·S，电压 U= 电动势 E=W/q=dΦ/dt，电阻 R=U/I，电功率 P=UI，电能（电功）W=Pt=UIt=F·s，电场强度 E=F/q=U/s，电感 L=Φ/I，电容 C=q/U
热力学	动力学 + 温度概念 T	温度 T	⇨	热功当量，热能（热量）Q=I²Rt（焦耳定律），热容 C=dQ/dT，熵 S=S₀+∫dQ/T

注： 国际单位制中约定的基本量是七个：长度（m）、质量（kg）、时间（s）、温度（K）、电流（A）、发光强度（cd）和物质的量（mol），其他简单量可由基本量和定律导出。

附录 4：定律导图（定律族谱一览图）

1. 守恒定律家族通用公式 $\Sigma X = \Sigma X'$ 和同型定律：

$\Sigma (F \cdot L) = \Sigma (F \cdot L)' = 0$	**力矩守恒**：平衡杠杆的力矩矢量和为 0，即杠杆原理。
$\Sigma F = \Sigma F' = 0$	**静力守恒**：任意点上作用力矢量和为 0，含牛顿第三定律。
$m\nu = m\nu', \ \nu = \nu'$	**惯性守恒**：单一物体动量、速度不变，即牛顿第一定律。
$\Sigma (m\nu) = \Sigma (m\nu)'$	**动量守恒**：多物体系统的总动量（矢量和）不变。
$r \times \nu \times m = r' \times \nu' \times m$	**角动量守恒**：切向力为 0 时角动量（矢量和）不变。
$\Sigma m = \Sigma m'$	**质量守恒**：封闭系统内总质量不变。
$\Sigma E = \Sigma E'$	**能量守恒**：封闭系统内总能量不变。
$\Sigma E + \Sigma mc^2 = \Sigma E' + \Sigma m'c^2$	**质能守恒**：依据 $E = mc^2$，封闭系统质能总量不变。
$\Sigma q = \Sigma q'$	**电荷守恒**：封闭系统内电荷总量不变。
$\Sigma I = \Sigma I' = 0$	**基尔霍夫电流定律**：节点流入电流总和不变，为 0。
$\Sigma U = \Sigma U' = 0$	**基尔霍夫电压定律**：闭环回路电压总和不变，为 0。
$v = v' = c$	**光速不变原理**：真空中光速为常量。
$\Sigma X = \Sigma X'$	自内向外穿过任意封闭曲面的通量守恒，X 可以是力、光、电、磁、热、扩散气体等的通量。

2. 远程作用力通用公式 $F = k \cdot X_1 \cdot X_2 / r^2$ 和同型定律：

$F = G \cdot m_1 \cdot m_2 / r^2$	**万有引力定律**	距离平方反比律来源于上述"穿过封闭曲面的通量守恒"原理
$F = k \cdot q_1 \cdot q_2 / r^2$	**库仑定律**	

3. 作用逆反律家族通用公式 dF=k·dL 和同型定律：

（1）精确的线性作用逆反定律（标准两体系统·定量定律）

$F = \rho \cdot V_{排}$	浮力定律：浮力与物体排出流体的体积成正比
$F = k \cdot \Delta L$	胡克定律：作用力与弹性固体形变量成正比
$F = m \cdot a$	牛顿第二定律：作用力与物体速度变化率成正比
$U = R \cdot I$	欧姆定律：电压与电荷分布状态变化率成正比
$e(t) = -n \cdot (d\Phi)/(dt)$	电磁感应定律：电动势与磁通量变化率成正比
$V = k \cdot T$	查理定律：气体的体积跟热力学温度成正比
$P_B = K_{x,B} \cdot x_B$	亨利定律：气体分压跟该气体在液体中的溶解度成正比

（2）非精确的作用逆反定律（非标准两体系统·定性定律）

波义耳定律 $P = C/V$	气体压强与气体体积的变化量（V_0-V）正相关
楞次定律	感应电流的磁场总要阻碍引起感应电流的磁通量变化
勒夏特列原理	化学平衡恒向削弱或解除条件变更的方向移动
价值规律	市场价格在离开自然价格时受供求影响产生反向变化

注： 本导图应结合第 24 章第 5 节 "同型规律与最美物理学公式" 来阅读。微观粒子所特有的守恒定律可参阅第 12 章。